高等职业教育教材·通信类

U0794411

通信技术基础

主　编　邱太俊　陈帮富
副主编　张　晖　龙新光　邓相国
　　　　黄珽鹂　林稳章
主　审　鲁　军

西南交通大学出版社
·成　都·

内容简介

本书分为三大篇，共 8 章，主要讲述通信系统的组成及通信的基本技术与应用，包括通信知识基础、信源编码与信道编码、数字信号的基带传输、数字信号的频带传输以及移动通信网、光纤通信网和物联网的基本应用简介等。每章后配有习题，以便学习者检验学习效果。

本书遵循高职教育的特点，以通信系统组成为主线、兼顾通信基础知识的系统性与连贯性，突出基本概念、基本技术和基本应用。

本书可作为高职现代移动通信技术、现代通信技术、物联网应用技术专业及相关专业的教材，也可作为通信工程技术人员的参考书。

图书在版编目（CIP）数据

通信技术基础 / 邱太俊，陈帮富主编. —成都：西南交通大学出版社，2022.12

ISBN 978-7-5643-9062-4

Ⅰ. ①通… Ⅱ. ①邱… ②陈… Ⅲ. ①通信技术－高等职业教育－教材 Ⅳ. ①TN91

中国版本图书馆 CIP 数据核字（2022）第 246282 号

Tongxin Jishu Jichu

通信技术基础

邱太俊 陈帮富 主编

责任编辑 梁志敏

封面设计 原谋书装

出版发行 西南交通大学出版社

（四川省成都市金牛区二环路北一段 111 号

西南交通大学创新大厦 21 楼）

邮政编码 610031

发行部电话 028-87600564 028-87600533

网址 http://www.xnjdcbs.com

印刷 四川森林印务有限责任公司

成品尺寸 185 mm × 260 mm

印张 13.5

字数 337 千

版次 2022 年 12 月第 1 版

印次 2022 年 12 月第 1 次

书号 ISBN 978-7-5643-9062-4

定价 38.00 元

课件咨询电话：028-81435775

前　言

通信与通信技术是现代信息社会的主要支撑，本书根据高等职业教育对现代移动通信技术、现代通信技术、物联网应用技术及相近专业的教学要求，基于“平台+模块”课程体系的人才培养模式编写而成。在编写过程中，结合专业要求与高职学习者的能力特点，理论知识坚持“必需、够用和实用”的原则，内容以通信系统组成为主线、兼顾通信基础知识的系统与连贯性，突出基本概念、基本技术和基本应用。

全书分为三大篇，共 8 章，第一篇——通信概论篇（第 1 章）主要介绍了经典通信系统的组成、通信系统的性能指标、通信中常用信号等。第二篇——通信技术篇包括第 2 章 ~ 第 5 章，第 2 章：模拟通信中的调制与解调，主要介绍了模拟通信中的 AM 和 FM 的调制与解调等。第 3 章：编码，主要介绍了信源编码和信道编码，信源编码中重点介绍了抽样定理、A 律 13 折线的 PCM 编译码方法等，信道编码中主要介绍了信道编码的基本方式、分类、基本原理以及常见的编码等。第 4 章：数字信号的基带传输，主要介绍了数字基带信号的定义、常见的基带信号波形、数字基带信号的频谱以及常用的 AMI 码、HDB3 码、CMI 码等线路码型以及无码间串扰的条件和无码间串扰的常见的基带系统等。第 5 章：数字信号的频带传输，主要介绍了 2ASK、2FSK 和 2PSK、2DPSK 并简要介绍了现代数字调制技术 QAM、MSK、OFDM 等。第三篇——通信应用篇包括第 6 章 ~ 第 8 章，第 6 章：移动通信系统，主要介绍了移动通信的定义、特点、移动通信系统的组成、移动通信的工作方式、蜂窝技术、多址接入技术、位置管理、越区切换等基本技术以及 2G、3G、4G、5G 网络的基本原理与主要关键技术等。第 7 章：光纤通信系统，主要介绍了光纤通信的概念、特点、光纤通信系统的基本组成和光纤通信技术以及光纤的结构、分类和特性等。第 8 章：物联网技术及其应用，主要介绍了物联网起源与发展、物联网层级体系架构和物联网应用场景等。

本书由重庆电讯职业学院的邱太俊、陆军工程大学通信士官学校的张晖和中国联合网络通信有限公司江津区分公司的黄珽鹂等联合编写。由邱太俊、陈帮富担任主编，张晖、龙新光、邓相国、黄珽鹏、林稳章担任副主编；其中：张晖编写第 1 章的 1.1 ~ 1.3 节和第 2 章，邱太俊编写第 3 章，龙新光编写第 1 章的 1.4 节和第 4 章，邓相国编写第 5 章，陈帮富编写第 6 章，黄珽鹏编写第 7 章，林稳章编写第 8 章。鲁军教授担任主审，并为本书的编写提出了很多指导性意见；邱太俊、陈帮富负责全书的统稿、定稿。本书在编写过程中参考了众多专家学者的教材与研究成果，书后列出了主要参考文献，在此，向各位专家和作者表示深深的谢意。

实验与实训是培养高素质技术技能型人才的主要方式和手段，教学中是十分重要的。由于篇幅的原因，实验与实训内容没有编入本书，另外单独成册。

由于编者水平有限，加之时间仓促，书中不妥之处在所难免，诚望读者批评指正。

编　者

2022 年 8 月于重庆

目 录

第一篇 通信概论篇

第二篇 通信技术篇

第三篇　通信应用篇

第一篇

通信概论篇

第 1 章　通信概论

通信（communication）是指在不同地点的双方或多方之间进行迅速有效的信息传递。

自古以来，通信就一直是人类的重要需求，曾经的烽火、狼烟、击鼓作战、消息树、鸡毛信等都是人们利用光、声、形等进行通信的实例，如今的电视、广播、电话、报纸、短信、微信、网络和手机等都属于通信的范畴。

在现代社会中的“通信”，通常指的是利用“电信号”或“光信号”传递信息的通信方法。它的含义更加宽泛，不仅要传递信息，还要对信息进行“采集、处理、存储和显示”等。随着 5 nm 芯片的成功量产与应用以及“5G”通信的即将广泛应用；特别是伴随着美国“GPS”系统和中国“北斗”系统等的成功应用，人类将进入通信的“理想境界——任何人（Whoever）能在任何时间（Whenever）、任何地点（Wherever）、以任何方式（Whatever）与任何人（Whomever）进行“5W”通信的理想方式。

1.1　通信系统的组成

1.1.1　通信系统的“经典”模型

通信的目的是有效传递信息，而信息的传输是利用通信系统来实现的。通信系统是指为完成通信任务所需要的一切技术设备和传输媒质所构成的总体。

通信系统有不同的类型，其设备和实现的业务功能也不尽相同。如电话、广播、电视、卫星通信、移动通信等系统，虽然他们的功能不同，采用的技术也不尽相同，但这些通信系统都可以用一个“经典”的模型来描述其组成，如图 1-1 所示。

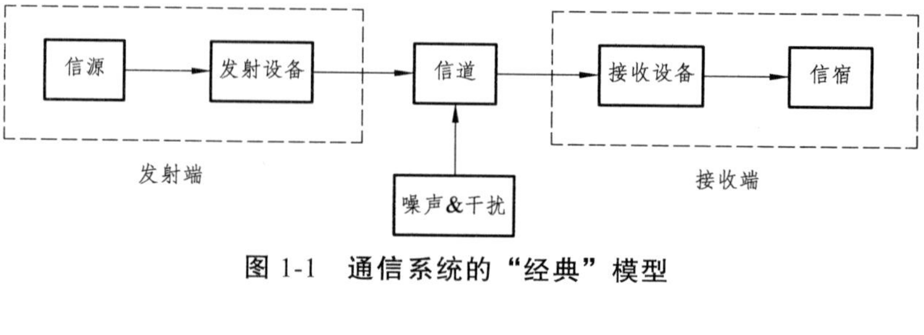

图 1-1　通信系统的“经典”模型

图 1-1 所示的通信系统的“经典”模型由五大部分组成。

1. 信　源

信源的作用是产生（形成）消息，并将要传输的非电信号（如声音、温度、压力、图片等）转换为电信号，该电信号包含了原始消息的全部信息（当然，允许存在一定的误差，或者说是信息损失）。

显然，信源可能是人也可能机器等，信源输出的信号可以是模拟信号也可以是数字信号。例如，电话的送话器产生的语音信号、电视摄像机的图像信号以及各种“传感器”的检测信号等输出的是模拟信号；而计算机数据输出的信号是数字信号。信源形成的电信号包含了原始消息的全部信息，称为基带信号。

2. 发射设备

发射设备的作用是使传输的信号与信道匹配（相适应），因此，它将基带信号（也称为调制信号）转换为适合信道传输的电信号或光信号。如经过调制、放大等处理，并使其具有足够的发射功率，再送入信道，实现信号的有效传输。

3. 信　道

信道是信号的传输通道，也就是传输媒介，分为无线信道和有线信道。不同的信道有不同的传输特性。

4. 接收设备

接收设备的作用是将收到的信号（通常带有一定的干扰）进行处理以恢复原始基带信号。

5. 信　宿

信宿是将经过处理的基带信号重新恢复为原始信号，如声音或图像通过扬声器（喇叭）或显示屏恢复出来。

1.1.2　通信的分类和通信方式

1.1.2.1　模拟信号与数字信号

根据通信要传输信号的特征可以将信号分成两大类：一类称为模拟信号；另一类称为数字信号。

模拟信号是指幅度随时间连续变化的信号。其特点是幅度连续。“连续”的含义是指在一定取值范围内可以由无限个数值表示，如图 1-2（a）所示。语音信号就是典型的模拟信号。

数字信号是指幅度随时间离散变化的信号。其特点是幅度具有“跳变性”，即幅度值被限制在有限个数值之内来表示，如图 1-2（b）所示。计算机信号、数字电视信号等都是数字信号。

根据信号的特征还可将信号分成：确定信号与随机信号、周期信号与非周期信号、连续信号与离散信号、功率信号与能量信号等。

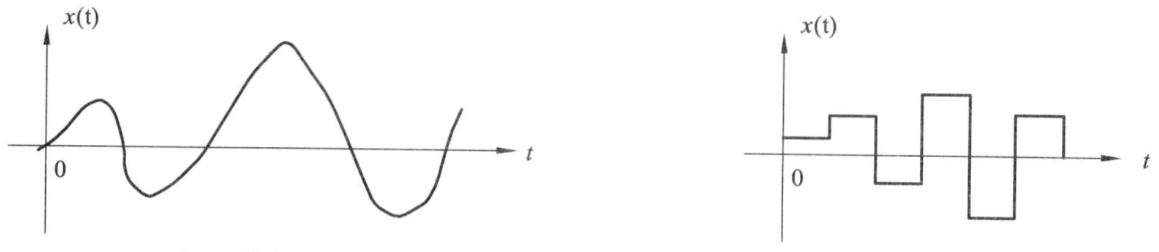

（a）模拟信号　　（b）数字信号

图 1-2　模拟信号和数字信号

1.1.2.2　通信的分类

1. 按通信的业务分类

通常，按照通信业务的不同可分为：语音通信和非语音通信两大类。

电话业务（如固定电话和手机）在电信领域一直占主导地位。非语音业务包括数据通信、图像通信等，如短信、微信、电子邮件、可视图文和视频会议等。随着物联网和大数据的广泛应用，非语音通信会越来越重要、越来越广泛、越来越普及。

2. 按传输媒质分类

按消息由一地向另一地传输时传输媒质的不同可分为：有线通信和无线通信。

有线通信是指传输媒质为电缆、光缆、波导和架空明线等的通信，其特点是媒质"看得见、摸得着"。根据使用的具体媒质又可细分，如电缆通信、光缆通信等。目前，光缆通信得到广泛的使用。

无线通信是指传输消息的传输媒质是"看不见、摸不着"的一种通信形式。无线通信的形式较多，常见的形式有移动通信、微波通信、短波通信、卫星通信和激光通信等。

3. 按信道中传输信号的特征分类

按照信道中传输的信号是模拟信号还是数字信号可分为：模拟通信（系统）和数字通信（系统）。

4. 按调制方式分类

根据是否采用调制，通信（系统）可分为：基带（原始电信号）传输和频带（调制）传输。

5. 按信号复用方式分类

按照在同一信道上传输多路信号的复用方式可分为：时分复用（Time Division Multiplexing，TDM）、频分复用（Frequency Division Multiplexing，FDM）、码分复用（Code Division Multiplexing，CDM）和波分复用（Wavelength Division Multiplexing，WDM）4 种基本复用方式。

1.1.2.3　通信方式

通信方式是指通信双方之间的工作方式或信号传输方式。

1. 按消息传递的方向与时间关系分类

对于点与点之间的通信，按消息传递的方向与时间关系，通信方式可分为：单工、半双工和全双工 3 种通信。它们的通信示意图和应用示例如表 1-1 所示。

表 1-1　单工、半双工和全双工通信

通信方式	示意图	应用示例
单工 通信方式	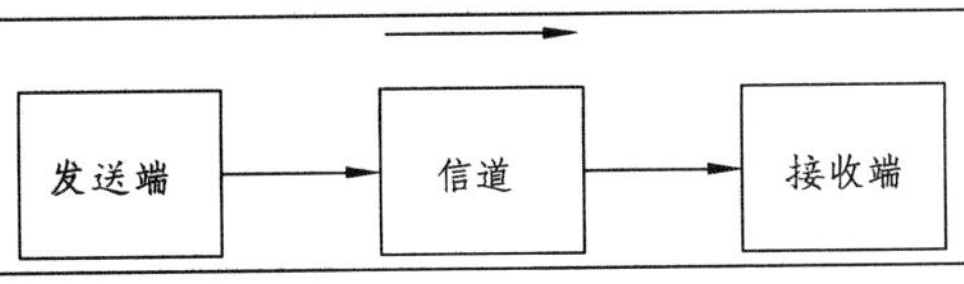	广播、遥控、遥测等
半双工 通信方式	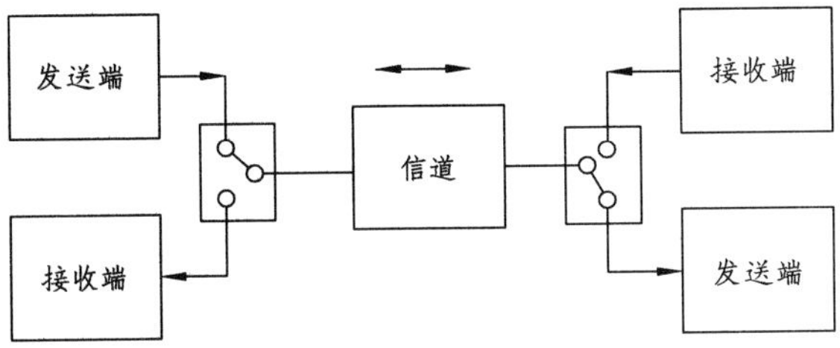	对讲机等
全双工 通信方式	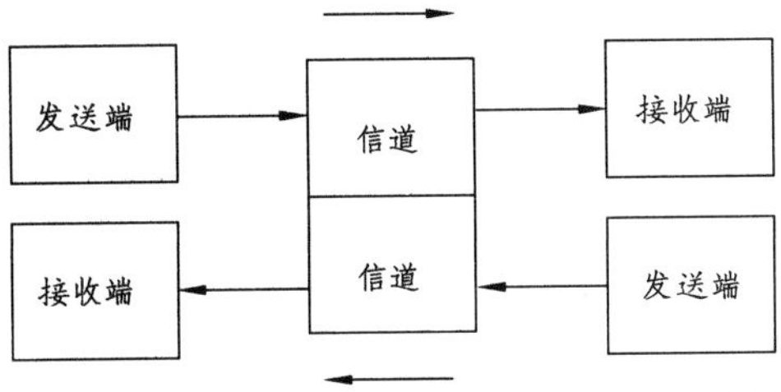	电话、计算机之间的通信等

2. 按信号传输的顺序分类

按信号传输的顺序分类可分为串行传输通信和并行传输通信，其含义、通信示意图和特点如表 1-2 所示。

表 1-2　串行通信和并行通信

通信方式	示意图	特点
串行通信：一个码元接一个码元地在一条信道上传输	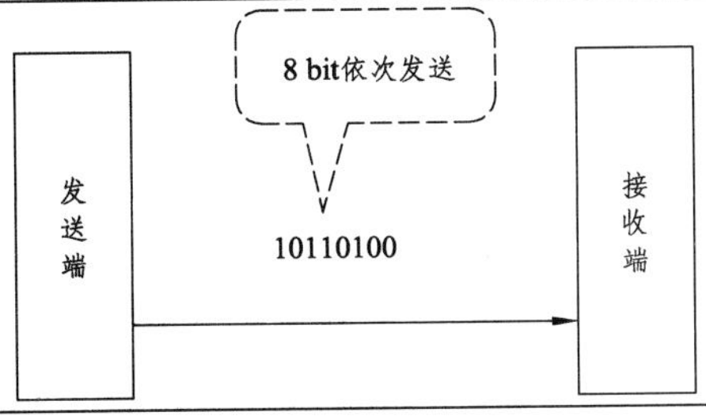	优点： 1. 只需要一条信道； 2. 线路成本低。 缺点： 1. 速度慢，还需同步； 2. 一般用于“远距离”通信
并行通信：码元以“成组”的方式两条或两条以上的并行信道上同时传输	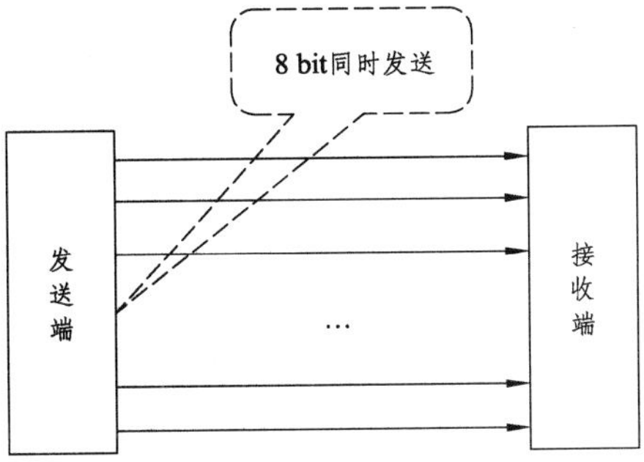	优点： 速度快。 缺点： 1.线路成本高； 2. 一般用于“近距离”（设备间）通信

1.1.2.4 调幅发送设备

图 1-3 所示为一种典型的无线电调幅发送设备的组成框图。

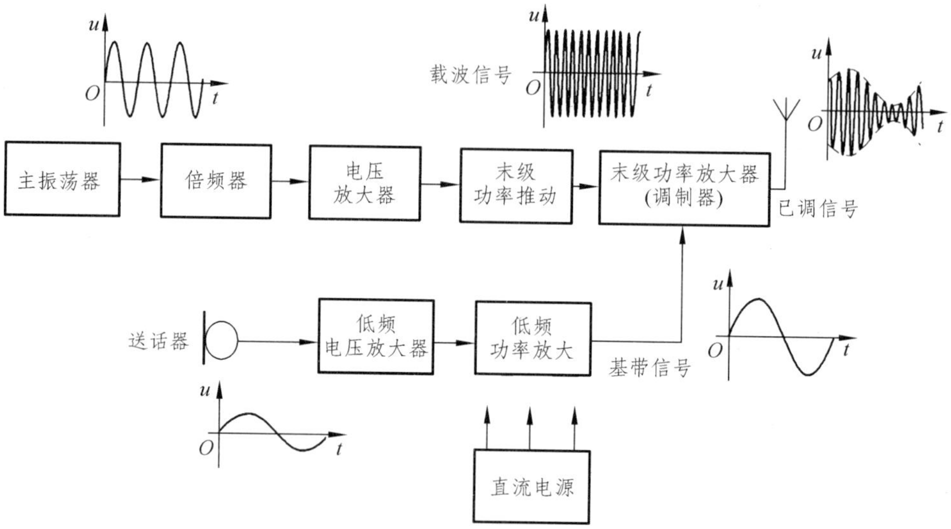

图 1-3 调幅发送设备一般组成框图和波形示意图

载波产生电路一般由高频振荡器电路、倍频器电路和高频放大器三部分组成。它的主要功能是产生符合要求的高频载波信号。其中，为了提高载波频率的稳定度和精度，一般采用石英晶体振荡器，其波形如图 1-3 所示。

1. 调制信号形成与放大电路

调制信号一般由话筒实现声音到电信号（音频信号、基带信号）$u_{\Omega}(t)$的转换，由于从话筒输出的调制信号一般为毫伏级，不能满足幅度调制器对调制信号的要求，故需要进行放大，放大电路一般由一级或多级低频放大器组成，其波形如图 1-3 所示。

2. 幅度调制电路

幅度调制器的功能是将调制信号 $u_{\Omega}(t)$ “装载”到载波的幅度上，使高频载波的幅度跟随调制信号的变化规律而变化。即用调制信号去控制载波的振幅，从而载波的幅度变化规律反映了调制信号的规律。调制后的信号称为已调信号，其波形如图 1-3 所示。

3. 高频功率放大器电路

由于幅度调制电路输出的已调信号的功率不大，通常要对其进行功率放大，增大已调波信号（射频信号）的覆盖范围，以满足接收设备在覆盖范围内有效接收信号，实现良好通信。

图 1-3 中，直流电源部分给各个单元电路提供各种电源（电压），天线部分的主要功能是将放大后的已调波信号变成以光速向远处传播的电磁波形式辐射到空间，从而实现无线电通信。

1.1.2.5 调幅接收设备

图 1-4 所示是一种典型的无线电超外差式调幅接收设备的组成框图。

为了提高接收设备的性能，目前常用的收音机、电视机和移动电话等都采用超外差式接收方式。超外差式调幅接收机的结构特点是有混频电路和本机振荡器电路。通过混频实现将接收机接收到的不同频率（f_c）的已调载波信号变为固定频率（f_I）的已调载波信号。由于采用本机振荡器频率（f_L）始终高于接收的信号（f_c）一个固定的频率（f_I），故称为超外差。即：

$$f_L = f_c + f_I \quad 即 \quad f_I = f_L - f_c \tag{1-1}$$

式中，f_I称为固定中频，在我国中、短波调幅广播接收机的中频为 465 kHz。

1. 选频电路

选频电路用来对天线所收的信号进行选频，即选出有用频率信号 f_c，抑制其他无用频率信号。通常选频电路还兼有对所选信号进行放大的作用，其波形如图 1-4 所示。

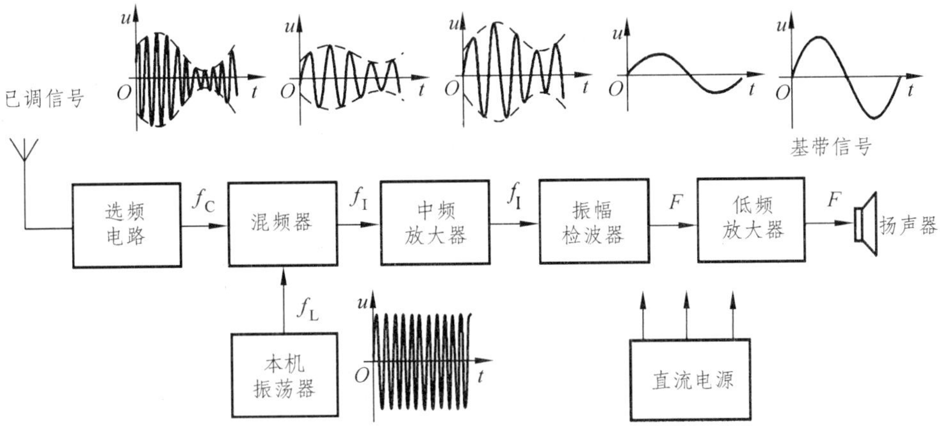

图 1-4 调幅接收设备一般组成框图和波形示意图

2. 本机振荡器电路

本机振荡器接通电源（开机）后，能自动产生一定频率和一定幅度的正弦信号，而且其振荡器频率f_L要跟随接收信号频率f_c的变化而变化（同步变化），并保证始终高出 465 kHz，其波形如图 1-4 所示。

3. 混频器电路

混频器将载频为 f_c 的已调信号和本机振荡器所提供的频率为 f_L 的高频等幅信号同时接入，在其输出端就可获得频率较低的中频已调信号，其波形如图 1-4 所示。

4. 中频放大电路

中频放大电路的主要功能是将混频电路输出的 465 kHz 的中频信号进行放大，以满足检波电路对信号幅值的要求。通常，中频放大电路由 2 ~ 3 级调谐放大器组成，其电压增益约 60 ~ 80 dB，其波形如图 1-4 所示。

5. 振幅检波电路

振幅检波电路的主要功能是从中频放大电路输出的中频信号解调（还原）出调制信号（音频信号）。显然，检波电路与调制电路的功能互逆，其波形如图 1-4 所示。

6. 低频放大电路

低频放大电路的主要功能是将检波电路输出的调制信号进行功率放大，以推动喇叭发声，其波形如图 1-4 所示。

总之，通过无线电调幅广播通信的组成框图和波形示意图的学习，了解模拟通信系统的组成，认知模拟通信过程和模拟通信概念等的建立。

1.1.2.6 无线电波段的划分与传播特性

1. 无线电波段的划分

无线电波的频率从载波频率为 $10^4 \sim 10^{10}$ Hz。无线电波在如此宽广的频率范围内虽然有许多共同点（特性），但是随着频率 f 的升高，其信号的产生、放大和处理方法等都会有所不同，特别是无线电波的传输特点不尽相同。为了表述、分析和应用的方便，习惯上将无线电的频率划分为若干个频段（也称为波段）。

无线电波在空间传播的速度 c 为 3×10^8（m/s）。人们把电波在一个振荡周期 T 内的传播距离叫作波长，用字符 λ 来表示。波长 λ、频率 f 和电波传播速度 c 的关系可用式（1-2）表示：

$$\lambda = \frac{c}{f} = c\times T \quad (\mathrm{m}) \tag{1-2}$$

由式（1-2）可知，频率越高，波长越短；频率越低，波长越长。

注意：关于波段的划分是相对的、很粗略的，即各个波段间并没有十分明显的分界线，因此各波段间的衔接处其无线电的特性也无明显的差别。

例如，中波调幅广播（AM）波段为 535 ~ 1605 kHz；调频广播（FM）波段为 88 ~ 108 MHz；电视广播使用波段为 48.5 ~ 223 MHz 和 470 ~ 958 MHz 两个波段；GSM900 双频手机的发射频率为 890 ~ 915 MHz、接收频率为 935 ~ 960 MHz；GSM1800 双频手机的发射频率为 1710 ~ 1785 MHz、接收频率为 1805 ~ 1880 MHz 等。

通信设备的工作频率不同，即对应的波长不同，故通信系统可分为长波通信、中波通信、短波通信和微波通信等。表 1-3 列出了通信中使用的频段及其频率范围、波长和主要用途。

表 1-3 通信频段（波段）及主要用途

频率范围	频段名称	波长范围	波段名称	主要用途
3 ~ 30 kHz	甚低频（VLF）	$10^5 \sim 10^4$ m	超长波	语音、电话和数据传送
30 ~ 300 kHz	低频（LF）	$10^4 \sim 10^3$ m	长波（LW）	海上导航和船舶通信等
300 kHz ~ 3 MHz	中频（MF）	$10^3 \sim 10^2$ m	中波（MW）	中波广播、业余无线电通信等
3 ~ 30 MHz	高频（HF）	$10^2 \sim 10$ m	短波（SW）	短波广播、军事通信和业余无线电通信等

续表

频率范围	频段名称	波长范围	波段名称	主要用途
30 ~ 300 MHz	甚高频（VHF）	10 ~ 1 m	超短波（米波）	中继通信、电视、导航、调频广播和外空间飞行体通信等
0.3 ~ 3 GHz	特高频（UHF）	100 ~ 10 cm	微波	电视、雷达、导航、移动通信、蓝牙军事通信和空间遥测通信等
3 ~ 30 GHz	超高频（SHF）	10 ~ 1 cm		数字通信、微波接力、雷达、卫星和空间通信等
30 ~ 300 GHz	极高频（EHF）	1 cm ~ 1 mm		

2. 无线电波的传播特点

无线电波的传播是无线电通信系统的一个十分重要的环节。无线电波的传播方式大体可分为三种：地面波、天波和空间波，如表 1-4 所示。

表 1-4　无线电波的传播方式与主要特点

名称	频率范围	传播途径示意图	主要特点
地　波	<3 MHz	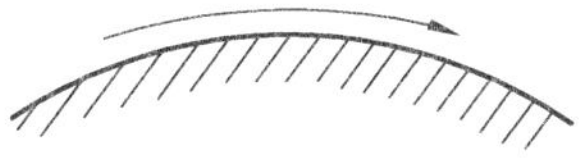	电磁波沿地球表面绕射传播，传播距离较远而且比较稳定
天　波	3 ~ 30 MHz	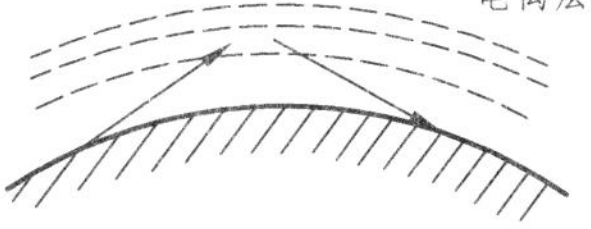	电磁波主要依靠电离层的折射和反射传播，传播稳定性差
空间波	>30 MHz	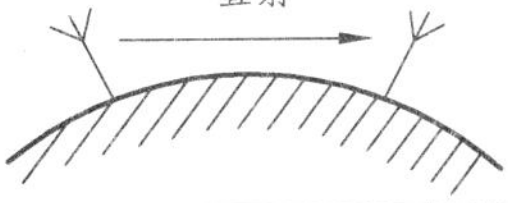	由于波长很短，只能在空间以“直射”的方式传播。 空间波的传播距离受限于“视距”

1.1.3　数字通信和数字通信系统

1.1.3.1　数字通信

数字通信是指传输的信号是数字信号的通信。数字信号的主要特征是幅度具有“跳变性”，如二值（1、0）信号或 2^N（N 位 0、1 组合）值信号。

数字信号与模拟信号相比，数字信号更易于产生与再生，因为数字电路只有两种工作状态（0、1），在传输中能有效抑制噪声和干扰、通过检错和纠错等方法可形成高保真的信号。因此，数字通信与模拟通信比较有以下主要特点：

（1）数字信号抗干扰能力强，易于再生，可避免噪声累积。

（2）数字信号易于进行差错控制，实现信号传输的差错可控。

（3）适用于与计算机、网络通信，通过现代数字信号处理技术对数字信息进行处理、变换、存储等，可灵活地将来自不同信源的信号“综合”到一起传输。

（4）数字电路（设备）易于高度集成化、小型化和智能化，且稳定性好、易于调试与测试，功耗较低。

（5）数字信号易于进行压缩与加密处理，且保密性好。

当然，数字通信也有以下两方面的缺陷：

（1）数字通信一般需要较大的传输带宽，比模拟通信系统需要的带宽要宽得多。

（2）数字通信对同步要求高，因而系统设备更复杂。

然而，随着微电子技术、计算机技术的广泛应用，以及超大规模集成电路的使用（如 5 nm 芯片的量产与使用），数字通信系统设备的复杂度已经大大降低。同时，由于数字处理技术的发展以及光纤等大容量传输媒质的广泛使用，带宽问题已得到解决。因此，数字通信的应用必将越来越广泛、越来越普及。

1.1.3.2 数字通信系统

数字通信系统是指利用数字信号传输信息的通信系统。数字通信系统有许多不同的类型，而且不同系统使用的技术也不尽相同。但是，所有的数字通信系统一般都有实现以下基本功能的子系统。图 1-5 所示为一个点对点的数字通信系统模型。

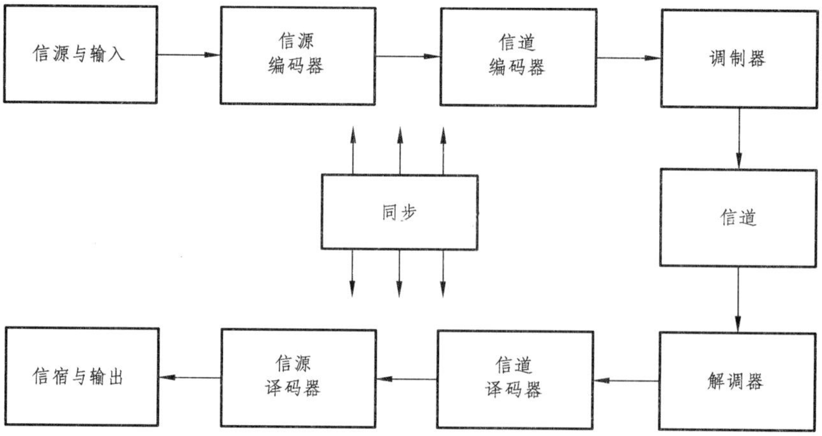

图 1-5 数字通信系统的一般模型

1. 信源编码与译码

信源编码是指对信源发出的模拟信号进行模数（A/D）转换，得到相应的数字信号，去除冗余（不需要的）信息。信源编码的作用是为提高传输有效性而对信号进行的处理（变换）。

信源译码与信源编码的功能或作用互逆（相反），对数字信号进行数模（D/A）转换。

2. 信道编码与译码

信道编码是指按照一定规则对传输的数字信号再次编码，使之具有自动检错或纠错的能力。这是为解决信息传输的可靠性而设置的。

信道译码的功能与过程与信道编码互逆（相反）。

3. 调制与解调

调制是指将基带信号波形调制成适合于信道传输的带通信号波形。

解调是指从收到的已调信号中恢复（还原）出基带信号波形的过程，其功能与过程正好与调制相反。

4. 同　步

同步在数字通信系统中是十分重要的。由于数字通信系统中的传输是按一定节拍传输 0、1 数字信号，因此，接收端必须有一个与发送端完全相同的节拍，否则就会出现混乱，不能正常通信。

总之，数字通信系统根据要求和任务等的不同，其组成模块也不相同，采用的技术等也不尽相同。

1.2　信息与信息量

通信的根本目的是传输消息中所包含的信息。信息是指消息中包含的有意义的内容，或者说是受信者预先不知道的内容。消息与信息的区别是：消息是以具体的某种形式表现出来，但信息的含义却更抽象，即消息是信息的载体，而信息是消息所包含的有效内容。例如：天气预报（信息），可用视频、广播和报纸等形式（消息）来发送。显然，不同形式的消息，可以包含相同的信息。

就像交通运输中运送货物的多少用“货运量”来度量一样，为了度量通信系统传输信息的多少可用“信息量”来衡量。现在的问题是如何度量消息中所含有的信息量？

消息是多种多样的。因此度量消息中所含有的信息量的方法必须能够适用于任何消息，而与消息的种类和重要程度等无关。

在一切有意义的通信中，对于信息的接受者而言，不同的消息所含有的信息量多少不同。例如：现有一则消息为“某飞机坠毁!”，人们会想“可能吗？是真的吗？”这则消息会引起人们的震惊、质疑和关注等。现又有一则消息为“明天重庆有雨”，人们会认为“这不很正常吗，下雨不是常有的事吗。”这两则消息所含的信息量是不同的。“某飞机坠毁”这一事件很难发生，听后令人震惊，而“明天重庆有雨”是一件很容易或经常发生的事件，听后不足为奇。这表明确有衡量信息量大小的必要。显然：事件发生的可能性越小，信息量越大；事件发生的可能性越大，信息量越小。

事件发生可能性的大小，可以从概率论的知识来描述：事件发生的可能性越大，概率越大；反之，概率越小。即消息中的信息量与消息发生的可能性相关，消息发生的可能性越大，消息中所含的信息量越小。

定义：一个消息 x_i 出现的概率为 $P(x_i)$，则这一消息所含有的信息量 I 为

$$I(x_i) = \log_a \frac{1}{P(x_i)} = -\log_a P(x_i) \tag{1-3}$$

信息量 I 的单位取决于对数的底 a 的取值：

当 $a = 2$ 时，I 的单位是比特（bit），目前应用最广泛；

当 $a=e$ 时，I 的单位是奈特（nit）；

当 $a=10$ 时，I 的单位是哈特（Hat）。

【例 1-1】 设有一离散信息源由 0 和 1 组成，且以等概率发送二进制数字“0”或“1”，求每个数字的信息量 I 是多少？

解：由题目可知：$P(0)=P(1)=\frac{1}{2}$，根据式（1-3）可得

$$I(0)=-\log_2\frac{1}{2}=1\ (\text{bit}) \qquad I(1)=-\log_2\frac{1}{2}=1\ (\text{bit})$$

由此可见，传送等概率发送二进制波形之一的“0”或“1”的信息量 I 为 1 bit。在工程应用中，也习惯把一个二进制码元称为 1 比特。同理，传送等概率发送四进制波形之一（$P=1/4$）的信息量 I 为 2 bit，每个四进制波形需要用 2 个二进制脉冲表示；八进制波形之一（$P=1/8$）的信息量 I 为 3 bit，每个八进制波形需要用 3 个二进制脉冲表示。

若信号为 M 进制信号，而且 M 个波形（元素）等概率（$P=1/M$）和独立出现，则传送每一个波形（元素）的信息量为

$$I=\log_2\frac{1}{1/M}=\log_2 M\ (\text{bit}) \tag{1-4}$$

通常取 $M=2^k$（$k=1,2,3,\cdots$），则式（1-4）可改写为

$$I=\log_2 2^k=k\ (\text{bit}) \tag{1-5}$$

【例 1-2】 设有一离散信息源由 4 个字符 A、B、C、D 组成，他们相互独立出现的概率分别是 $P(\text{A})=1/8$、$P(\text{B})=1/4$、$P(\text{C})=3/8$、$P(\text{D})=1/4$，试求：AACCCBDDCAACCCBDDCCBCCDDBABCDBBBABCBDCCDDACDA 的信息量 I 是多少？

解：先求符号 A、B、C、D 所携带的信息量，则有：

$$I(\text{A})=-\log_2\frac{1}{8}=3\ (\text{bit}), \qquad I(\text{B})=-\log_2\frac{1}{4}=2\ (\text{bit})$$

$$I(\text{C})=-\log_2\frac{3}{8}=1.415\ (\text{bit}), \qquad I(\text{D})=-\log_2\frac{1}{4}=2\ (\text{bit})$$

此消息共有 45 个字符，其中 A 出现 8 次、B 出现 10 次、C 出现 16 次、D 出现 11 次，则此消息所携带的信息量 I 为

$$I=I(\text{A})\times 8+I(\text{B})\times 10+I(\text{C})\times 16+I(\text{D})\times 11=88.64\ (\text{bit})$$

对于由一串符号构成的消息，若各符号是相互独立的，依据信息量叠加的概念，整个消息所携带的信息量为

$$I_{(总)}=-\sum_{i=1}^{N}n_i\log_2 P(x_i)\ (\text{bit}) \tag{1-6}$$

式中，n_i 为第 i 种符号出现的次数；$P(x_i)$ 为第 i 种符号出现的概率；N 为信息源的符号种类数。

当消息很长时，用符号出现的次数和概率，即式（1-6）来计算消息所含有的总信息量是

比较麻烦和繁琐的。因此，通常用平均信息量来计算。

平均信息量是指每个符号所含信息量的统计平均值（也称它为信息源的熵）。用 $H(x)$ 来表示。N 种符号的平均信息量为

$$H(x) = -\sum_{i=1}^{N} P(x_i)\log_2 P(x_i) \text{（bit/符号）} \tag{1-7}$$

$$H(x) = \sum_{i=1}^{N} P(x_i)I(x_i) \text{（bit/符号）} \tag{1-8}$$

有了平均信息量 $H(x)$ 和消息中所含有的符号总数 n，则可求得一则消息所含有的总信息量：

$$I_{(总)} = H(x)\cdot n \text{（bit）} \tag{1-9}$$

这种估算方法有一定的误差，但比较简单方便。

【例 1-3】用平均信息量的方法求例 1-2 的总信息量 $I_{(总)}$。

解：该信息源有 4 种字符，即 $N=4$，其平均信息量为

$$\begin{aligned} H(x) &= \sum_{i=1}^{N} P(x_i)I(x_i)(bit) \\ &= \frac{1}{8}\times 3+\frac{1}{4}\times 2+\frac{3}{8}\times 1.415+\frac{1}{4}\times 2 \\ &= \frac{15.245}{8} \approx 1.9056 \text{（bit/符号）} \end{aligned}$$

该信息源共有 $n=45$ 个符号，则总的信息量为

$$I_{(总)} = H(x)\times n = 1.9056\times 45 \approx 85.752 \text{（bit）}$$

这两种方法的计算结果是存在误差的。而概率是大量数据的统计结果，本例中字符仅出现了 45 次，是一个相当有限的值，事件出现的频率域其概率值是有一定偏差的。只有当发送的字符串的长度趋于“无限长”时，字符串中字符出现的频率才等于概率。故传送的信息只是在一定时间段内传输的信息量。因此，两种计算方法存在误差是正常的。

1.3　通信系统的主要性能指标

在设计和评价一个通信系统时，需要建立一套能够反映系统各方面性能的指标体系。

因为通信的主要任务是快速、准确地传输有效信息。所以，通信中最重要的指标是有效性和可靠性。

有效性是表征消息传输“速度”的快慢，即在给定的信道内单位时间能够传输的信息有多少；而可靠性是表征消息传输“质量”的好坏，即接收信息的准确程度。

然而，可靠性和有效性是一个矛盾统一体。一般原则是：在满足一定程度的可靠性的前提下，尽量提高消息的传输速度。

1.3.1 模拟通信系统的主要性能指标

1.3.1.1 有效性

模拟通信的有效性取决于消息所包含的信息量和对信息源的处理，可用单位时间内传输的信息量来衡量。即单位时间内传输的信息量越大，或在单位频带内传输的消息越多，该模拟通信系统的有效性就越好。

1.3.1.2 可靠性

模拟通信的可靠性通常用接收端解调器输出信号噪声功率比（S/N）来度量。用符号 $\left(\frac{S}{N}\right)=\frac{P_S}{P_N}$ 表示。S/N 值越大，通信质量越高，即可靠性越好。

1.3.2 数字通信系统的主要性能指标

1.3.2.1 有效性

数字通信系统的有效性通常用码元传输速率 R_B 和信息传输速率 R_b 来衡量。

1. 码元速率 R_B

码元传输速率 R_B 简称码元速率（或称传码率）。码元速率 R_B 是指单位时间（每秒）内传送码元符号的数目（个数），单位为波特（Baud），简写为“B”。

在数字通信中，常用相同的时间间隔来表示一些数字信号，这个时间间隔就是码元宽度（或码元持续时间）T_b。码元速率 R_B 与码元宽度 T_b 的关系为

$$R_B=\frac{1}{T_b} \tag{1-10}$$

数字信号通常有二进制信号（或称二电平信号）和多进制信号（或称多电平信号），但码元速率 R_B 只与码元宽度有关，而与信号的进制无关。

图 1-6 所示是码元宽度不相同的二进制信号波形，图 1-7 所示是码元宽度相同的二进制信号和四进制信号波形。

2. 信息速率 R_b

信息传输速率 R_b 简称信息速率（或称传信率、比特率）。信息速率 R_b 是指单位时间（每秒）内传送的信息量，单位为 b/s。

显然，码元速率 R_B 和信息速率 R_b 从两个不同的角度定义了“传输速率”。码元速率 R_B 中的码元可以是二进制，也可以是多进制；但是，码元速率 R_B 无论所传输的信号是多少进制，都表示每秒内传送码元符号的个数。对于信息速率 R_b，则必须折合为相应的二进制码元来计算。码元速率 R_B 和信息速率 R_b 可以互换，其互换公式为

$$R_b=R_B\log_2 M \quad (M=2^N, N=1,2,\cdots) \tag{1-11}$$

在图 1-6 中，（a）和（b）两图中的码元宽度 T_b 不相同，则两者的码元速率 R_B 不相等。

且有 $R_{B(a)} > R_{B(b)}$，但是 $R_{b(a)} = R_{B(a)}$，$R_{b(b)} = R_{B(b)}$。

而在图 1-7 中，显然，（a）和（b）两图中的码元宽度 T_b 相同，则两者的码元速率 R_B 相等。即有 $R_{B(2)} = R_{B(4)}$，但是有 $R_{b(2)} < R_{b(4)}$。

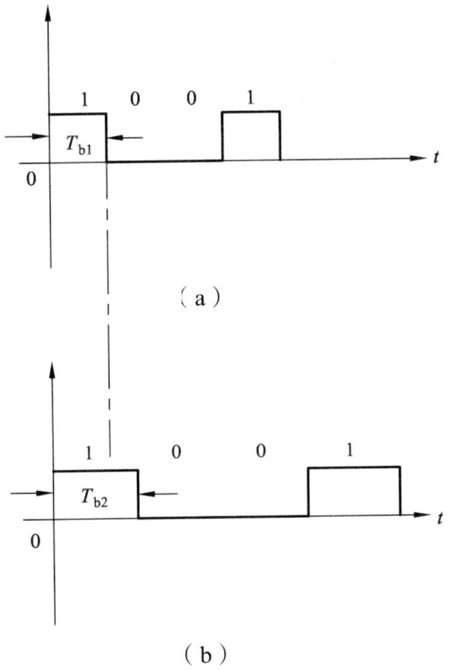

图 1-6　码元宽度不相同的二进制信号波形

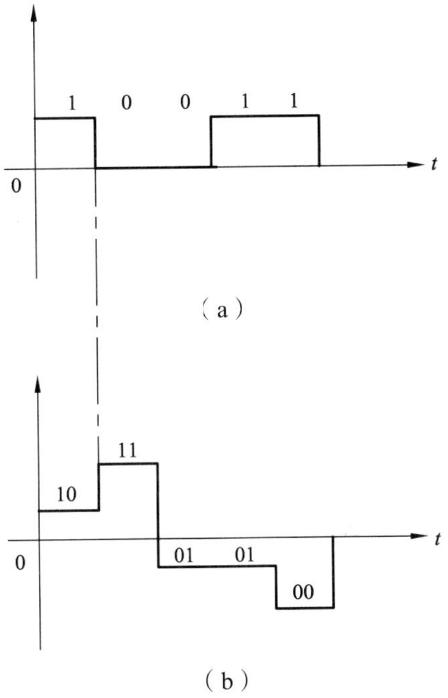

图 1-7　码元宽度相同的二进制和四进制信号波形

【例 1-4】在一个数字通信系统中，已知二进制信号在 5 min 内传送了 96000 个码元。

（1）试求码元速率 R_B 和信息速率 R_b。

（2）若码元宽度 T_b 保持不变，改用八进制和十六进制数字信号传送，则其码元速率 R_B 和信息速率 R_b 各是多少？

解：（1）在 5 min 内传送了 96000 个码元，则有

$$R_{B(2)} = 96000/(5 \times 60) = 320 \text{（Baud）}$$

$$R_b = R_B = 320\,(\text{b/s})$$

（2）因为码元宽度 T_b 保持不变，所以，八进制的 $R_{B(8)}$ 和十六进制的 $R_{B(16)}$ 与二进制的 $R_{B(2)}$ 相同，即：

$$R_{B(8)} = R_{B(16)} = R_{B(2)} = 320 \text{（Baud）}$$

但是

$$R_{b(8)} = R_{B(8)} \log_2 8 = 320 \times 3 = 960\,(\text{b/s})$$

$$R_{b(16)} = R_{B(16)} \log_2 16 = 320 \times 4 = 1280\,(\text{b/s})$$

1.3.2.2　可靠性

数字通信系统的可靠性通常用差错率 P_e（也称错误率）来衡量，是指通信系统的接收端收到的数字数据信号准确度，常用误码率 P_B 和误信率 P_b。

1. 误码率 P_B

误码率 P_B（也称码元差错率），是指“一定时间”内发生差错的码元数占传输码元总数之中的比率，即码元在通信系统中被传错的概率。

$$P_B = 接收的错误码元个数/传输的码元总数 \tag{1-12}$$

2. 误信率 P_b

误信率 P_b（也称误比特率和信息差错率），是指“一定时间”内接收的错误信息（比特数）与传输信息（比特）总量之间的比值。

$$P_b = 接收的错误比特数/传输的比特总数 \tag{1-13}$$

【例 1–5】已知在一个八进制数字通信系统中的信息速率为 6 000 b/s，接收端在 10 min 内测量出 24 个错误码元，试求本系统的误码率 P_B。

解：已知信息速率 $R_b = 6\ 000$ b/s，得码元速率

$$R_{B(8)} = \frac{R_{b(8)}}{\log_2 8} = \frac{6000}{3} = 2000 \text{（Baud）}$$

则误码率

$$P_B = \frac{24}{2000 \times 10 \times 60} = 2 \times 10^{-5}$$

1.3.3 信道容量

以无限小的差错率和无限大的传输速率传输信息，是人们对通信系统的希望。但是可靠性与有效性是一对矛盾，不可能两者都达到理想状态。在实际工程应用中通常采用“在满足可靠性的前提下尽可能提高信息速率”的折中方案。信道是通信系统必可少的组成部分，信道的作用是传输信号，信道传输信号的能力大小可用信道容量来衡量。信道容量是指信道能够传输的最大信息速率，即信道的最大传输能力。由于信道分为狭义信道和广义信道，而广义信道又可分为连续信道（也称调制信道）和离散信道（也称编码信道）两类，如图 1-8 所示。所以信道容量的描述也分两种方法。

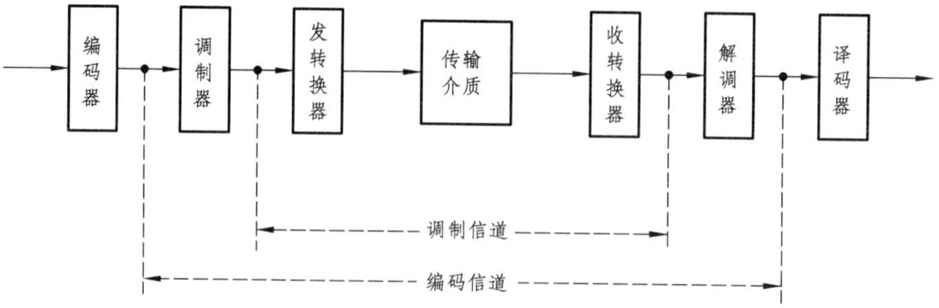

图 1-8　调制信道与编码信道示意图

1.3.3.1 连续信道容量

连续信道的容量有两种不同的计量单位。我们只介绍按单位时间计算的容量。

对于带宽有限、平均功率有限的加性高斯白噪声连续信道，根据香农信息理论，可以证明，其信道容量为

$$C_t = B\log_2\left(1+\frac{S}{N}\right)\ (\text{b/s}) \tag{1-14}$$

式（1-14）称为香农公式。式中，B 为带宽（Hz），S 为信号平均功率（W），N 为噪声功率（W），S/N 为信噪比。

由式（1-14）可知：

（1）在保持信道容量 C 不变的条件下，带宽 B 和信噪比 S/N 可以互换。即若增大带宽 B，则可降低信噪比 S/N，而保持信道容量 C_t 不变，反之亦然。

（2）提高信噪比 S/N，可以提高信道容量 C_t。

设噪声单边功率谱密度为 n_0（W/Hz），则 $N=n_0B$，故式（1-14）可改为

$$C_t = B\log_2\left(1+\frac{S}{n_0B}\right)\ (\text{b/s}) \tag{1-15}$$

由式（1-15）可见：连续信道的容量 C_t 与 B、S 和 n_0 3 个因素有关。增大 S 或减小 n_0，都可以使 C_t 增大。

（3）提高带宽 B，不能无限制增大信道容量 C_t。

当带宽 $B\to\infty$ 时，可以证明：连续信道的最大（极限）容量 $C_{t(\max)}$ 为

$$C_{t(\max)} \approx 1.44\frac{S}{n_0}\ (\text{b/s}) \tag{1-16}$$

式（1-16）表明：当给定 S/n_0 时，即使带宽 $B\to\infty$，信道容量 $C_{t(\max)}$ 也只是 S/n_0 的 1.44 倍，而不是 $\to\infty$。主要原因是当 B 增大时，噪声功率也随之增大。

【例 1-6】有一模拟通信信道带宽为 $B=4$ kHz，信号噪声功率比 $S/N=1023$，求其信道容量 C_t。

解：根据式（1-14），$C_t = B\log_2\left(1+\frac{S}{N}\right)$代入数值有

$$C_t = B\log_2\left(1+\frac{S}{N}\right) = 4\times10^3\log_2(1+1023)$$
$$= 40\ \text{kb/s}$$

1.3.3.2　离散信道

离散信道的容量也有两种不同的度量单位。一种是用每个符号能够传输的平均信息量最大值表示信道容量 C；另一种是用单位时间（秒）内能够传输的平均信息量最大值表示信道容量 C_t。

设离散信道模型如图 1-9 所示，其中：图 1-9（a）为无噪声二进制编码信道模型，图 1-9（b）为二进制编码信道模型，图 1-9（c）为无噪声一般编码信道模型，图 1-9（d）为一般编码信道模型。从图 1-9 中可以看出：编码信道中的输入信号和输出信号都是数字序列，即“0”和“1”的序列，故编码信道对传输信号的主要影响是可能使被传输的数字序列发生变化，即序列中的数字发生错误。编码信道的这一特点，通常用转移概率来描述。

在图 1-9（b）的二进制编码信道模型中，错误概率就是指“0”转移为“1”的概率和“1”

转移为“0”的概率。图中 $P(0/0)$ 和 $P(1/1)$ 表示的是正确转移概率；而 $P(1/0)$ 表示的是发送“0”而接收到“1”的转移概率；$P(0/1)$ 表示的是发送“1”而接收到“0”的转移概率；同时，$P(1/0)$ 和 $P(0/1)$ 也称为错误传输概率。

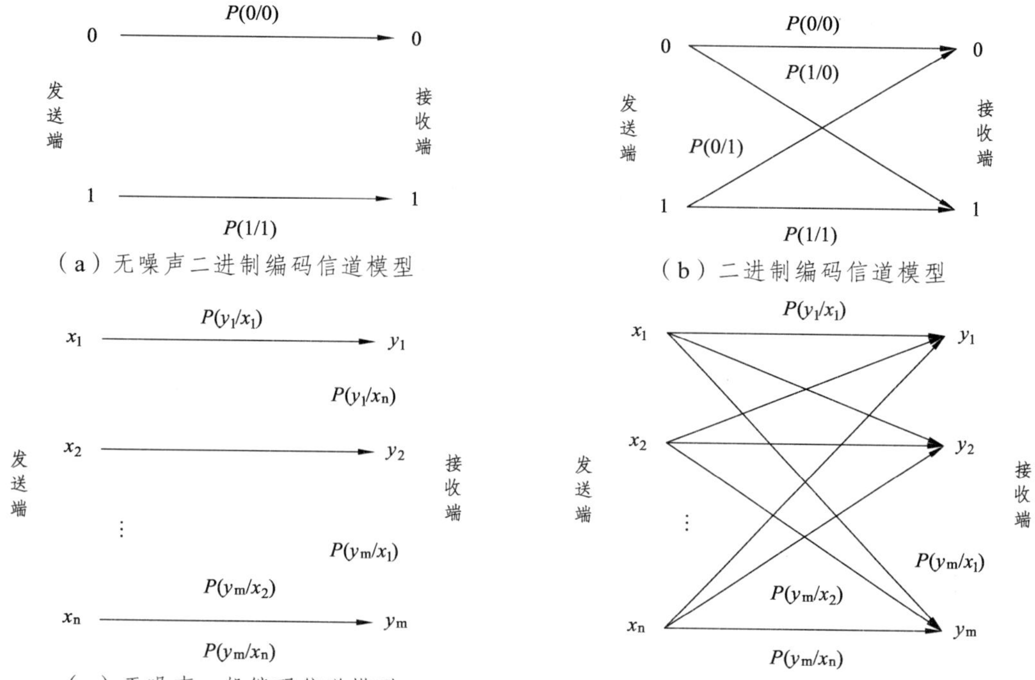

（a）无噪声二进制编码信道模型　（b）二进制编码信道模型

（c）无噪声一般编码信道模型　（d）一般编码信道模型

图 1-9　多种编码信道模型

在图 1-9（b）的二进制编码信道模型中（并假设此编码信道是无记忆信道），由于只有“0”和“1”这两种符号，所以根据概率论的知识有：

$$P(0/0)=1-P(1/0) \quad \text{或} \quad P(0/0)+P(1/0)=1$$

$$P(1/1)=1-P(0/1) \quad \text{或} \quad P(1/1)+P(0/1)=1$$

在图 1-9（d）中，设有 x_1，x_2，…，x_n 共 n 个发送符号且出现的概率为 $P(x_i)$，$i=1$，2，…，n；有 y_1，y_2，…，y_m 共 m 个接收符号且收到 y_j 的概率是 $P(y_j)$，$j=1$，2，…，m。$P(y_j/x_i)$ 是转移概率，即发送 x_i 的条件下收到 y_j 的条件概率。

从信息量的概念可得：发送 x_i 时收到 y_j 所获得的信息 I 为

$$I=-\log_2 P(x_i)-[-\log_2(P(x_i/y_j)] \tag{1-17}$$

对所有的 x_i 和 y_j 取统计平均值，得到收到一个符号时获得的平均信息（$R_{平均}$/符号）为

$$\begin{aligned}R_{平均}/符号&=H(x)-H(x/y)\\&=-\sum_{i=1}^{n}P(x_i)\log_2 P(x_i)-\\&\quad\left[-\sum_{j=1}^{m}P(y_j)\sum_{i=1}^{n}P(x_i/y_j)\log_2 P(x_i/y_j)\right]\end{aligned} \tag{1-18}$$

式（1-18）中：$H(x)$ 为每个发送符号 x_i 的平均信息量，$H(x/y)$ 为接收 y_j 符号已知后，发送符号 x_i 的平均信息量。

由式（1-18）可知：收到一个符号的平均信息量只有 $[H(x)-H(x/y)]$，而发送符号的信息量原为 $H(x)$，少了的部分 $H(x/y)$ 就是传输错误率引起的损失。

由式（1-18）可知：每个发送符号传输的平均信息量和信源发送符号概率 $P(x_i)$ 有关，我们将其对 $P(x_i)$ 求出的最大值定义为信道容量 C，即

$$C=\max_{P(x)}[H(x)-H(x/y)]\quad (\text{bit/符号}) \tag{1-19}$$

设单位时间内信道传输的符号数为 r（符号/s），则信道每秒传输的平均信息量 R 为

$$R=r\times[H(x)-H(x/y)]\quad (\text{bit/符号}) \tag{1-20}$$

求 R 的最大值，即得出信道容量 C_t 的表达式为

$$C_t=\max_{P(x)}\{r\times[H(x)-H(x/y)]\}\quad (\text{bit/符号}) \tag{1-21}$$

1.4　通信中的常用信号介绍

我们知道：消息是通信系统传输的对象，如语音、图像、文字等原始消息。在消息中包含一定数量的信息，但信息的传送一般不是直接的，它必须借助一定形式的信号（如光信号、电信号等），才能传输和进行各种处理。那什么是信号呢？“信号”一词在人们的生活中有着广泛的含义。严格地说，信号是消息的表现形式与传送载体，而消息是信号的具体内容。

1.4.1　信号的分类

信号分类的方法很多，可以从不同的角度对信号进行分类。当信号随着时间的变化而变化时，称此信号为时域信号。如图 1-10 所示的各种信号都属于时域信号。下面根据信号的特征对各种信号进行分类，并简单讨论其性质。

1. 周期信号与非周期信

周期信号是指以 T_0 为周期重复相同波形的信号。定义在（$-\infty$，$+\infty$）区间上，且每隔一定时间间隔按相同规律重复变化。设 T_0 是一个大于零的常数。

如果信号 $f(t)$ 是周期信号则满足：$f(t)=f(t+T_0)$（$-\infty$，$+\infty$）。满足上述条件的最小 T_0 称为信号的基波周期，$f_0=1/T_0$ 称为信号的基频。如雷达系统中的矩形脉冲系列、通信系统中用于测试的正弦信号都是周期信号，如图1-10（a）所示。

非周期信号是指不具有重复性的信号。例如：符号函数 $sgn(t)$、单位冲激信号 $\delta(t)$、单位阶跃信号 $u(t)$ 以及语音信号等是非周期信号，如图1-10（b）所示。

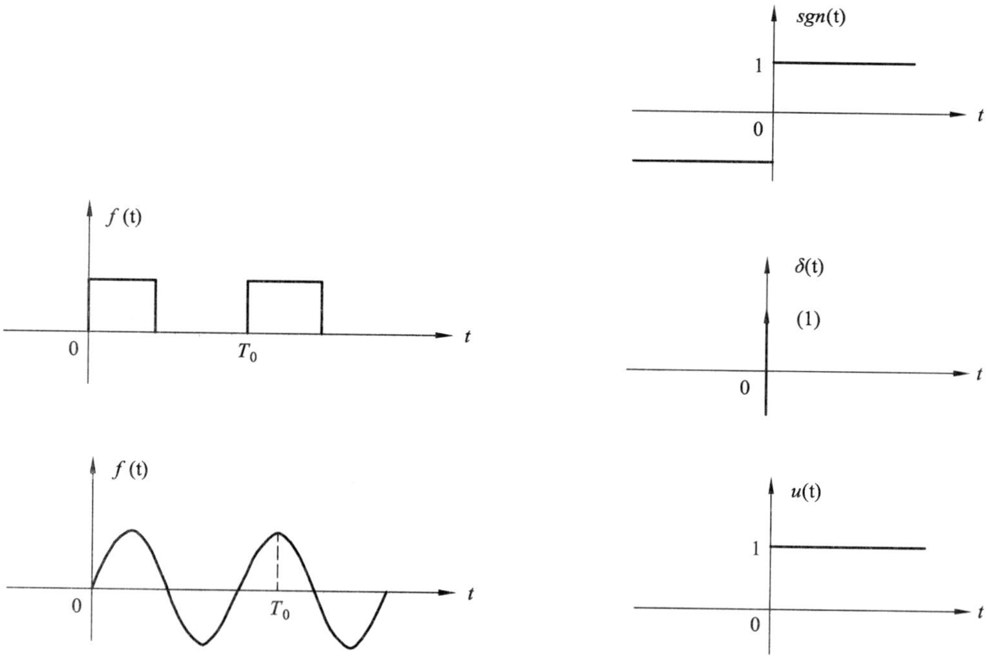

（a）周期信号　　（b）非周期信号

图 1-10　周期信号和非周期信号

2. 确定信号与随机信号

确定信号（确知信号）是指能够用确定的时间函数表示的信号，该信号在其定义域内的任意时刻都有确定的函数值，图1-11（a）所示的正弦信号就是一个确定信号。

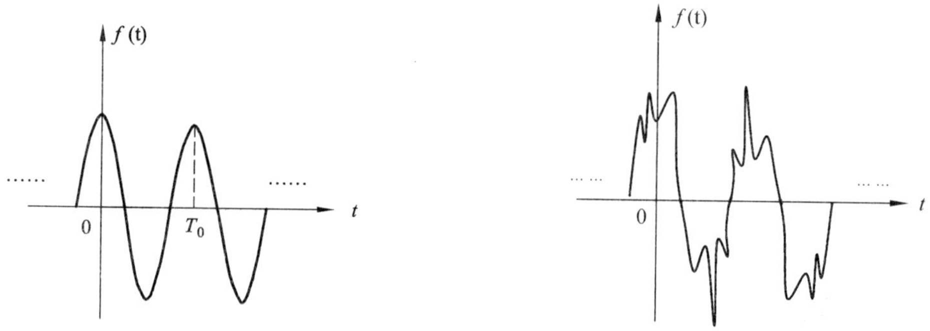

（a）确定信号　　（b）随机信号

图 1-11　确定信号和随机信号

随机信号（也称为不确定信号）是指它不是时间的确定函数，图1-11（b）所示为混有噪声的正弦信号，它无法以确定的时间函数来描述，也无法根据过去的记录准确地预测未来情况，而只能用统计规律来描述。

收音机或电视机中放大器产生的噪声就是一种随机信号，无线通信系统中的接收信号也是随机信号的另一个例子，该信号包含了载有信息的信号分量、信道中产生的干扰分量以及在接收前端产生的不可避免的电噪声。

3. 能量信号与功率信号

在介绍能量信号与功率信号之前，先给出与之相关的瞬时功率的概念。

电信号可以由电压$y(t)$加在电阻R两端或电流$x(t)$流过电阻R产生的瞬时功率$p(t)$来表示，定义如下：

$$p(t)=\frac{y^2(t)}{R} \quad 或 \quad p(t)=x^2(t)R \tag{1-22}$$

在通信系统中，通常定义流过 1 Ω 电阻产生的瞬时功率为“归一化功率值”。不论信号是电压还是电流，归一化瞬时功率可以表示为

$$p(t)=x^2(t) \tag{1-23}$$

如何利用归一化瞬时功率来计算信号的能量和功率呢？我们先计算该信号在时间间隔$[-T/2,\ T/2]$内的能量为

$$E=\lim_{T\to\infty}\int_{-T/2}^{T/2}x^2(t)\mathrm{d}t=\int_{-\infty}^{\infty}x^2(t)\mathrm{d}t \tag{1-24}$$

该信号能量是信号瞬时功率的积分，数字信号的一个码元就是一个能量信号。而该信号在$[-T/2,\ T/2]$时间间隔内的平均值即平均功率则为

$$\overline{P}=\lim_{T\to\infty}\frac{1}{T}\int_{-T/2}^{T/2}x^2(t)\mathrm{d}t \tag{1-25}$$

特别地：对于周期信号，周期为 T，则平均功率为

$$\overline{P}=\frac{1}{T}\int_{-T/2}^{T/2}x^2(t)\mathrm{d}t \tag{1-26}$$

能量信号的定义：如果在无限大时间区间内信号的能量为有限值（此时平均功率为零）就称该信号为能量有限信号，简称能量信号。即能量信号的能量有限而平均功率为零。

功率信号的定义：如果在无限大时间区间内信号的平均功率为有限值（此时信号能量$E=\infty$）就称该信号为功率有限信号，简称功率信号。即功率信号的平均功率有限而能量无限。根据以上定义可知：

（1）时限信号（在有限时间区间存在非零值的信号）必定是能量信号。

（2）一般来说：周期信号和随机信号是功率信号。而对于非周期信号来说或者是能量信号如图 1-12（a）所示；或者是功率信号如图 1-12（b）所示。

因此，对于能量信号，它们的平均功率为零，故只能从能量观点去研究。对于功率信号，由于能量为无限大，则只能从功率观点去研究。

【例 1-7】周期性脉冲信号和单个矩形脉冲信号如图 1-13（a）（b）所示，试求其总能量和平均功率。

解：根据所给信号波形可知：（a）图所示的为功率信号，其平均功率为

$$\overline{P}=\frac{1}{T}\int_{-T/2}^{T/2}x^2(t)\mathrm{d}t=\frac{1}{0.2}\int_{-0.1}^{0.1}1^2\mathrm{d}t=1$$

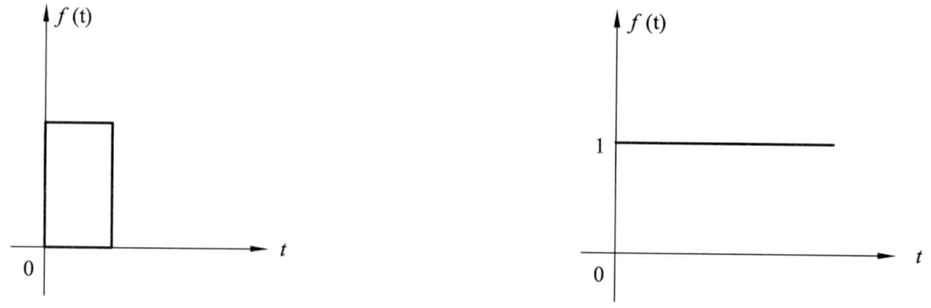

（a）能量信号

（b）功率信号

图 1-12 能量信号与功率信号

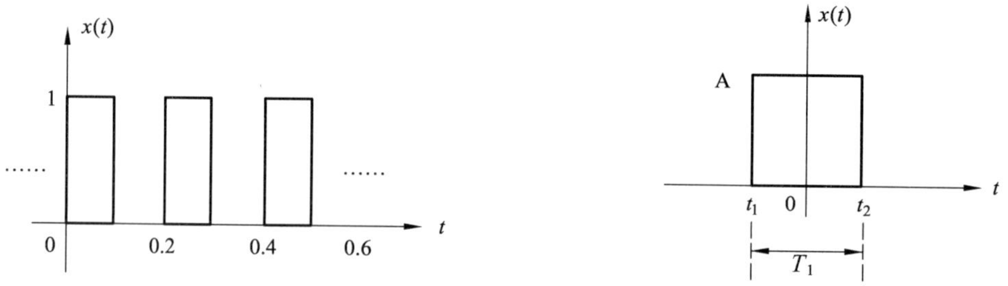

（a）周期脉冲信号

（b）单脉冲信号（非周期）

图 1-13 周期脉冲信号和单脉冲信号

而（b）图所示的为能量信号，其总能量为

$$E=\int_{-\infty}^{\infty}x^2(t)\,\mathrm{d}t=\int_{-0.1}^{0.1}1^2\,\mathrm{d}t=1$$

1.4.2 几种典型信号的表达式及波形

下面介绍几个典型的连续时间信号的表达式和波形，如指数信号、正弦信号、抽样信号等。同时在通信信号与系统分析中，常遇到函数本身有不连续点（跳变点）或其导数与积分有不连续点的情况，这类函数统称为奇异函数或奇异信号。如单位阶跃信号 $u(t)$、单位冲激信号 $\delta(t)$等。

1. 指数信号

指数信号的表达式为

$$f(t)=K\mathrm{e}^{at} \tag{1-27}$$

式中，a 是实数。指数信号的波形如图 1-14 所示。而在实际中遇到较多的是衰减指数信号。

2. 正弦信号

正弦信号的一般表示为

$$f(t)=A_{\mathrm{m}}\sin(\omega_{\mathrm{c}}t+\varphi_0) \tag{1-28}$$

式中，A_{m} 为振幅；ω 为角频率；φ_0 为初相位。其中：$\omega_{\mathrm{c}}=2\pi f=2\pi/T$，其波形如图 1-15 所示。

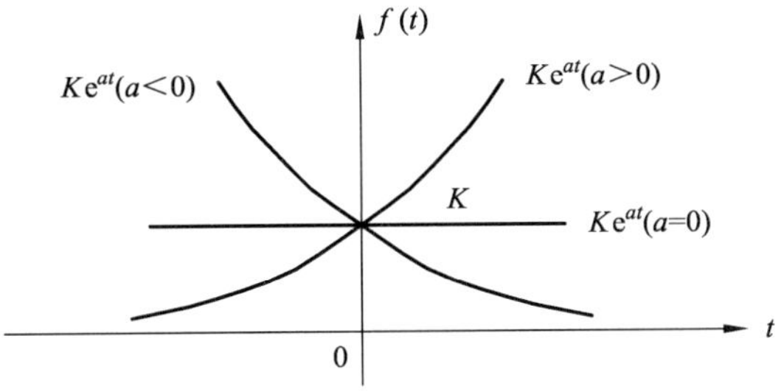

图 1-14　指数信号

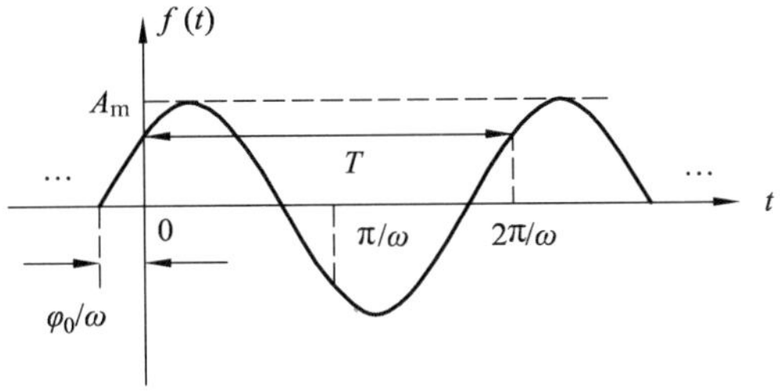

图 1-15　正弦信号

注意：正弦信号和余弦信号二者仅在相位上相差 π/2，经常统称为正弦信号。在图 1-15 中水平坐标为 t，同时要注意正弦信号在不同初相位时波形的变化情况。

3. 指数衰减信号

在信号与系统分析中，有时需使用衰减的正弦信号，波形如图 1-16 所示，此正弦振荡的幅度按指数规律衰减，其表达式为

$$f(t)=\begin{cases}0 & (t<0)\\ K\mathrm{e}^{-at}\sin\omega t & (t\geqslant 0)\end{cases} \tag{1-29}$$

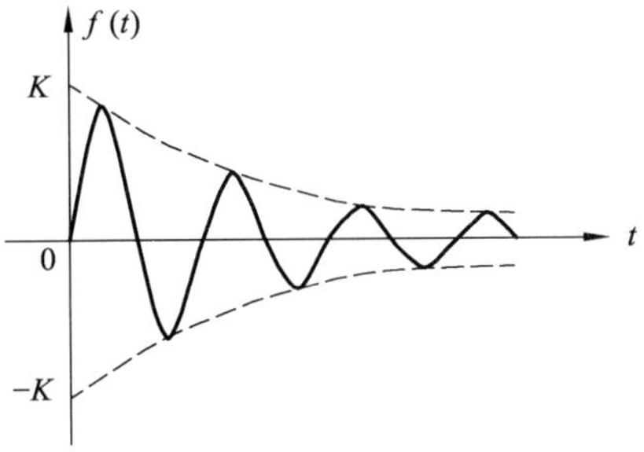

图 1-16　指数衰减信号

正弦信号和余弦信号常借助复指数信号来表示。由尤拉公式可知：

$$\mathrm{e}^{\mathrm{j}\omega t}=\cos\omega t+\mathrm{j}\sin\omega t \tag{1-30}$$

$$\mathrm{e}^{-\mathrm{j}\omega t}=\cos\omega t-\mathrm{j}\sin\omega t \tag{1-31}$$

$$\sin\omega t=\frac{1}{2\mathrm{j}}(\mathrm{e}^{\mathrm{j}\omega t}-\mathrm{e}^{-\mathrm{j}\omega t}) \tag{1-32}$$

所以有

$$\cos\omega t = \frac{1}{2}(e^{j\omega t} + e^{-j\omega t})$$

以上是常用的两对关系式。

4. 抽样（取样）信号

抽样信号是通信中的一个常用信号，也称为 $Sa(t)$信号，是指 sint 与 t 之比构成的函数，它定义如下：

$$Sa(t) = \frac{\sin t}{t} \tag{1-33}$$

抽样信号的波形如图 1-17 所示。

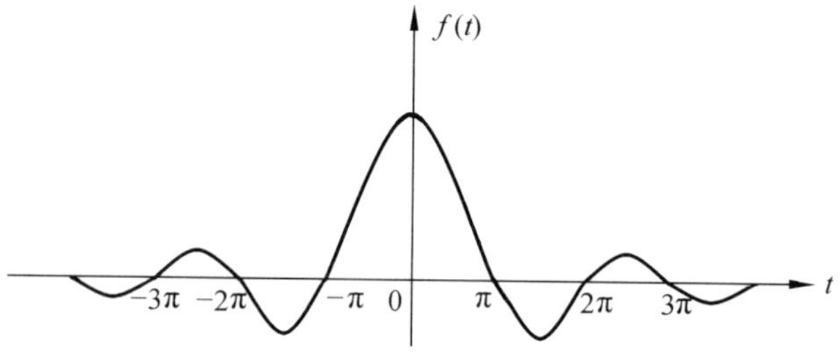

图 1-17 抽样信号

由图 1-17 所示的抽样信号波形图，我们可以看出：$Sa(t)$函数值有一最大值位于 $t = 0$ 处。同时 $Sa(t)$函数为偶函数（关于纵轴对称），并且 $Sa(t)$随 t 的增大，函数值逐渐衰减，直到无穷。函数有很多过零点，并且位于 $T = \pm n\pi\ (n \neq 0)$点上。

5. 单位阶跃信号

单位阶跃信号通常以符号 $u(t)$表示，其函数定义式为

$$u(t) = \begin{cases} 0 & (t < 0) \\ 1 & (t > 0) \end{cases} \tag{1-34}$$

其波形如图 1-18（a）所示。

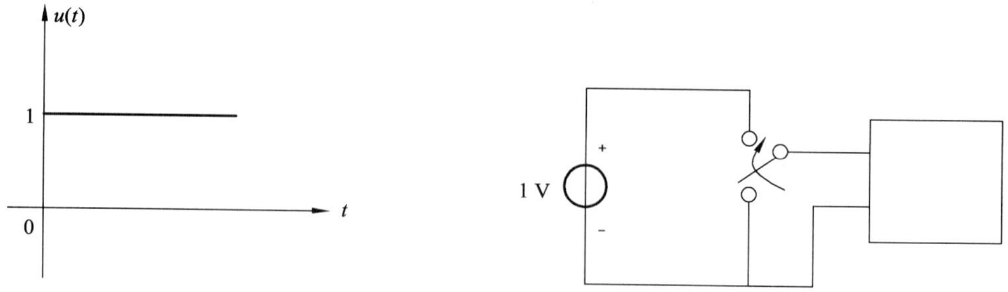

（a）单位阶跃信号　　（b）电路原理图

图 1-18 单位阶跃信号

单位阶跃函数可理解为，在 $t = 0$ 时刻对某一电路接入单位电源（直流电压源或直流电流源），并且无限持续下去。图 1-18（b）示出接入 1 V 直流电压源的情况，在接入端口处电压

为阶跃信号 $u(t)$。如果接入电源的时间推迟到 $t=t_0$ 时刻（$t_0>0$），则可用一个延时的单位阶跃函数来表示。其波形如图 1-19 所示。

$$u(t-t_0)=\begin{cases}0 & (t<t_0)\\ 1 & (t>t_0)\end{cases} \tag{1-35}$$

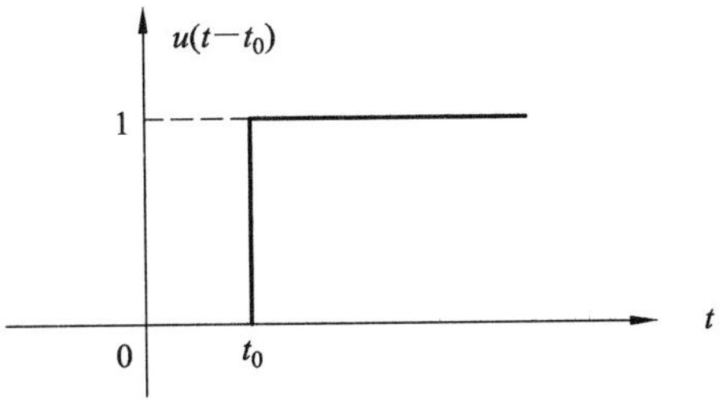

图 1-19　延时的单位阶跃信号

6. 单位冲激信号

某些物理现象需要用一个时间极短，但取值极大的函数模型来描述，例如，力学中瞬间作用的冲击力，电学中的雷击电闪，数字通信中的抽样脉冲等。"冲激信号"的概念就是以这类实际问题为背景而引出的。

单位冲激信号 $\delta(t)$ 工程定义是矩形脉冲，即门脉冲 $P_\tau(t)$ 的极限描述的，即

$$\delta(t)=\lim_{\tau\to 0}P_\tau(t) \tag{1-36}$$

于是单位冲激信号 $\delta(t)$ 可定义为

$$\delta(t)=\begin{cases}\infty & (t=0)\\ 0 & (t\neq 0)\end{cases} \tag{1-37}$$

这个定义由狄拉克（Dirac）提出，又称为狄拉克函数或 $\delta(t)$ 函数。

除在原点外，其他处处为零，并且具有单位面积值。它的极限（$\tau\to 0$）表示图形如图 1-20 所示，$\delta(t)$ 的图形符号如图 1-21 所示。即用一粗箭头表示，箭头旁标以（1）表示 $\delta(t)$ 图形下的面积为 1，称为冲激函数的强度，简称冲击强度。

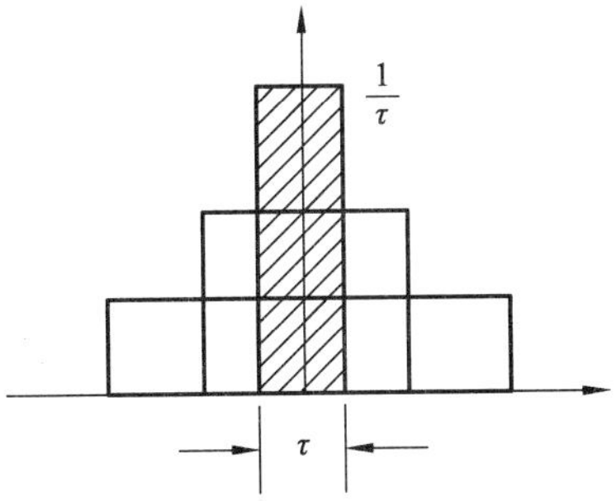

图 1-20　矩形脉冲演变为冲激函数

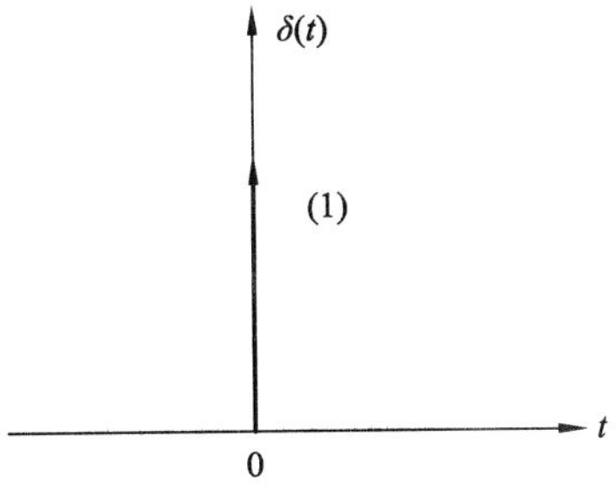

图 1-21　单位冲激信号 $\delta(t)$

推广：设 t_0 为正的实数，则有

$$\begin{cases}\int_{-\infty}^{\infty}\delta(t-t_0)\mathrm{d}t=1\\ \delta(t-t_0)=0 \quad (t\neq t_0)\end{cases} \tag{1-38}$$

延时单位冲击函数 $\delta(t-t_0)$，其图形符号如图 1-22 所示。

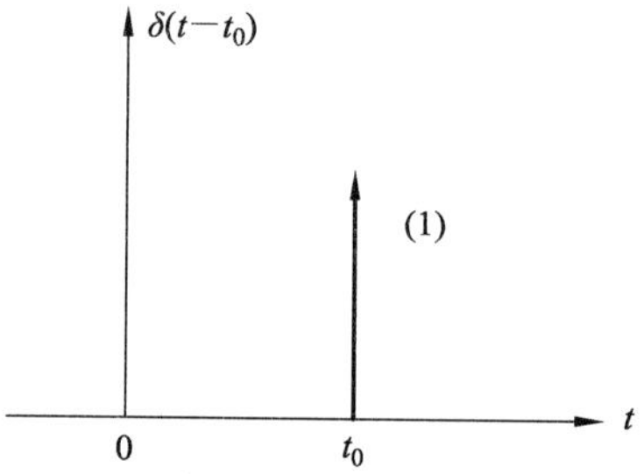

图 1-22 延时冲激信号

如果信号 $f(t)$是一个连续信号，由冲击信号的特点可得

$$f(t)\delta(t) = f(0)\delta(t) \tag{1-39}$$

$$\delta(t-t_0) = f(t0)\delta(t-t_0) \tag{1-40}$$

以上两式称为冲激信号的采样特性。后式表明连续时间信号 $f(t)$与冲激信号 $\delta(t-t_0)$相乘，即抽取出信号 $f(t)$在 $t=t_0$处的函数值 $f(t_0)$，如图 1-23 所示。

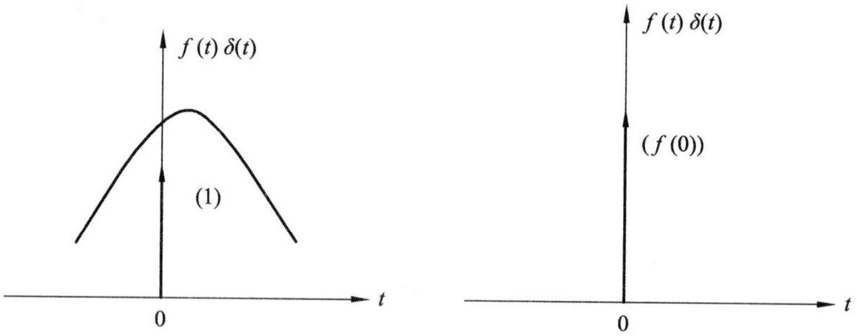

图 1-23 冲击信号的抽样性质

$\int_{-\infty}^{+\infty} f(t)\delta(t-t_0) = f(t_0)$ 称为冲击信号的筛选特性。连续时间信号 $f(t)$与冲激信号 $\delta(t-t_0)$相乘，并在（$-\infty$，$+\infty$）时间域上积分，其结果为信号 $f(t)$在 $t=t_0$处的函数值 $f(t_0)$。

在数字通信中，时常要将模拟信号转化为数字信号。其中一种方法是利用周期性的冲激序列对模拟信号进行抽样（即理想抽样）。冲激信号把模拟信号 f(t)在作用时刻的值抽样出来作为自己的强度。

1.4.3 信号的频谱分析基础

在通信理论中，信号分析是非常重要的一个环节，它应用了较多的数学知识和电路分析内容。在信号分析中注意将数学概念、物理概念、工程概念相结合。信号分析的核心内容是信号的分解，即将复杂信号分解为一些基本的线性组合。尽管通信系统中的信号不都是单频正弦波信号或余弦波信号，但所有的信号都可以用正弦和余弦函数的组合来表示，我们先看一个例子。

图 1-24 中，图（a）所示为一个周期为 T 的正弦波，图（b）所示是周期不同（分别为 T、

$T/3$）、幅度也不同的 2 个正弦波的合成波，图（c）所示为周期不同（分别为 T、$T/3$、$T/5$）、幅度也不同的 3 个正弦波的合成波，图（d）所示是周期不同（分别为 T、$T/3$、$T/5$、$T/7$）、幅度也不同的 4 个正弦波的合成波。可以想象，当合成的正弦波为无限多个时，则合成波即为周期性矩形脉冲。由此可以看出，正弦波按一定的规律可以合成周期性矩形波。

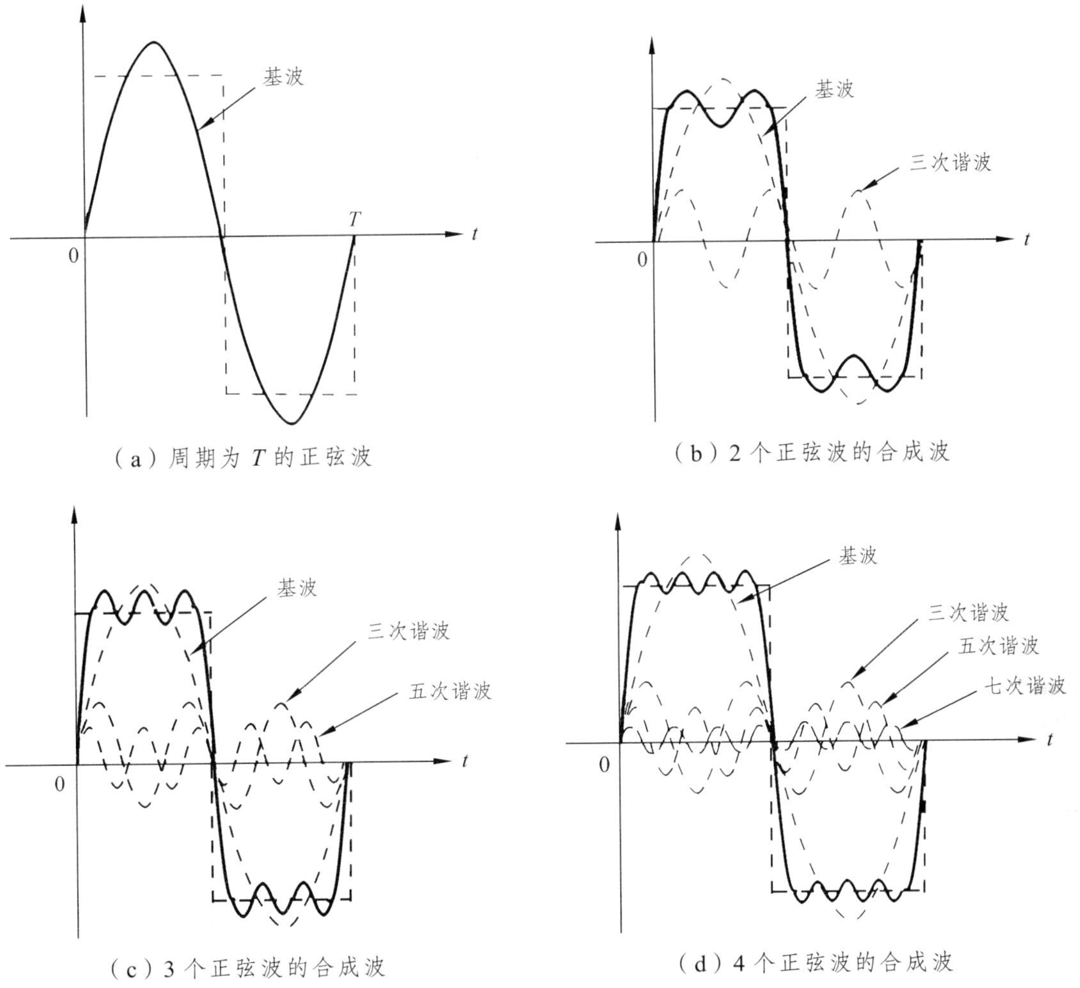

图 1-24　周期性矩形脉冲和合成

当正弦波的周期与周期性信号的周期相同时，此正弦波称为基波信号；当正弦波的频率是基波频率的整数倍时，称此正弦波为谐波分量；当正弦波的频率为基波信号频率的 2 倍时，则称该正弦波为二次谐波分量。若正弦波的频率为基波信号频率的 n 倍，则称此正弦波为 n 次谐波分量。

数字电路中，我们学过方波、矩形波、三角波、锯齿波等产生器都属于非正弦周期信号，它们都是一种较为复杂的周期信号波形。要分析它们，使用傅里叶级数是最有力的工具。

1.4.3.1　三角函数形式的傅里叶级数

若一个周期为 T 的信号 $f(t)$ 满足狄里赫利条件，则可以展开成如下的傅里叶级数形式：

$$f(t)=a_0+a_1\cos\omega_0 t+a_2\cos 2\omega_0 t+a_3\cos 3\omega_0 t+\cdots+a_n\cos n\omega_0 t+ \\ b_1\sin\omega_0 t+b_2\sin 2\omega_0 t+b_3\sin 3\omega_0 t+\cdots+b_n\sin n\omega_0 t \tag{1-41}$$

或写成和式：

$$f(t)=a_0+\sum_{n=1}^{\infty}(a_n\cos n\omega_0 t+b_n\sin n\omega_0 t) \tag{1-42}$$

其中：

$$a_0=\frac{1}{T}\int_{-\frac{T}{2}}^{\frac{T}{2}}f(t)\mathrm{d}t$$

（信号的直流分量即信号在一周内求平均）

$$a_n=\frac{2}{T}\int_{-\frac{T}{2}}^{\frac{T}{2}}f(t)\cos n\omega_0 t\mathrm{d}t\quad (n\neq 0)\quad n=1,2,\cdots,\infty$$

$$b_n=\frac{2}{T}\int_{-\frac{T}{2}}^{\frac{T}{2}}f(t)\sin n\omega_0 t\mathrm{d}t\quad (n\neq 0)\quad n=1,2,\cdots,\infty$$

在 a_0 a_n b_n 的计算中，积分限也可以是任何一个 T 区间，如可从 0 到 T、从 $1/4T$ 到 $5/4T$ 等，只要上限减下限的值等于 T 即可，这是因为周期信号一个周期内的积分与积分起点无关。任何周期信号的波形是由一个平均分量（直流分量）和一系列的正弦和余弦谐波分量来表示。式（1-42）也可用下式来说明：

$f(t)$ = 直流（a_0）+基波（$n=1$）+二次谐波（$n=2$）+
三次谐波（$n=3$）+…+n 次谐波　　（1-43）

式（1-42）也可合并成一个纯余弦形式（也称为三角函数形式）的傅里叶级数。

$$f(t)=A_0+\sum_{n=1}^{\infty}A_n\cos n\omega_0 t+\varphi_n) \tag{1-44}$$

其中

$$A_0=a_0\ ,\quad A_n=\sqrt{a_n^2+b_n^2}\ ,\quad \varphi_n=\arctan\left(-\frac{b_n}{a_n}\right)$$

1.4.3.2 指数形式的傅里叶级数

周期信号不仅可以用三角形式的傅里叶级数表示，还可以用指数形式的傅里叶级数表示，并且指数形式更便于计算，在通信中也得到了广泛的应用。

将尤拉公式

$$\cos n\omega_0 t=\frac{1}{2}(\mathrm{e}^{\mathrm{j}n\omega_0 t}+\mathrm{e}^{-\mathrm{j}n\omega_0 t}) \\ \sin n\omega_0 t=\frac{1}{2\mathrm{j}}(\mathrm{e}^{\mathrm{j}n\omega_0 t}-\mathrm{e}^{-\mathrm{j}n\omega_0 t}) \tag{1-45}$$

代入式（1-42），则周期信号可以表示为

$$f(t)=\sum_{n=-\infty}^{\infty}F_n\mathrm{e}^{\mathrm{j}n\omega_0 t} \tag{1-46}$$

其中傅里叶复数系数 F_n 的计算式表示为

$$F_n = \frac{1}{T}\int_{-\frac{T}{2}}^{\frac{T}{2}} f(t)\mathrm{e}^{-\mathrm{j}n\omega_0 t}\mathrm{d}t \tag{1-47}$$

傅里叶复系数 F_n 与傅里叶实系数 a_n 与 b_n 一样，都是 $n\omega_0$ 的函数。由于 F_n 为复数，故 F_n 也可以表示成模与幅角的形式，即

$$F_n = |F_n|\mathrm{e}^{\mathrm{j}\theta_n} \tag{1-48}$$

式（1-46）表明：任意周期信号 $f(t)$ 可以分解为无数复指数信号之和。其各分量的复数幅度为 F_n，这就是指数形式的傅里叶级数，式中 n 的变化范围是从 $-\infty \sim \infty$。

需要说明的是，三角形式的傅里叶级数和指数形式的傅里叶级数不是两种不同类型的级数，它们是同一级数的两种不同表示方法。

指数是傅里叶变换的基础，是信号频域分析中的运算工具，在通信理论里是最常用的表示式。

1.4.3.3　频谱图

1. 周期信号的频谱

从以上信号分析中可知，傅里叶级数可以将一个周期信号表示为式（1-42）或式（1-44）所示的三角函数形式或式（1-46）所示的复指数形式。它的意义在于：

（1）把一个时域信号转换为频域表述，从而引出频谱概念。

（2）揭示了周期信号的实质，即一个非正弦周期信号由不同频率的谐波分量所组成。

当信号被分解成各次谐波以后，就可以从频域来分析问题。因此，傅里叶分析实质是一种频域分析方法。信号的频域特性是信号的内在本质，而信号的时域波形只是信号的外在形式。显然，从本质上分析处理问题将会更深入，更全面，也更直观方便。

因此，为了更加直观地反映周期信号中各个分量的分布情况。可将它们的各分量振幅和相位用图形表示出来，称之为频谱图。频谱中谐波分量的振幅随频率变化的关系称为振幅谱（或幅度谱），谐波分量的相位随频率变化的关系称为相位谱。一般习惯地将振幅频谱简称为频谱。

【例 1-8】设某一信号的傅里叶级数展开式为

$$f(t) = \frac{A}{\pi} + \frac{A}{2}\left[\cos\left(\omega_0 t - \frac{\pi}{2}\right) + \frac{4}{3\pi}\cos\left(2\omega_0 t - \frac{\pi}{2}\right) - \frac{4}{15\pi}\cos\left(4\omega_0 t - \frac{\pi}{2}\right)\right]$$

该信号的幅度频谱和相位频谱分别如图 1-25（a）、（b）所示。

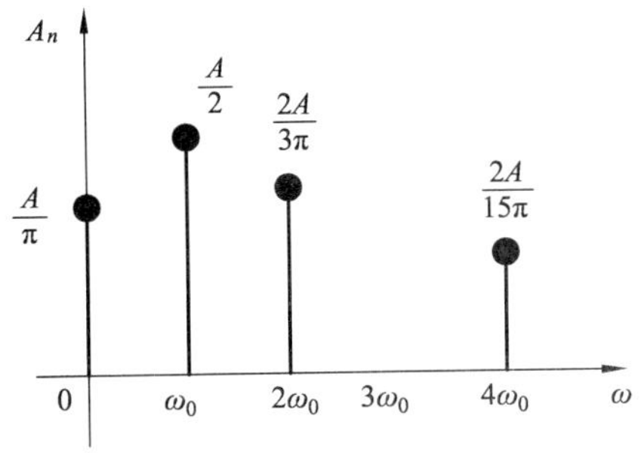

（a）幅度谱

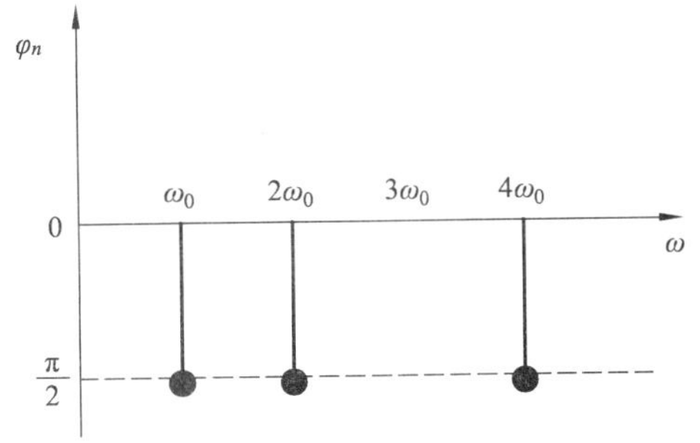

（b）相位谱

图 1-25　信号的频谱图

因为图 1-25 所示所示是根据傅里叶级数的三角形式而作的频谱，各分量的角频率恒为正值（$n>0$），即频率 $n\omega_0$ 只取正数，所以频谱只分布在正半轴（图形是单边的），把这样的频谱称为单边谱。

【例 1–9】周期性矩形脉冲 $f(t)$，其幅度为 A_m，脉冲宽度为 τ，周期为 T，如图 1-26 所示，试求其三角形式及指数形式的傅里叶级数表达式。

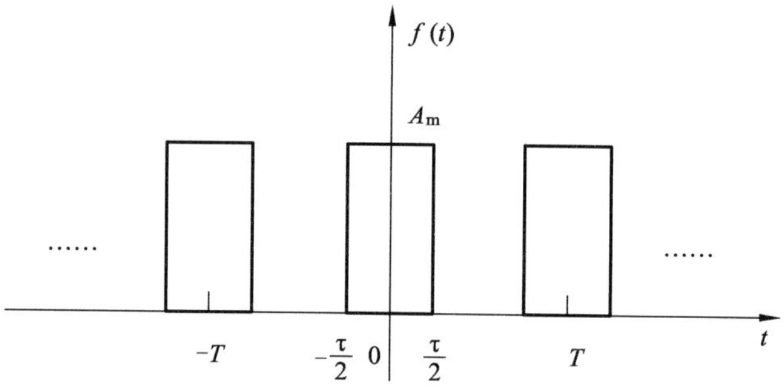

图 1-26 周期性矩形脉冲

解：根据式（1-42），有

$$f(t)=a_0+\sum_{n=1}^{\infty}(a_n\cos n\omega_0 t+b_n\sin n\omega_0 t)$$

其中

$$a_0=\frac{1}{T}\int_{-\frac{T}{2}}^{\frac{T}{2}}f(t)\mathrm{d}t=\frac{1}{T}\int_{-\frac{\tau}{2}}^{\frac{\tau}{2}}A_{\mathrm{m}}\mathrm{d}t=\frac{A_{\mathrm{m}}\tau}{T}$$

$$a_n=\frac{2}{T}\int_{-\frac{T}{2}}^{\frac{T}{2}}f(t)\cos n\omega t\mathrm{d}t=\frac{2}{T}\int_{-\frac{\tau}{2}}^{\frac{\tau}{2}}A_{\mathrm{m}}\cos n\omega t\mathrm{d}t$$

$$=\frac{2A_{\mathrm{m}}}{n\pi}\sin\left(\frac{n\omega\tau}{2}\right)=\frac{A_{\mathrm{m}}\tau\omega}{\pi}Sa\left(\frac{n\omega\tau}{2}\right)=\frac{2A_{\mathrm{m}}\tau}{T}Sa\left(\frac{n\pi\tau}{T}\right)$$

$$b_n=\frac{2}{T}\int_{-\frac{\tau}{2}}^{\frac{\tau}{2}}E\sin n\omega t\mathrm{d}t=0$$

因为 $f(t)$ 是偶函数，所以 $b_n=0$，则周期矩形信号的三角形式傅里叶级数为

$$f(t)=\frac{A_{\mathrm{m}}\tau}{T}+\frac{2A_{\mathrm{m}}\tau}{T}\sum_{n=1}^{\infty}Sa\left(\frac{n\pi\tau}{T}\right)\cos n\omega t$$

或

$$f(t)=\frac{A_{\mathrm{m}}\tau}{T}+\frac{A_{\mathrm{m}}\tau\omega}{\pi}\sum_{n=1}^{\infty}Sa\left(\frac{n\omega\tau}{2}\right)\cos n\omega t$$

根据（1-46）式有

$$f(t)=\sum_{n=-\infty}^{\infty}F_n\mathrm{e}^{\mathrm{j}n\omega_0 t}$$

其中

$$F_n=\frac{1}{T}\int_{-\frac{T}{2}}^{\frac{T}{2}}f(t)\mathrm{e}^{-\mathrm{j}n\omega_0 t}\mathrm{d}t=\frac{1}{T}\int_{-\frac{T}{2}}^{\frac{T}{2}}A_{\mathrm{m}}\mathrm{e}^{-\mathrm{j}n\omega_0 t}\mathrm{d}t=\frac{A_{\mathrm{m}}\tau}{T}Sa\left(\frac{n\omega_0\tau}{2}\right)$$

因此，周期矩形脉冲信号的指数形式傅里叶级数展开式为

$$f(t)=\frac{A_{\mathrm{m}}\tau}{T}\sum_{n=-\infty}^{n=\infty}Sa\left(\frac{n\omega_0\tau}{2}\right)\mathrm{e}^{\mathrm{j}n\omega_0 t}$$

从该例题可以发现，傅里叶复系数 F_n 也可能为实数。对于一个具体的周期信号，其傅里叶系数 F_n 究竟取何值，这取决于周期信号的对称特性。若周期信号偶对称，则 F_n 为实数；若周期信号奇对称，则 F_n 为虚数；一般情况 F_n 为复数。

由于本例中的傅里叶复数系数 F_n 为实数，因而各谐波分量的相位或为零（F_n 为正）或为 $\pm\pi$（F_n 为负），因此不需分别画出幅度频谱 $|F_n|$ 与相位 θ_n。可以直接画出傅里叶数系数 F_n 的分布图。根据前面介绍的取样函数 $S_a(t)$的曲线便可作出信号 $f(t)$的频谱如图 1-27 所示。

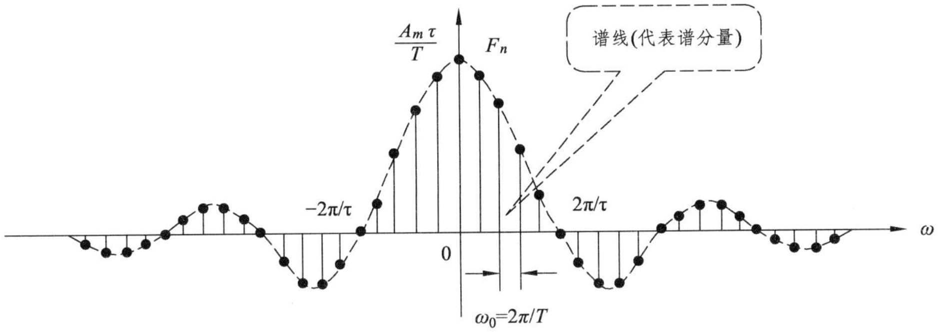

图 1-27　**周期性矩形脉冲的频谱**

将周期信号的幅度频谱和相位频谱画在同一图中，只有在其傅里叶复系数 F_n 为实数时才可能。在一般情况下，F_n 为复数，幅度频谱与相位频谱就不能画在一张图中，而必须分为幅度频谱和相位频谱两张图。

图 1-27 所示显示了周期矩形脉冲信号 $f(t)$频谱的一些性质，实际上也是周期信号频谱的普遍性质。这些特性概括如下。

1）频谱的离散性

所有周期信号的频谱都是由间隔为 ω_0 的谱线组成。周期信号的离散频谱是周期信号频谱的重要特征。信号在时域中的周期特性与其频域中的离散特性是相互依存的对偶关系，且这种关系是互易的，即若信号在时域中是离散信号，则其对应的频谱为周期频谱。时域与频域的这种依存关系在通信信号分析中是非常重要的概念。

不同的周期信号其频谱分布的形状不同，但都是以基频 ω_0 为间隔而分布的离散频谱。由于谱线的间隔 $\omega_0=2\pi/T$，故信号的周期决定其离散频谱的谱线间隔大小。信号的周期越大，其基频 ω_0 就越小，则谱线越密；反之，T 越小，ω_0 越大，谱线就越疏。可以想象，当信号的周期 T 趋于无穷大时，则周期信号变为非周期信号，此时，信号的谱线间隔趋于零，即离散频谱变为连续频谱。可见，周期信号的频谱为离散谱，非周期信号的频谱为连续谱。

2）幅度的衰减性（收敛性）

不同的周期信号其对应的频谱不同，但都有一个共同的特性，这就是频谱幅度衰减特性。也就是说，当周期信号的幅度频谱随着谐波 $n\omega_0$ 增大时，幅度频谱 $|F_n|$ 不断衰减，并最终趋于零。尽管不同的周期信号其幅度频谱的衰减速度不同，但最终都衰减为零。一般来说，

若信号的时域波形变化越平缓，其所含高次谐波成分就越少，因而其幅度频谱衰减越快；反之，若信号的时域波形变化越快，跳变越多，其所含高次谐波成分就越多，因而其幅度频谱衰减越慢。根据这一特点，可以定性地由信号时域波形估计其高次谐波的组成、分布以及衰减程度。

3）信号的有效带宽

从周期矩形脉冲信号的频谱图 1-27 可见，其频谱包络线每当 $n\omega_0\tau/2 = m\pi$ 时，即 $n\omega_0 = 2\pi m/\tau$（m 取整数）时，通过零点。其中第一个过零点在 $\pm 2\pi/\tau$ 处，此后谐波的幅度逐渐减小。通常将包含主要谐波分量的 $0 \sim 2\pi/\tau$ 这段频率范围称为周期矩形脉冲信号的有效频带宽度，以 B_ω（单位为弧度）或 B_f(单位为赫兹)表示，即有

$$B_\omega = 2\pi/\tau \quad 或 \quad B_f = 1/\tau$$

上式表明，信号的有效带宽与信号时域的持续时间 τ 成反比。即 τ 越大，其 B_ω 越小；反之，τ 越小，其 B_ω 越大。

信号的有效频带宽度（简称为带宽）是信号频率特性中重要指标，它具有实际应用意义。在信号的有效带宽内，集中了信号的绝大部分谐波分量。换句话说，若信号丢失有效带宽以外的谐波成分，不会对信号产生明显影响。同样，任何系统也有其有效带宽。当信号通过系统时，信号与系统的有效带宽必须“匹配”。若信号的有效带宽大于系统的有效带宽，则信号通过此系统时，就会损失许多重要的成分而产生较大的失真；若信号的有效带宽远小于系统的带宽，信号可以顺利通过，但对系统资源是巨大浪费。

2. 非周期信号的傅里叶变换

一个非周期信号 $f(t)$可以用其傅里叶变换求其频谱函数，下面直接给出关系式。

（1）非周期信号的频谱密度函数

$$F(\mathrm{j}\omega) = \int_{-\infty}^{\infty} f(t)\mathrm{e}^{-\mathrm{j}\omega t}\mathrm{d}t \tag{1-49}$$

（2）非周期信号的 $f(t)$表达式

$$f(t) = \frac{1}{2\pi}\int_{-\infty}^{\infty} F(\mathrm{j}\omega)\mathrm{e}^{\mathrm{j}\omega t}\mathrm{d}\omega \tag{1-50}$$

【例 1-10】试求图 1-28（a）所示的矩形脉冲信号的频谱。

解：利用（1-49）式可得

$$F(\mathrm{j}\omega) = \int_{-\frac{\tau}{2}}^{\frac{\tau}{2}} A\mathrm{e}^{-\mathrm{j}\omega t}\mathrm{d}t = A\left.\frac{\mathrm{e}^{-\mathrm{j}\omega t}}{-\mathrm{j}\omega}\right|_{-\frac{\tau}{2}}^{\frac{\tau}{2}}$$

$$= \frac{A}{-\mathrm{j}\omega}(\mathrm{e}^{-\mathrm{j}\frac{\omega\tau}{2}} - \mathrm{e}^{\mathrm{j}\frac{\omega\tau}{2}}) = A\tau Sa\left(\frac{\omega\tau}{2}\right)$$

其频谱函数 F（$\mathrm{j}\omega$）的图形如图 1-28（b）所示。

对照周期矩形脉冲信号的频谱图 1-27 可见，两者的轮廓一样，幅度相差 T 倍，有效带宽相等。但两者也有区别：周期信号的频谱为离散谱，非周期信号的频谱为连续频谱。

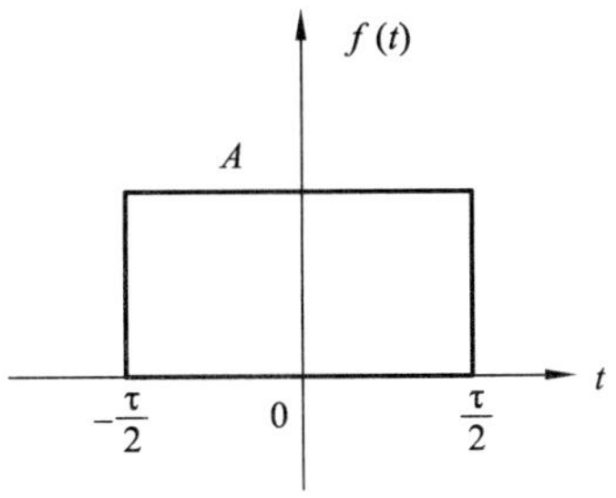

（a）矩形脉冲

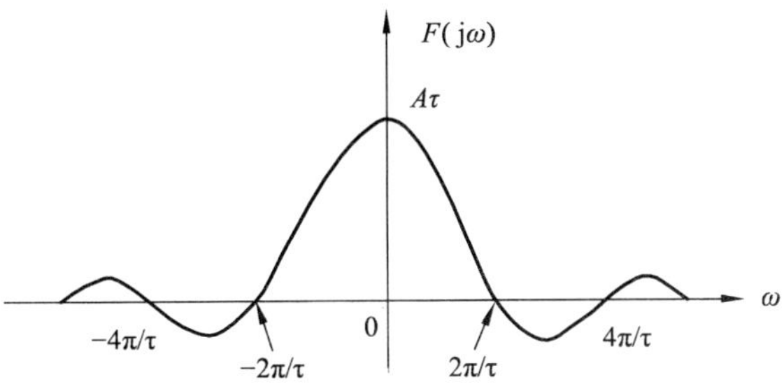

（b）矩形脉冲信号的频谱

图 1-28　矩形脉冲及其频谱图

本章小结

本章主要介绍了通信中的基础知识，通信的概念、通信系统的组成、分类和主要的性能指标以及通信中的常用信号等内容。

通信是指不在同一地点的双方或多方之间进行迅速有效的信息传递。通信可分为语音通信和非语音通信，有线通信和无线通信，模拟通信和数字通信，单工通信、半双工通信、和双工通信，串行通信和并行通信，基带传输通信和频带传输通信等。

数字通信系统的有效性通常用码元传输速率 R_B 和信息传输速率 R_b 来衡量，其中：

码元传输速率 R_B 是指单位时间（每秒）内传送码元符号的数目，单位为波特（Baud），简写为“B”。R_B 只与码元宽度 T_b 有关，而与进制无关，即 $R_B = 1/T_b$。

信息传输速率 R_b 是指单位时间（每秒）内传送的信息量，单位为 b/s。

对于信息速率 R_b 与进制有关，必须折合为相应的二进制码元来计算。信息速率 R_b 和码元速率 R_B 的互换公式为：$R_b = R_B \log_2 M \ (M = 2^N, N = 1, 2, \cdots)$。

数字通信系统的可靠性通常用差错率来衡量，常用误信率 P_b 和误码率 P_B 来表示。

误信率 P_b 是指“一定时间”内接收的错误信息量（比特数）与传输信息（比特）总量之间的比值，即 P_b = 接收的错误比特数/传输的比特总数。

误码率 P_B 是指“一定时间”内发生差错的码元数在传输码元总数之中的比率，即码元在通信系统中被传错的概率，即 P_B = 接收的错误码元个数/传输的码元总数。

信道的作用是传输信号，信道传输信号的能力大小可用信道容量来衡量。信道容量是指信道能够传输的最大信息速率，即信道的最大传输能力。按照连续信道和离散信道的不同，信道容量有不同的计算方法。连续信道容量的单位是 b/s，离散信道的容量单位有 b/符号或 b/s。

对于带宽有限、平均功率有限的加性高斯白噪声连续信道，可用著名的香农公式来计算信道容量：

$$C_t = B\log_2\left(1+\frac{S}{N}\right) \quad \text{(b/s)}$$

由香农公式得知，带宽 B 和信噪比 S/N 是容量 C_t 的决定因素，且带宽和信噪比可以互换。但是无限增大带宽，并不能无限增大信道容量。当 S/n_0 给定时，无限增大带宽得到的信道容量只是趋近于 1.44（S/n_0）b/s。

对于离散信道其信道容量可用如下公式计算：

$$C=\max_{P(x)}[H(x)-H(x/y)] \quad (\text{bit/符号})$$

常用信号的傅里叶变换关系小结见表 1-5～表 1-7 所示。

表 1-5　周期函数 $f(t)$ 展开成傅里叶级数

序号	名称	傅里叶级数展开式	参数计算
1	周期函数的定义	若满足 $f(t)=f(t-nT)$， 则 $f(t)$ 为周期函数	频率：$f=1/T$；周期 T 角频率：$\omega_0=\dfrac{2\pi}{T}=2\pi f$
2	三角函数形式 1	$f(t)=a_0+\sum\limits_{n=1}^{\infty}(a_n\cos n\omega_0 t+b_n\sin n\omega_0 t)$	$a_0=\dfrac{1}{T}\int_{-\frac{T}{2}}^{\frac{T}{2}}f(t)\mathrm{d}t$ $a_n=\dfrac{2}{T}\int_{-\frac{T}{2}}^{\frac{T}{2}}f(t)\cos n\omega_0 t\mathrm{d}t,\ (n\neq 0)\quad n=1,2\cdots\infty$ $b_n=\dfrac{2}{T}\int_{-\frac{T}{2}}^{\frac{T}{2}}f(t)\sin n\omega_0 t\mathrm{d}t,\ (n\neq 0)\quad n=1,2\cdots\infty$
			$a_0=\dfrac{1}{T}\int_{-\frac{T}{2}}^{\frac{T}{2}}f(t)\mathrm{d}t$ $a_n=\dfrac{2}{T}\int_{-\frac{T}{2}}^{\frac{T}{2}}f(t)\cos n\omega_0 t\mathrm{d}t\ (n\neq 0),\quad n=1,2\cdots\infty$ $b_n=\dfrac{2}{T}\int_{-\frac{T}{2}}^{\frac{T}{2}}f(t)\sin n\omega_0 t\mathrm{d}t\ (n\neq 0),\quad n=1,2\cdots\infty$
			$a_0=\dfrac{1}{T}\int_{-\frac{T}{2}}^{\frac{T}{2}}f(t)\mathrm{d}t$ $a_n=\dfrac{2}{T}\int_{-\frac{T}{2}}^{\frac{T}{2}}f(t)\cos n\omega_0 t\mathrm{d}t\quad (n\neq 0),\quad n=1,2\cdots\infty$ $b_n=\dfrac{2}{T}\int_{-\frac{T}{2}}^{\frac{T}{2}}f(t)\sin n\omega_0 t\mathrm{d}t\quad (n\neq 0),\quad n=1,2\cdots\infty$
3	三角函数形式 2	$f(t)=A_0+\sum\limits_{n=1}^{\infty}A_n\cos(n\omega_0 t+\varphi_n)$	$A_0=a_0$
			$f(t)=A_0+\sum\limits_{n=1}^{\infty}A_n\cos(n\omega t+\varphi_n)$ 其中：$A_0=a_0$，$A_n=\sqrt{a_n^2+b_n^2}$，$\varphi_n=-\mathrm{arctg}\dfrac{b_n}{a_n}$
			$f(t)=A_0+\sum\limits_{n=1}^{\infty}A_n\cos(n\omega t+\varphi_n)$ 其中：$A_0=a_0$，$A_n=\sqrt{a_n^2+b_n^2}$，$\varphi_n=-\arctan\dfrac{b_n}{a_n}$
4	复指数形式	$f(t)=\sum\limits_{n=-\infty}^{\infty}F_n\mathrm{e}^{\mathrm{j}n\omega_0 t}$	$F_n=\dfrac{1}{T}\int_{-\frac{T}{2}}^{\frac{T}{2}}f(t)\mathrm{e}^{-\mathrm{j}n\omega_0 t}\mathrm{d}t=a_n-\mathrm{j}b_n$

表 1-6　四种傅里叶变换形式的归纳

时间函数	频率函数
连续和非周期	非周期和连续
连续和周期（T_0）	非周期和离散（$\Omega_0=2\pi/T_0$）
离散(T)和非周期	周期（$\Omega_S=2\pi/T$）和连续
离散(T)和周期（T_0）	周期（$\Omega_S=2\pi/T$）和离散（$\Omega_0=2\pi/T_0$）

表 1-7　时域和频域的对应关系

离散 ⟷ 周期
连续 ⟷ 非周期

第 1 章习题

1.1　填空题

1. 通信网络和通信系统的主要任务是传输________________。
2. 通信系统按所用信道的不同分为有线传输和________________。
3. 无线电波的主要传播方式有__________、__________和空间波。
4. 我国中波广播的频率范围是__________________________。
5. 根据通信系统是否采用调制，可分为基带传输和____________________。
6. 通信系统按传输的是模拟信号还是数字信号，可分为____________和数字通信系统。
7. 通信系统按工作频段，可分为_________、_________、_________和________。
8. 通信系统按复用方式，可分为_________、_________、_________和_________。
9. 数字通信系统的主要性能指标有可靠性指标和____________。
10. 码元传输速率 R_B 是指__________________________，单位为波特（Baud，简记为 B)。
11. 信息传输速率 R_b 是指__________________________，单位为 b/s。
12. 频带利用率 $\eta=$____。
13. 等概率出现的二进制信号的信息量为________比特（bit）。
14. 消息出现的概率越小，则消息中包含的信息量就越_________。
15. 已知一高斯信道的传输带宽为 4 kHz，信号与噪声功率之比为 63，则 $C_t=$_________。
16. 能量信号的特点为___________________，功率信号的特点为____________________。
17. 如果某信号的时域波形是连续和非周期的，则对应的频谱是___________________。
18. 如果某信号的频域频谱是周期和离散的，则对应的时域波形是_________________。
19. 如果某信号的时域波形是非周期和离散的，则对应的时域函数是_______________。
20. 非正弦周期信号的离散频谱中，信号的周期决定谱线间隔大小。信号周期越大，则谱线___________________。信号周期越小，则谱线___________________。
21. 非正弦周期信号，其时域的持续时间 τ 越大，其有效带宽___________________。其时域的持续时间 τ 越小，其有效带宽____________________。

22. 周期矩形脉冲信号频谱的具有离散性、谐波性和__________________的特点。

1.2　分析与计算题

1. 设一个数字传输系统传送二进制信号，信息传输速率 R_b 为 9600 b/s，试问：

（1）码元速率 $R_B = ?$

（2）在码元速率不变的前提下，变换成四进制和八进制数字信号时的信息传输速率各为多少？

2. 设某系统在 125 μs 内传输 256 个二进制码元，其信息传输速率是多少？若该码元在 2 s 内有 3 个码元产生错码，试问其误码率是多少？

3. 一个信息源由字符 a、b、c、d、e 组成，设每个字符独立出现、它们出现的概率分别是 1/4、3/16、1/8、1/8、5/16，整个字符串的长度有 52 个。试用求平均信息量的方法求 $H(x)$ 和总信息量 $I_{(总)}$。

第二篇

通信技术篇

第 2 章　模拟通信中的调制与解调

在无线电通信系统中，电信号是通过天线以电磁波的形式向空间辐射传输的。由天线理论可知，只有当电信号的波长 λ 与天线尺寸 d 相近时（一般要求 $d>\lambda/4$），天线才能够将电信号转换成电磁波有效地辐射传输。一般基带信号频率很低，从而波长很长。例如，设语音信号的频率为 3000 Hz 时，其对应的波长 $\lambda = 100$ km，则要求天线尺寸 $d>25$ km，要制作如此“巨大”的天线，显然是困难的，也是不可取的。此外，无线电通信系统要传输的原始信息通常是多个相同的物理量，如直接传输它们会在频率域内的信道中相互重叠、干扰，使接收机选择出要接收的信号十分困难甚至无法实现。

在无线电通信中，通过采用“调制”的方式来有效解决上述两个主要问题。

调制是指将携带信息的基带信号“装载”到高频载波信号上的这一过程。

因为载波频率的升高，解决了天线尺寸的问题，而不同的发射台采用不同的载波频率，又解决了频率域的重叠与干扰问题。所以，调制对通信系统至关重要。

调制中，所谓的“装载”是指用基带信号去改变（或控制）高频载波信号（通常是正弦波信号）的振幅、频率、相位这 3 个参数之一。

若用基带信号去改变高频载波信号的振幅，则称为振幅调制，简称调幅（AM）；经调幅获得的已调波称为调幅波。中、短波广播和电视的高频图像信号都是调幅波信号。

若用基带信号去改变高频载波信号的频率，则称为频率调制，简称调频（FM）；经调频获得的已调波称为调频波。调频广播和电视的高频伴音信号都是调频波信号。

若用基带信号去改变高频载波信号的相位，则称为相位调制，简称调相（PM）；经调相获得的已调波称为调相波。PM 方式在模拟通信系统中较少用到，但在数字通信中有着广泛应用。

解调是调制的逆过程，它是在接收端从已调信号中还原（恢复）出原调制信号的过程。

2.1　振幅调制与解调简介

2.1.1　调幅信号的数学表达式

设调制信号为单一频率的正弦波：

$$u_{\Omega}(t)=U_{\Omega \mathrm{m}} \cos \Omega t=U_{\Omega \mathrm{m}} \cos 2\pi F t \tag{2-1}$$

设载波信号为

$$u_{\mathrm{c}}(t)=U_{\mathrm{cm}} \cos \omega_{\mathrm{c}} t=U_{\mathrm{cm}} \cos 2\pi f_{\mathrm{c}} t \tag{2-2}$$

同时 $f_{\mathrm{c}} >> F$，设调制后的已调信号用 $u_{\mathrm{AM}}(t)$ 表示。

由振幅调制的定义可得：振幅调制是用调制信号去控制载波的振幅，使载波信号的振幅随调制信号的规律变化，因此调制后的已调信号 $u_{\mathrm{AM}}(t)$ 可表示为

$$u_{\mathrm{AM}}(t)=[U_{\mathrm{cm}}+k_{\mathrm{a}} u_{\Omega}(t)] \cos \omega_{\mathrm{c}} t \tag{2-3}$$

式（2-3）中的 $[U_{\mathrm{cm}}+k_{\mathrm{a}} u_{\Omega}(t)]$ 表示已调信号的振幅，它随调制信号的规律变化，其中 U_{cm} 为载波振幅，$k_{\mathrm{a}} u_{\Omega}(t)$ 是调制信号调制引起的振幅变化量，它与调制信号 $u_{\Omega}(t)$ 成正比，k_{a} 为调制电路的比例系数（即由电路决定）。

通常，振幅已调波的表达式用下式来表示：

$$u_{\mathrm{AM}}(t)=U_{\mathrm{cm}}[(1+m_{\mathrm{a}} u_{\Omega}(t)] \cos \omega_{\mathrm{c}} t \tag{2-4}$$

式中

$$m_{\mathrm{a}}=\frac{k_{\mathrm{a}} U_{\Omega \mathrm{m}}}{U_{\mathrm{cm}}} \tag{2-5}$$

m_{a} 称为调幅系数（或称为调制度、调幅指数）。

在实际使用中，要求 $m_{\mathrm{a}} \leqslant 1$，通常取 0.3 ~ 0.7，且 m_{a} 越大，调幅信号的包络凹陷越深，即调制越深。若 $m_{\mathrm{a}}>1$，则调幅信号的包络形状与调制信号不同，从而产生过调失真，在实际中不允许出现。

在实际工程应用中，通常用下式近似估算 m_{a} 的值：

$$m_{\mathrm{a}}=\frac{U_{\mathrm{c\,max}}-U_{\mathrm{c\,min}}}{U_{\mathrm{c\,max}}+U_{\mathrm{c\,min}}} \tag{2-6}$$

其中，U_{cmax} 为已调波的最大振幅；U_{cmin} 为已调波的最小振幅。

由式（2-4）可得，$u_{\mathrm{AM}}(t)$ 调幅电路可由“一个乘法器和一个加法器”组成。具体实现可用图 2-1 所示两种方法。

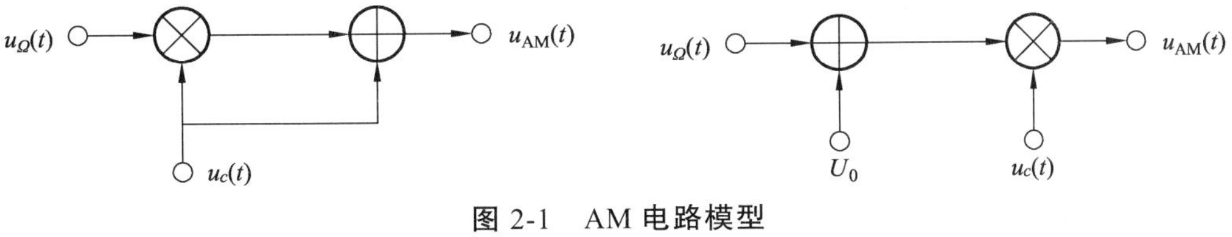

图 2-1　AM 电路模型

2.1.2　调幅信号的波形与频谱

由式（2-4）可知，只要已知调制信号 $u_{\Omega}(t)$ 和载波信号 $u_{\mathrm{c}}(t)$，就可以画出已调波 $u_{\mathrm{AM}}(t)$ 的波形，其示意图如图 2-2 所示。

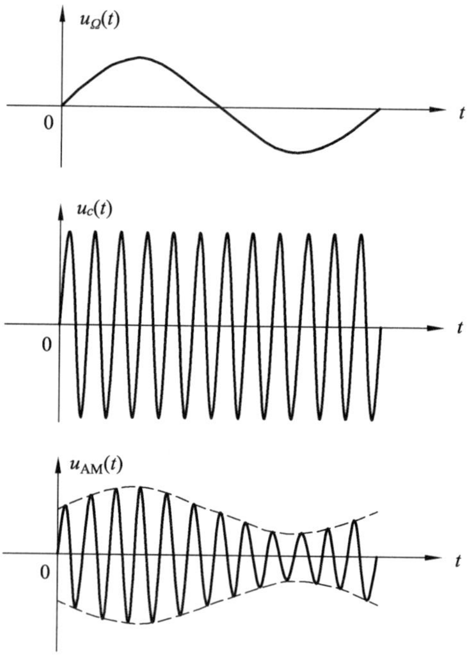

图 2-2 波形示意图

从已调波的波形图可看出：

已调波的包络（振幅）变化规律与调制信号的变化规律一致，它反映了调制信号的变化。即把调制信号的信息"装载"到了已调信号的振幅变化中，实现了调幅。

把 AM 信号表达式 $u_{AM}(t)=U_{cm}[1+m_a u_\Omega(t)]\cos\omega_c t$ 利用三角函数公式展开，有

$$\begin{aligned}u_{AM}(t)&=U_{cm}\cos\omega_c t+U_{cm}m_a u_\Omega(t)\cos\omega_c t\\&=U_{cm}\cos\omega_c t+\frac{1}{2}m_a U_{cm}\cos(\omega_c-\Omega)t+\frac{1}{2}m_a U_{cm}\cos(\omega_c+\Omega)t\\&=U_{cm}\cos2\pi f_c t+\frac{1}{2}m_a U_{cm}\cos2\pi(f_c-F)t+\frac{1}{2}m_a U_{cm}\cos2\pi(f_c+F)t\end{aligned} \tag{2-7}$$

由式（2-7）可见：普通调幅信号 $u_{AM}(t)$ 的频谱包含三种频率分量：

① 载波 ω_c；② 下边频 $\omega_c-\Omega$；③ 上边频 $\omega_c+\Omega$。其频谱图如图 2-3 所示。

从图 2-3 频谱图可以看出：调制信号为单一频率 F 时，普通调幅信号 $u_{AM}(t)$ 将调制信号 $u_\Omega(t)$ 的频率 Ω（或 F）搬移到载频 ω_c（或 f_c）的两边，且其频带宽度 $BW_{AM}=2F$。

在实际应用中，调制信号一般是由多种频率分量组成的，如语音信号的频率范围主要集中在 300 ~ 3400 Hz。根据信号分析理论，一般非正弦周期信号的频谱是连续频谱，现假设其频率范围是 $F_{min}\sim F_{max}$，载频为 f_c。则调制后的已调信号频谱为：

① 载频 f_c；② 下边带 $f_c-(F_{min}\sim F_{max})$；③ 上边带 $f_c+(F_{min}\sim F_{max})$。其频谱图如图 2-4 所示。总带宽 $BW_{AM}=2F_{max}$。从图 2-3 和图 2-4 可以看出：普通 AM 信号是带有载波分量的双边带信号。

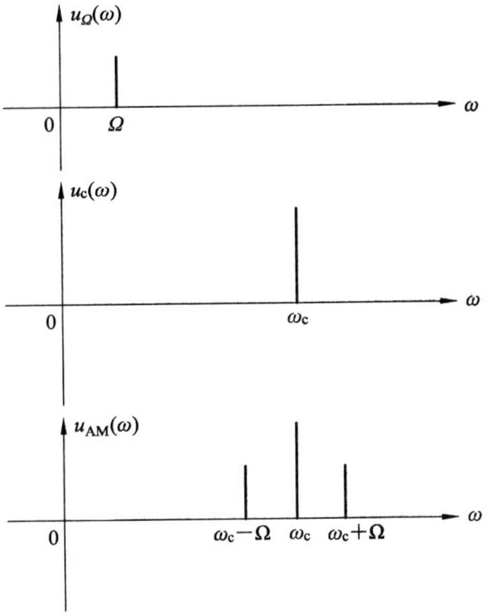

图 2-3　频谱图

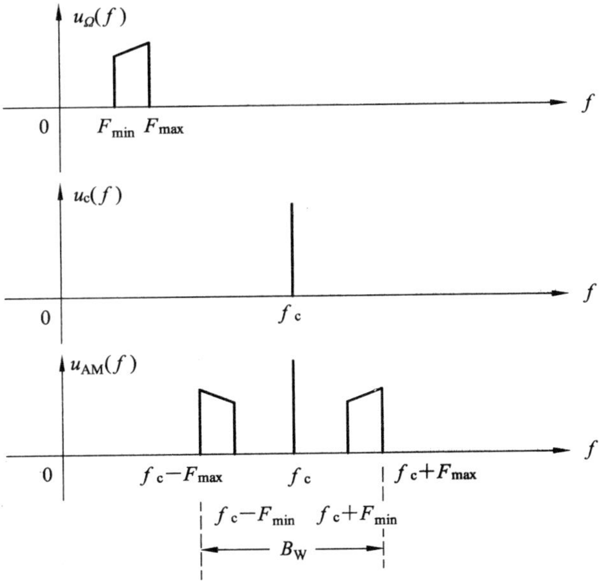

图 2-4　一般调制信号的频谱示意图

2.1.3　调幅信号的功率

设调幅波的载波为等幅正弦波且振幅为 U_{cm}、负载电阻为 R_L。则由表达式（2-7）可求得各个功率：载波功率 P_c、上边频功率 $P_{SB上}$、下边频功率 $P_{SB下}$ 和平均功率 $P_{AM(平均)}$。

载波功率：

$$P_c = \frac{1}{2}\frac{U_{cm}^2}{R_L} \tag{2-8}$$

上边频功率 $P_{SB上}$ = 下边频功率 $P_{SB下}$：

$$P_{SB上} = P_{SB下} = \frac{1}{4} m_a^2 P_c \tag{2-9}$$

总边频功率 P_{SB}：

$$P_{SB} = P_{SB上} + P_{SB下} = \frac{1}{2} m_a^2 P_c \tag{2-10}$$

调制信号在一个周期内的平均功率 $P_{AM(平均)}$：

$$P_{AM(平均)} = P_c + P_{SB} = \left(1 + \frac{1}{2} m_a^2\right) P_c \tag{2-11}$$

由式（2-8）、式（2-9）和式（2-10）可知，调幅波的平均功率和边带功率都随调制度 m_a 的增大而增加。由于载波分量与调制信号无关，调制信号只存在于两个边带中，故整个已调波的功率中真正有用的是边带功率。当 $m_a = 1$ 时，边带功率 $P_{SB} = \frac{1}{2} P_c$ 最大，P_{SB} 也只占整个平均功率 $P_{AM(平均)}$ 的 $\frac{1}{3}$。在实际应用中 $m_a < 1$，由此可见：边带功率 P_{SB} 占整个平均功率 $P_{AM(平均)}$ 的比例很小，即发射效率低，这是普通调幅（AM 调幅）方式的主要缺点。但是 AM 调幅方式可使接收设备简单、造价低廉。因此，目前或早期的无线电广播普遍采用 AM 调制方式。

根据实际应用的要求不同，调幅方式除了普通调幅 AM 外，还有：双边带调幅（DSB）、单边带调幅（DSB）和残留边带调幅（VSB）三种方式。

【例 2-1】有一调幅信号 $u_{AM}(t) = 4(1 + 0.5\cos 2\pi \times 10^3 t)\cos 2\pi \times 10^6 t$ (V)，假设负载电阻 $R_L = 2\ \Omega$。试求如下参数：

（1）信号带宽 BW_{AM}。

（2）载波功率 P_c。

（3）总边频功率 P_{SB}。

（4）调幅波中平均功率 $P_{AM(平均)}$。

解：从已给出的表达式中，可得：

调制信号频率 $F = 1000$ Hz，载波振幅 $U_{cm} = 4$ V，调制度 $m_a = 0.5$

（1）$BW_{AM} = 2F = 2 \times 1000 = 2$ kHz

（2）$P_c = \frac{U_{cm}^2}{2R_L} = \frac{4^2}{2 \times 2} = 4$ W

（3）$P_{SB} = \frac{1}{2} m_a^2 P_c = \frac{1}{2} \times 0.5^2 \times 4 = 0.5$ W

（4）$P_{AM(平均)} = P_c + P_{SB} = 4 + 0.5 = 4.5$ W

2.1.4 调幅信号的解调

解调与调制过程相反，在接收设备中从高频调幅波中（实际是“中频”调幅波）还原（或恢复）出原调制信号的过程，称为振幅解调，也称为振幅检波，简称为检波。

从时域波形图上看，检波就是把已调调幅波的“包络”不失真地取出来。从频域频谱上看，检波就是把振幅调制信号频谱不失真地搬回到原来的位置，如图 2-5 所示。

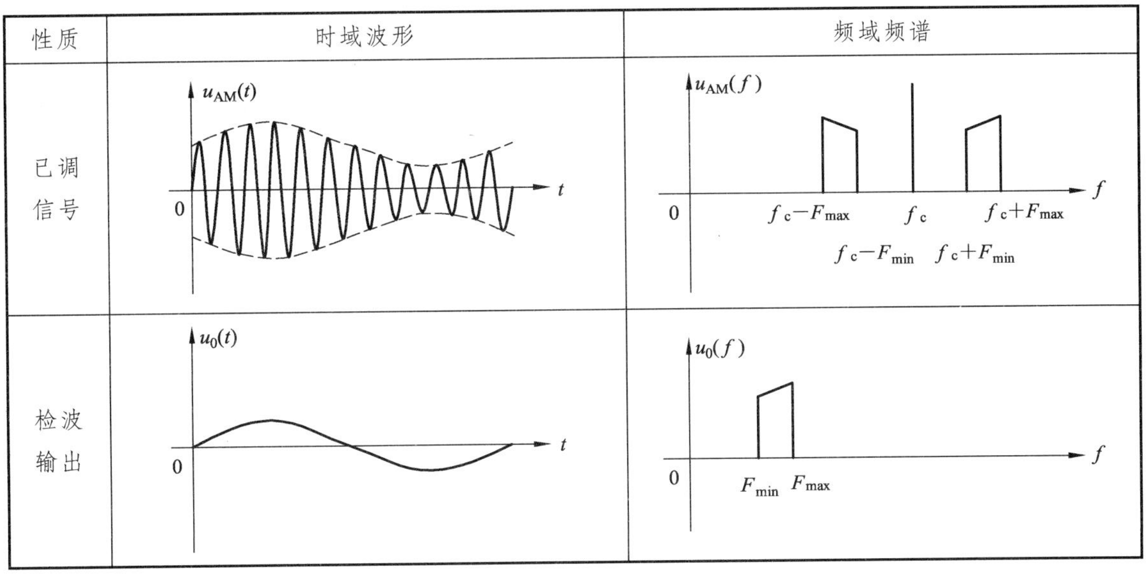

图 2-5

AM 信号的解调分为非相干检波（也称为非同步检波）和相干检波（也称为同步检波）。目前应用广泛的是非相干检波中的“二极管包络检波”，它电路简单、性能优越。

二极管包络检波电路如图 2-6（a）所示。它由二极管 VD 和 RC 低通滤波器串联组成。一般要求输入信号的幅度在 0.5 V 以上，通常为 1 V 左右。所以检波电路位于“中频”放大电路末级后以保证其幅度满足要求，故二极管处于大信号工作状态，又称为大信号检波。

为了简化分析与讨论，假设在图 2-6（a）中的二极管两端的电压 $u_{VD}(t)>0$ 时，二极管导通且导通电阻为 r_{VD}，且 $r_{VD}<<R$，当 $u_{VD}(t)<0$ 时，二极管截止且视为“开路”。同时，R、C 的参数选择满足：

$$① \ R>>\frac{1}{\omega_I C}；② \ R<<\frac{1}{\Omega_{max}C}；③ \ RC\geqslant(5\sim10)\frac{1}{\omega_I}。$$

即选择电容 C 的值应满足对高频 ω_I（实际是中频）阻抗很小，可视为短路，而对调制信号 Ω_{max} 呈现的阻抗很大，可视为开路。因此，高频电压几乎全加到二极管上，检波器的输出电压 $u_0(t)$就是电容两端的电压 $u_c(t)$，即 $u_c(t)=u_0(t)$，则二极管两端的电压 $u_{VD}=u_I(t)-u_0(t)$，所以电容 C 两端的电压变化（即波形）如图 2-6 中所示。

在高频信号正半周时，二极管 VD 导通，并对电容 C 充电，充电时间常数 $\tau_{充电}=r_{VD}C$ 很小（即快充），使 $u_c(t)$在很短的时间内就接近高频电压的最大值。当 $u_{VD}(t)\leqslant 0$ 时，二极管 VD 截止，电容 C 通过负载 R 放电，放电时间常数 $\tau_{放电}=RC>>T_I$，（即慢放），当 $u_c(t)$下降到一定值后，二极管两端的电压 $u_{VD}=u_I(t)-u_0(t)$又大于 0，VD 又导通、C 又充电到第二个高频电压的最大值。随后，VD 又截止、C 又放电。这样不断循环反复，就得到电容两端的电压波形 $u_c(t)=u_0(t)$，如图 2-6（b）和图 2-6（c）所示。

从图 2-6（b）和（c）中可看出：二极管包络检波是利用了二极管 VD 的单向导电特性和

电容 C 的充放电特性并以“快充慢放”的形式实现检波的。

在实际应用中，通常采用图 2-6（d）所示的电路形式。

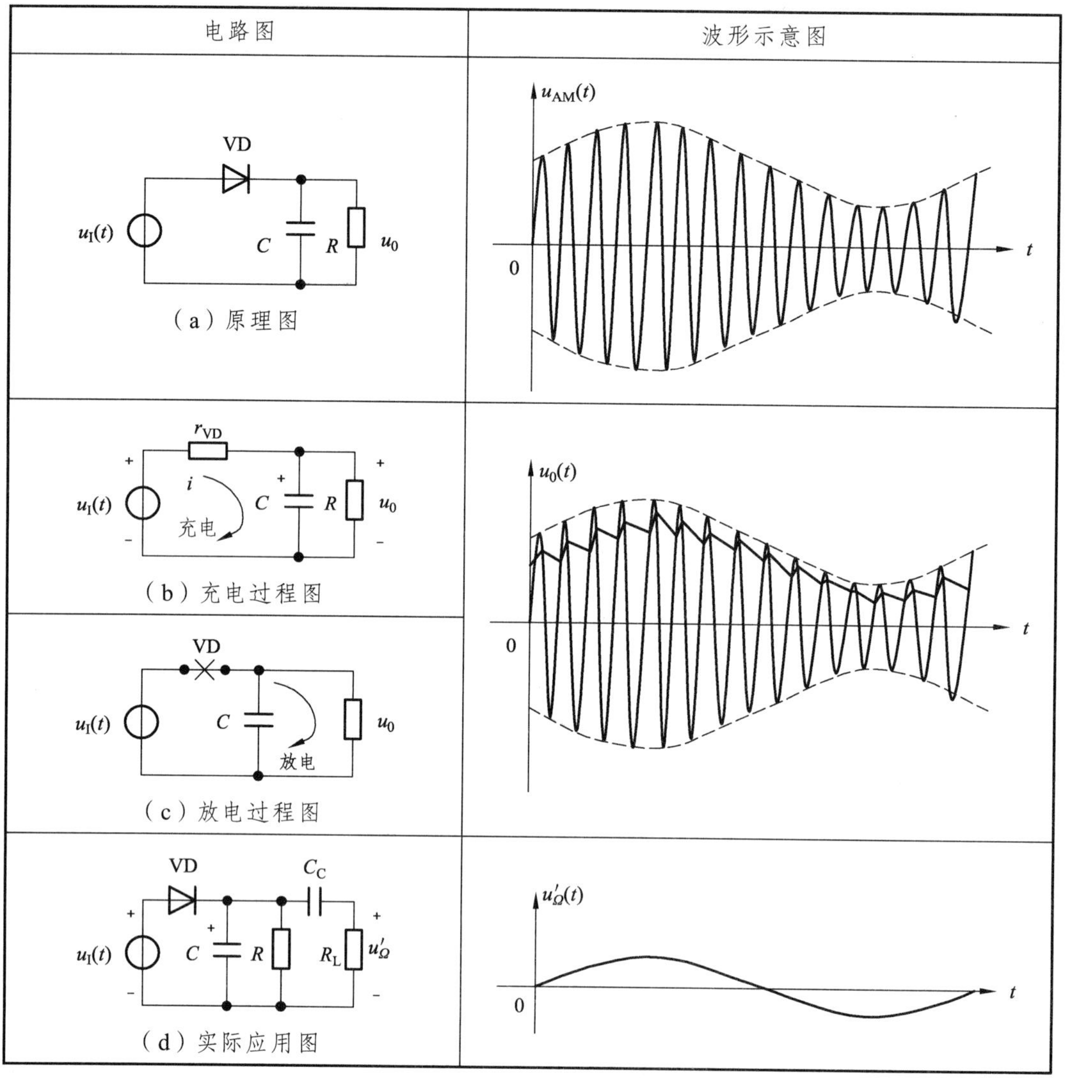

图 2-6　二极管包络检波电路及其原理与波形示意图

2.2　频率调制与解调简介

若用基带信号去改变高频载波信号的频率，则称为频率调制，简称为调频（FM）；经调频获得的已调波称为调频波。调频广播和电视的高频伴音信号都是调频波信号。

由前面可知：调频（FM）是指用基带信号 $u_\Omega(t)$ 去控制（改变）高频载波信号 $u_c(t)$ 的频率在载波频率 ω_c 的基础上做变化，从而将调制信号“装载”到调频信号的频率变化中。经调频获得的已调波称为调频波。

2.2.1　调频信号的数学表达式

设调制信号为单一频率的正弦波：

$$u_{\Omega}(t)=U_{\Omega\mathrm{m}}\cos\Omega t=U_{\Omega\mathrm{m}}\cos 2\pi Ft \tag{2-12}$$

设载波信号为

$$u_{\mathrm{c}}(t)=U_{\mathrm{cm}}\cos\omega_{\mathrm{c}}t=U_{\mathrm{cm}}\cos 2\pi f_{\mathrm{c}}t \tag{2-13}$$

同时 $f_{\mathrm{c}}>>F$，设调制后的已调信号用 $u_{\mathrm{FM}}(t)$ 表示。

由频率调制的定义可得：频率调制是用调制信号去控制载波的频率，使载波信号的频率随调制信号的规律变化，因此调制后的已调信号 $u_{FM}(t)$ 可表示为

$$u_{\mathrm{FM}}(t)=U_{\mathrm{cm}}\cos(\omega_{\mathrm{c}}t+m_{\mathrm{f}}\sin\Omega t) \tag{2-14}$$

从调频信号的表达式 $u_{\mathrm{FM}}(t)=U_{\mathrm{cm}}\cos(\omega_{\mathrm{c}}t+m_{\mathrm{f}}\sin\Omega t)$ 中得调频信号的角频率 $\omega(t)$：

$$\omega(t)=\omega_{\mathrm{c}}+k_{\mathrm{f}}U_{\Omega\mathrm{m}}\cos\Omega t \tag{2-15}$$

在公式（2-15）中有三个频率：① 载波角频率 ω_{c}，② 最大角频偏 $\Delta\omega_{\mathrm{m}}$，③ 调制信号角频率 Ω。

（1）载波角频率 ω_{c}：调制信号为零（无调制信号）时，调频信号的角频率 $\omega(t)=\omega_{\mathrm{c}}$，当有调制信号时，调频信号的角频率 $\omega(t)$在 ω_{c} 的基础上随调制信号线性变化。

（2）最大角频偏 $\Delta\omega_{\mathrm{m}}$：表示调频信号角频率偏离载波角频率 ω_{c} 的最大值。

$\Delta\omega_{\mathrm{m}}=k_{\mathrm{f}}U_{\Omega\mathrm{m}}$，$k_{\mathrm{f}}$ 为调频电路的比例系数（即由电路参数决定），当调频电路确定后，$\Delta\omega_{\mathrm{m}}$ 仅与调制信号的幅度 $U_{\Omega\mathrm{m}}$ 有关。

（3）调制信号角频率 Ω：既表示调制信号自身变化的快慢，又表示调频信号频率变化速度，其值越大，调频信号的频率变化越快。

式（2-15）中的 $\omega_{\mathrm{c}}t+m_{\mathrm{f}}\sin\Omega t$ 表示已调信号的瞬时相位，其中：

$$m_{\mathrm{f}}=\frac{k_{\mathrm{f}}U_{\Omega\mathrm{m}}}{\Omega}=\frac{\Delta\omega_{\mathrm{c}}}{\Omega}=\frac{\Delta f_{\mathrm{m}}}{F} \tag{2-16}$$

2.2.2　调频信号 $u_{\mathrm{FM}}(t)$的波形

在式（2-16）中：Δf_{m} 称为最大频偏，m_{f} 称为调频波的最大相移，又称为调频指数，m_{f} 由电路参数和调制信号共同决定。

依据调频的定义和表达式 $u_{\mathrm{FM}}(t)=U_{\mathrm{cm}}\cos(\omega_{\mathrm{c}}t+m_{\mathrm{f}}\sin\Omega t)$ 可得：FM 的波形应该是一个“疏密变化”的等幅波。当 $u_{\Omega}(t)$ 取正的最大值时，$u_{\mathrm{FM}}(t)$频率最高，即频偏最大，波形最密；当 $u_{\Omega}(t)$ 取负的最大值时，$u_{\mathrm{FM}}(t)$频率最低，即频偏也最大（最大负频偏），波形最疏。其波形示意图如图 2-7 所示。

在图 2-8 中，将调幅 AM 的频谱也画在一起了，便于比较。

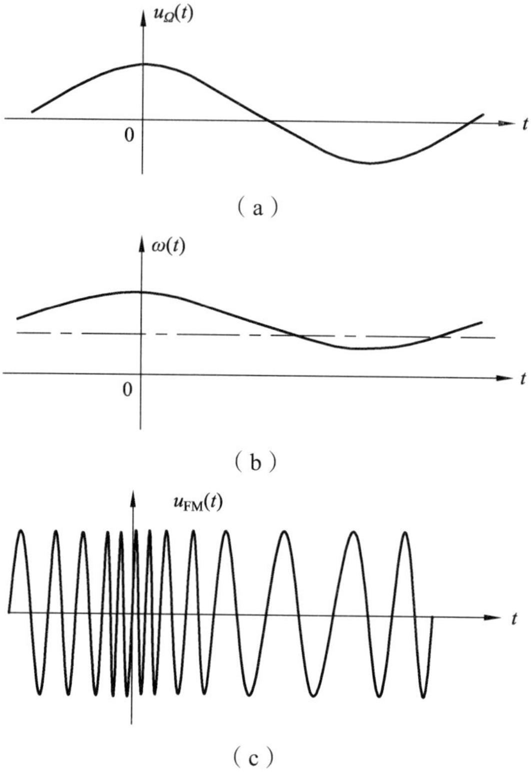

图 2-7 波形图

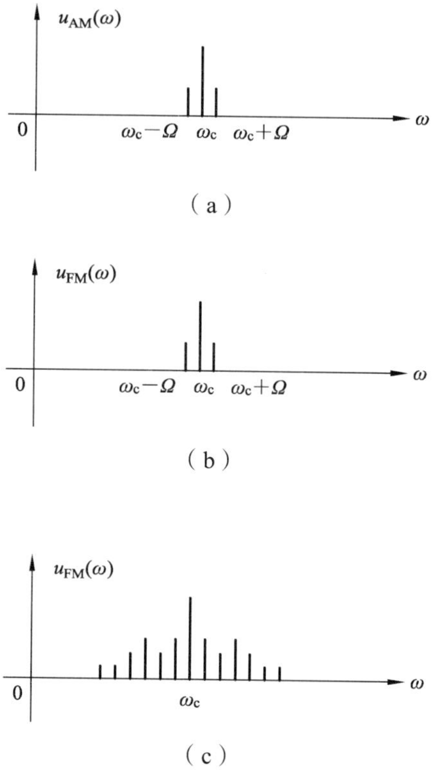

图 2-8 频普

2.2.3 调频信号 $u_{\mathrm{FM}}(t)$的频谱

依据调频信号的数学表达式 $u_{\mathrm{FM}}(t)=U_{\mathrm{cm}}\cos(\omega_{\mathrm{c}}t+m_{\mathrm{f}}\sin\Omega t)$，利用三角公式展开有：

$$u_{\mathrm{FM}}(t)=U_{\mathrm{cm}}\cos\omega_{\mathrm{c}}t\cdot\cos(m_{\mathrm{f}}\sin\Omega t)-U_{\mathrm{cm}}\sin\omega_{\mathrm{c}}t\cdot\sin(m_{\mathrm{f}}\sin\Omega t) \tag{2-17}$$

再将上式按傅里叶展开（过程省略），得 FM 信号的级数展开式为

$$u_{\mathrm{FM}}(t)=U_{\mathrm{cm}}\sum_{n=-\infty}^{\infty}J_n(m_{\mathrm{f}})\cos(\omega_{\mathrm{c}}+n\Omega)t \tag{2-18}$$

式（2-18）中，$J_n(m_{\mathrm{f}})$是 n 阶贝塞尔函数，$\sum\limits_{n=-\infty}^{\infty}$ 是 n 从 $-\infty$ 至 $+\infty$ 时的函数之和，它由无穷多个贝塞尔函数值构成，调频指数 m_{f}是贝塞尔函数的变量。

从式（2-18）还可得出：调频信号中的每一项分量都是余弦波，因此可以将调频信号看作是无数个余弦波之和，而且这些余弦波的频率依次为 ω_{c}、$\omega_{\mathrm{c}}\pm\Omega$、$\omega_{\mathrm{c}}\pm2\Omega$、$\omega_{\mathrm{c}}\pm3\Omega\cdots$，而且相邻边频的间隔为 Ω；其振幅则为 U_{cm} 和各阶贝塞尔函数的乘积。

频率调制 FM 依据调频指数 m_{f}的取值是大于 1 还是小于 1，可分为：宽带调频（WB-FM）和窄带调频（NB-FM）。

所谓窄带调频（NB-FM）是指最大频偏小于基带频率，根据 $m_{\mathrm{f}}=\Delta f_{\mathrm{m}}/F$，即 $m_{\mathrm{f}}<1$。

窄带调频具有以下主要特点：载频分量幅值较大，而且边频个数较少，特别是当 $m_{\mathrm{f}}\ll1$

时，频谱结构同调幅信号，只需保留 $\omega_c \pm \Omega$ 两条边频，如图 2-8（b）所示。

所谓宽带调频（WB-FM）是指最大频偏大于基带频率，即 $m_f > 1$。

宽带调频具有以下主要特点：载频分量幅值较小，边频个数较多等，如图 2-8（c）所示。

2.2.4　调频信号 $u_{FM}(t)$的带宽

调频信号的频谱包含无穷多个频率分量，因此理论上调频信号的频带宽度 BW_{FM} 为无限宽。但是，实际上边频幅度 $J_n(m_f)$ 随着 n 的增大而逐渐减小，因此，通常取边频幅度大于载波幅度 10%的以上的边频分量，即 $|J_n(m_f)| \geqslant 0.1$。当 $m_f \geqslant 1$时，取边频数 $n = m_f + 1$ 即可。又因为相邻边频之间的频率间隔是 F_{max}，故 FM 信号的有效带宽为

$$BW_{FM} = 2(m_f + 1)F_{max} = 2(\Delta f_m + F_{max}) \tag{2-19}$$

当 $m_f << 1$（即 NB-FM）时，其带宽可近似为

$$BW_{(NBFM)} \approx 2F_{max} \tag{2-20}$$

当 $m_f >> 1$（即 WB-FM）时，其带宽可近似为

$$BW_{(WB-FM)} \approx 2\Delta f_m \tag{2-21}$$

注意：BW_{FM} 与Δf_m 不是一个概念，BW_{FM} 表示 FM 信号所占的频率范围，而Δf_m是指在调制信号作用下调频波的瞬时频率偏离载波频率的最大值。

例如：调频广播中规定的最大频偏$\Delta f_m = 75$ kHz，调制信号的最高频率 $F_{max} = 15$ kHz，调频信号带宽 $BW_{FM} = 180$ kHz（注：调频中频放大器的中心频率 $f_{I(FM)} = 10.7$ MHz）。

【例 2-2】 中国调频广播中规定的最大频偏$\Delta f_m = 75$ kHz，试计算当调制信号分别是 $F_1 = 1$ kHz 和 $F_2 = 15$ kHz 时调频信号的带宽 BW_{FM} 是多少？（假设 F_1 和 F_2 调制时都能达到最大频偏$\Delta f_m = 75$ kHz）。

解： 由 F 和Δf_m 的值，可得 m_f 值大于 1，依据公式

$$BW_{FM} = 2(m_f + 1)F = 2\left(\frac{\Delta f_m}{F} + 1\right)F$$

当 $F_1 = 1$ kHz，

$$BW_{FM} = 2\left(\frac{75}{1} + 1\right) \times 1 = 152 \text{（kHz）}$$

当 $F_2 = 75$ kHz，

$$BW_{FM} = 2\left(\frac{75}{15} + 1\right) \times 15 = 180 \text{（kHz）}$$

2.2.5　调频信号 $u_{FM}(t)$的解调

调频信号的解调是频率调制的逆变换，解调电路位于接收设备的中频放大电路之后。解调就是把调频波的瞬时频率的变化不失真地转变为电压的变化，即实现“频率—电压”转换，从而恢复出原调制信号的过程。

完成调频信号解调的电路称为鉴频器，鉴频器的作用是将频率的变化转化成电压的输出。鉴频特性曲线 u_0-f，也称为 S 曲线，它是表示鉴频器输入信号的频率与输出电压的关系曲线，如图 2-9 所示。

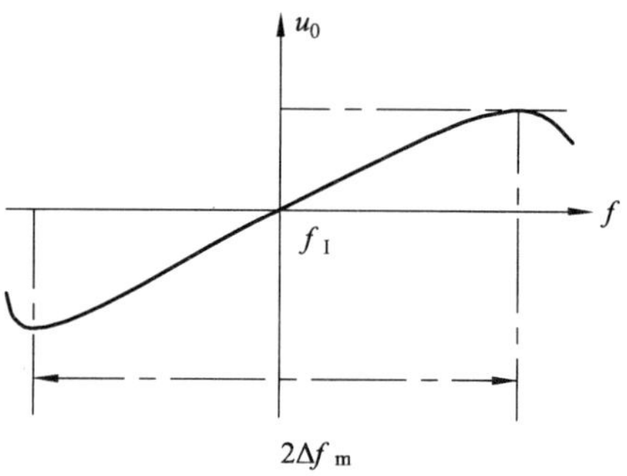

图 2-9 鉴频特性曲线

（1）中心频率 f_I：在无线电通信接收设备中，鉴频器位于中频放大电路之后，其中心频率为中频 f_I。如：调频收音机的中频 f_I 为 10.7 MHz，则鉴频器的中心频率应为 10.7 MHz。

（2）鉴频灵敏度 S_D：它表示鉴频器将输入信号频率的变化转换成输出电压变化的能力。S_D 定义为中心频率处电压的变化量Δu 与频率变化量Δf之比，即 $S_D = \Delta u/\Delta f$。实际上 S_D 就是 f_I 处的斜率，单位是 V/Hz。

（3）线性鉴频范围：是指鉴频器“不失真”地解调 FM 信号所允许的输入信号频率变化范围。为了不失真解调，要求鉴频器的线性鉴频范围应大于输入信号频率的变化范围，即大于输入信号最大频偏的 2 倍。

调频信号的解调有两种方式：相干解调和非相干解调。相干解调仅适用于窄带调频信号，而非相干解调对宽带调频信号和窄带调频信号都适用。

调频信号的解调称为频率检波，也称为鉴频。实现鉴频的常用方法有四种：斜率鉴频、相位鉴频、脉冲计数式鉴频和锁相鉴频。

斜率鉴频又可分为：单失谐回路鉴频、双失谐回路鉴频和集成电路斜率鉴频等。下面仅以斜率鉴频组成框图和过程为例简单介绍其原理与思路。

斜率鉴频是通过线性网络，将 FM 的频率变化转化成幅度的变化，即将 FM 信号转换成调频调幅（FM-AM）信号，然后经包络检波电路检出幅度的变化，实现解调。其组成框图和过程如图 2-10 所示。

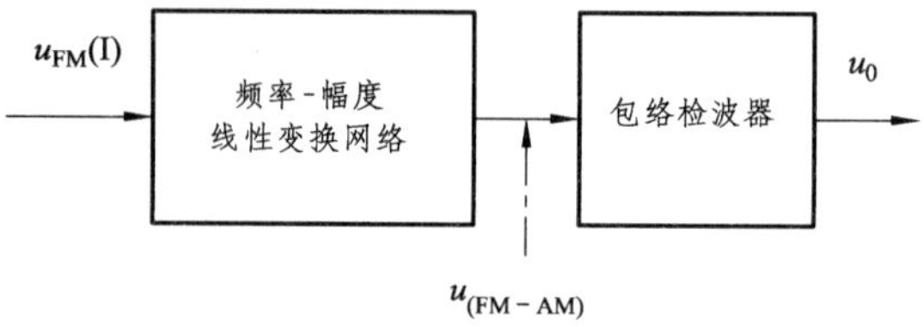

图 2-10 斜率鉴频框图

本章小结

本章主要介绍了模拟通信中的振幅调制（AM）的调制与解调和频率调制（FM）的调制与解调等内容。

振幅调制是用调制信号去控制载波的振幅，使载波信号的振幅随调制信号的规律变化。已调信号 $u_{AM}(t)=U_{cm}[(1+m_a u_\Omega(t)]\cos\omega_c t$，要求调制度 $m_a \leqslant 1$。

$u_{AM}(t)$ 的频谱包含三种频率分量：① 载波 ω_c；② 下边频 $\omega_c-\Omega$；③ 上边频 $\omega_c+\Omega$，AM 信号带宽 $BW_{AM}=2F_{max}$。

载波功率 $P_c=\frac{1}{2}\frac{U_{cm}^2}{R_L}$；上边频功率 $P_{SB上}$=下边频功率 $P_{SB下}$；$P_{SB上}=P_{SB下}=\frac{1}{4}m_a^2P_c$。

总边频功率 P_{SB}：$P_{SB}=P_{SB上}+P_{SB下}=\frac{1}{2}m_a^2P_c$。

调制信号在一个周期内的平均功率 $P_{AM(平均)}$：$P_{AM(平均)}=P_c+P_{SB}=\left(1+\frac{1}{2}m_a^2\right)P_c$。

AM 的解调常用包络检波实现。

调频（FM）是指用基带信号 $u_\Omega(t)$ 去控制（改变）高频载波信号 $u_c(t)$ 的频率在载波频率 ω_c 的基础上做变化，从而将调制信号“装载”到调频信号的频率变化中。

已调信号 $u_{FM}(t)=U_{cm}\cos(\omega_c t+m_f\sin\Omega t)$，调频指数 $m_f=\Delta f_m/F$。

当 $m_f<1$ 时，称为窄带调频（NB-FM），其 $BW_{(NB-FM)}\approx 2F_{max}$；

当 $m_f>1$ 时，称为宽带调频（WB-FM），其 $BW_{(WB-FM)}=2(m_f+1)F_{max}\approx 2\Delta f_m$。

鉴频器指完成调频信号解调的电路，它将频率的变化转化成电压的输出。

第 2 章习题

2.1　填空题

1. 设调制信号为 $u_\Omega(t)=50\cos 6\pi\times10^3 t(\text{mV})$，载波信号为：$u_c(t)=200\cos 2\pi\times10^6 t(\text{mV})$，则 AM 信号的下边频分量的频率为__________，上边频分量的频率为__________，AM 信号的带宽 BW_{AM} 为__________。

2. 设调制度 $m_a=0.8$，载波功率 P_c 为 2 W，总边频功率 P_{SB} 为__________。

3. 设调频信号的最大频偏为 Δf_m，调制信号频率为 F，则 m_f=__________。

4. 调频信号是等幅波，可采用限幅电路消除寄生的幅度变化，因此______能力强。

2.2　分析与计算题

1. 已知：调制信号电压 $u_\Omega(t)=2\cos 4\pi\times10^3 t\ (\text{V})$，载波电压 $u_c(t)=6\cos 2\pi\times10^6 t\ (\text{V})$，$m_a=30\%$，负载电阻 $R_L=2\ \Omega$。试求：

（1）写出调幅表达式 $u_{AM}(t)$。

（2）频带宽度 BW_{AM}。

（3）上边频分量的频率是多少？

（4）载波功率 P_c。

（5）总边频功率 P_{SB}。

（6）总平均功率 $P_{AM(平均)}$。

（7）画出频谱示意图。

2. 调频载波频率为 100 MHz，最大频偏 $\Delta f_m=75\text{ kHz}$，试求：

（1）调制频率为 300 Hz 的正弦信号，$m_f=?$，$BW_{FM}=?$

（2）调制频率为 15 kHz 的正弦信号，$m_f=?$，$BW_{FM}=?$

第3章 编 码

在现代通信中，数字通信已成为通信系统的主流，在数字通信系统中编码是其基本单元。编码分为信源编码和信道编码。

3.1 信源编码

信源编码有两个基本功能，即信源压缩编码和数字化。

信源压缩编码是对数字信号进行的编码。所以若信源输入信号是模拟信号，则必须先将其数字化，然后再进行压缩编码。

将模拟输入信号数字化后，通常变成二进制码元，用二进制码元表示的过程也是一种编码过程。所以数字化过程包括三个步骤：抽样、量化和编码。其数字化过程的波形示意图如图 3-1 所示。

3.1.1 模拟信号的抽样

将时间上连续的模拟信号变成一系列时间上离散抽样值的过程称为抽样。对抽样的要求是：所得样值序列中能包含原模拟信号的全部信息，这样就可以根据抽样值不失真的恢复出原模拟信号。

从图 3-1 中，我们可以直观地看出：在对模拟信号进行抽样时，若 T_s 减小，即抽样信号频率 f_s 升高，在相同时间内，抽样值（抽样点）增多，其抽样值点的波形越接近被抽样信号。反之，当 f_s 降低，则其抽样值点的波形越远离（不像）被抽样信号。那么，抽样信号频率与被抽样信号频率间的关系该如何确定呢？著名的奈奎斯特抽样定理回答了这一问题。奈奎斯特抽样定理是模拟信号数字化的理论基础，简称抽样定理。抽样定理告诉我们：若要传输模拟信号，不一定需要传输模拟信号本身，只需要传输按抽样定理得到的样值即可。

模拟信号有低通型和带通型之分，故抽样定理分为低通抽样定理和带通抽样定理。

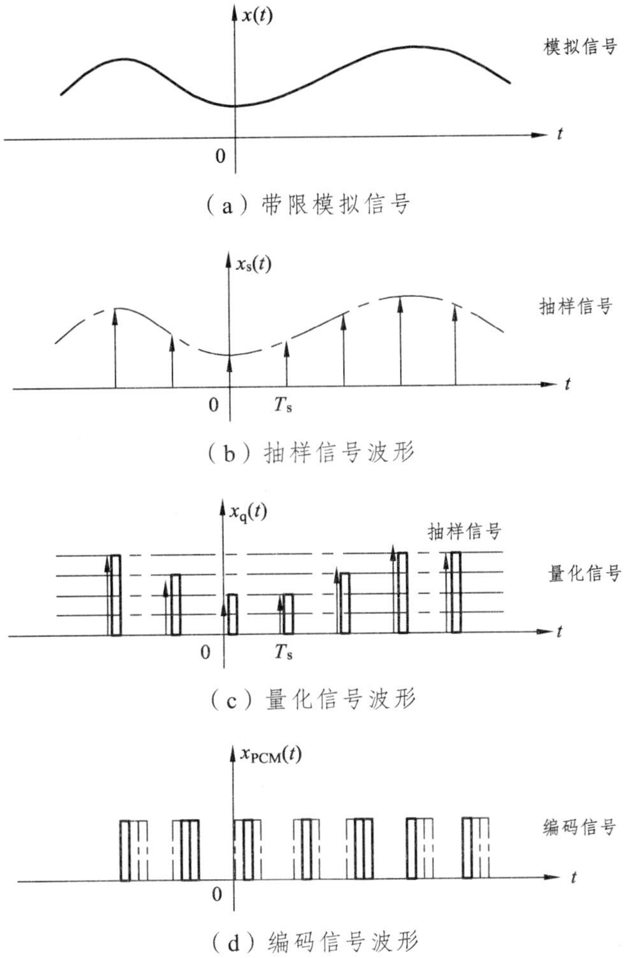

图 3-1　模拟信号数字化过程示意图

3.1.1.1　低通抽样定理

所谓低通模拟信号是指：若模拟信号的频率范围为（f_L，f_H），带宽 $B = f_H - f_L$ 且 $f_L<B$。比如：在标准的电话系统中，由于语音信号的频率为 300 ~ 3400 Hz，故语音信号就是低通信号。

低通信号抽样定理：一个限带在 f_H 内的连续信号 $x(t)$，若抽样频率 $f_s \geqslant 2f_H$，则可以由样值序列 $x_s(t)$无失真地恢复（重建或还原）原始信号。

即恢复原模拟信号的条件是

$$f_s \geqslant 2f_H \tag{3-1}$$

我们以图 3-2 所示的时域波形图和频域频谱示意图的形式，观察和分析抽样定理的原理。

在图 3-2 中，设图（a）为最高频率小于 f_H 的模拟信号 $x(t)$；图（b）为单位冲击脉冲$\delta(t)$且重复周期为 T_s；图（c）为抽样序列信号 $x_s(t)$且 $x_s(t)$为

$$x_s(t) = x(t)\delta(t) \tag{3-2}$$

图（d）的 $X(f)$、图（e）的 $\delta(f)$ 和图（f）的 $X_s(f)$ 分别为 $x(t)$、$\delta(t)$ 和 $x_s(t)$ 对应的频谱。

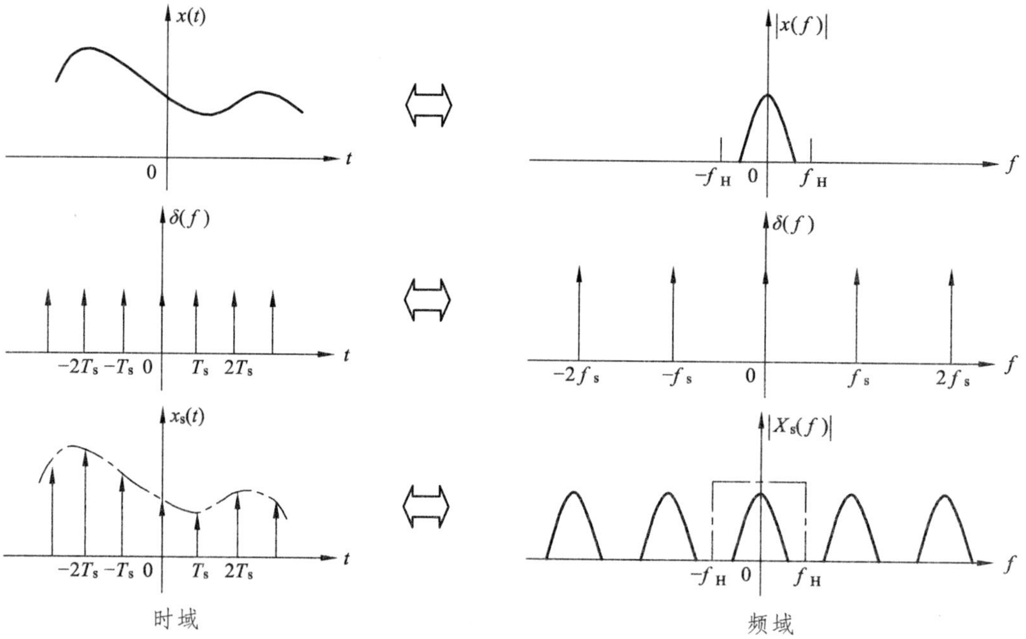

图 3-2　模拟信号的抽样过程（$f_s>2f_H$）

显然，当$f_s<2f_H$时，抽样后的信号频谱在频域内会相互重叠，因此不能恢复原信号。

当$f_s=2f_H$时，虽然抽样后的信号频谱在频域内没有重叠，但必须用一个十分“理想”的低通滤波器才能恢复出原信号，在实际中是不可实现的。

因此在工程设计中，考虑到信号不可能严格带限和实际滤波器特性并不十分理想，故通常选取抽样频率f_s为（2.5～5）f_H，以避免失真。例如：在标准的电话系统中，语音信号的频率被限制在 300～3400 Hz，根据抽样定理可知：从理论上而言，只要抽样信号频率 $f_s=$ 6800 Hz，在接收端就可以无失真地恢复发送端的语音信号。而在实际的电话系统中，ITU-U 规定的抽样频率为 8000 Hz。

3.1.1.2　带通抽样定理

实际中不仅有低通信号，而且还经常有带通信号。所谓带通信号，是指若模拟信号的频率范围为（f_L，f_H），带宽 $B=f_H-f_L$，且 $f_L>B$。带通信号的抽样要用带通抽样定理，其描述如下：

若模拟信号 $x(t)$是带通信号，其频率范围为 $f_L \sim f_H$，且带宽 $B=f_H-f_L$，则抽样信号频率的最低抽样频率应满足：

$$f_{s\min}=\frac{2f_H}{n+1} \tag{3-3}$$

式中，$n=[f_L/B]$，即取 n 的最大正整数。

一般情况下，抽样频率f_s应满足如下关系：

$$\frac{2f_H}{n+1}\leqslant f_s\leqslant\frac{2f_L}{n} \tag{3-4}$$

如果进一步要求原始信号频带与其相邻频带之间间隔相等，则抽样频率应满足

$$f_s = \frac{2}{2n+1}(f_L + f_H) \tag{3-5}$$

对带通信号的抽样定理可简述为：只要抽样信号频率 f_s 介于 2B ~ 4B 而不需要满足 $f_s > 2f_H$，在接收端就可无失真地恢复原信号。

3.1.2 抽样信号的量化

模拟信号被抽样后，其抽样值虽然在时间上是离散的，但其幅度仍然可以取无限多个值，即抽样值还是随信号幅度连续变化的，也就是说抽样信号还是属于模拟信号。显然，抽样信号值不能直接用于编码。因此，抽样值必须被划分（限定）为有限个离散电平，对抽样信号幅度进行离散化处理的方法称为量化，离散电平称为量化电平。在原理上，量化过程可以通过量化器来完成。

假设抽样信号值的最小值为 x_{smin}，最大值为 x_{smax}，将区间$[x_{smin}, x_{smax}]$分成 Q 个小区间，可以等分，也可非等分，即量化分为均匀量化和非均匀量化。

3.1.2.1 均匀量化

均匀量化是指各量化分级间隔相等的量化方式，也就是均匀量化是在整个输入信号幅度范围内量化级的大小都是相等的。其均匀量化的特性曲线如图 3-3（a）所示。

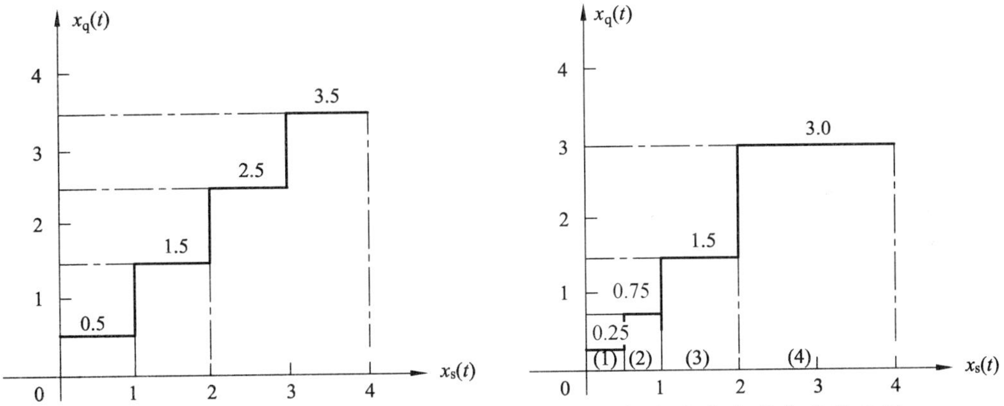

（a）均匀量化特性示例　　（b）非均匀量化特性示例

图 3-3 信号的量化示例

下面以图 3-4 为例来模拟表示量化的过程。图中“实心圆点值”代表抽样值信号 $x_s(t)$的值，第 n 个抽样值为 $x_s(nT_s)$；$x_q(t)$表示量化信号后的值，相邻电平间的距离称为量化间隔，用符号“$\varDelta$”来表示。图中以 $x_{s\min} = -U = -4\varDelta$、$x_{s\max} = U = 4\varDelta$，为均匀量化间隔，则量化级数 $Q = \frac{2U}{\varDelta} = \frac{2\times 4\varDelta}{\varDelta} = 8$ 级。

这样就把连续变化电平（$-4\varDelta \sim 4\varDelta$）变换为 8 个数量级，每一个量化级内的连续幅值都用一个离散值，即量化值来表示，图中量化值是取的中间值。其抽样值与量化值的关系如表 3-1 所示。

由于量化级数为 8 级，因此把 $-U \sim U$（即 $-4\varDelta \sim 4\varDelta$）中无限个连续值量化成有限个（8 个）离散值。无疑要存在误差，称为量化误差$\varepsilon(u)$。其定义为

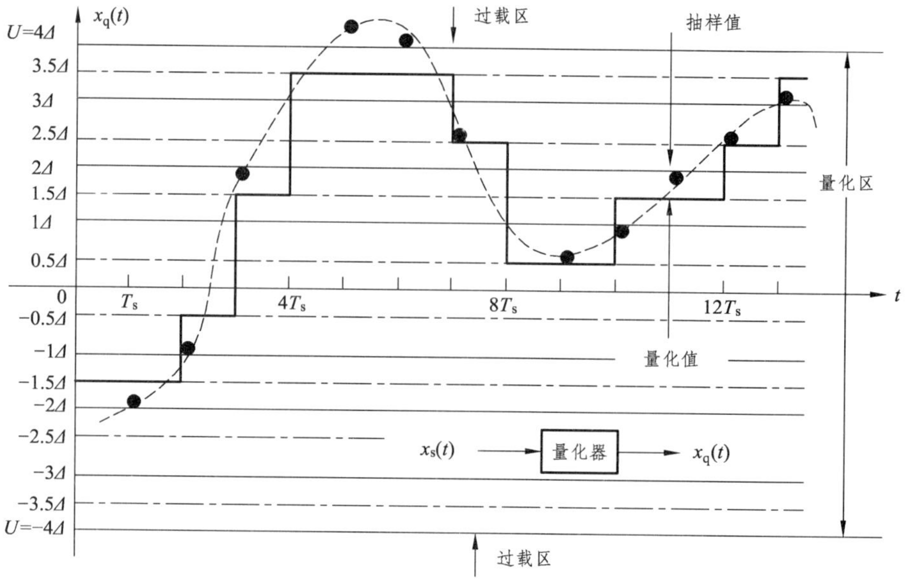

图 3-4 量化过程示意图

$$\text{量化误差}\varepsilon(u) = \text{量化值} - \text{抽样值}$$

显然：当样值在量化区内时，量化误差的绝对值$|\varepsilon(u)| \leqslant \frac{\Delta}{2}$，即最大量化误差$\varepsilon_{\max}(u)$不超过半个量化间隔$\frac{\Delta}{2}$；但样值在过载区时，量化误差$\varepsilon(u)$可能超过$\frac{\Delta}{2}$。抽样值与呈化值的对应关系如表 3-1 所示。

表 3-1 抽样值与量化值的对应关系

抽样值（连续值）		量化值	量化级数	离散值数
量化区（非过载区）	±（0~1Δ）	±0.5Δ	8	8
	±（1Δ~2Δ）	±1.5Δ		
	±（2Δ~3Δ）	±2.5Δ		
	±（3Δ~4Δ）	±3.5Δ		
过载区	±（4Δ~4∞）	±3.5Δ		

量化级数目越多（即 Q 越大），Δ值越小，量化误差$\varepsilon(u)$就越小。量化误差一旦形成，接收端无法去掉，而且它与传输距离、转发次数都无关，所以也称为量化噪声。

量化噪声是模拟信号数字化所必须付出的代价，量化噪声对于语音通话，表现为背景噪声；对图像通信表现为连续变化的灰度出现不连续现象。量化噪声对图像的影响程度究竟如何，通常用信噪比来衡量，信噪比 $\mathrm{SNR} = S_q/N_q$，其中 S_q 表示 $x_q(nT_s)$产生功率、N_q 表示由量化误差产生的功率。S_q/N_q 越大，说明量化性能越好。

对于语音信号，在量化区间内（不考虑输入信号过载）时，若对于用 n 位二进制码的编码位数，样值被分为 Q 个量阶，即 $Q = 2^n$。

经数学推导有如下的信噪比表示式：

$$SNR(\mathrm{dB}) = 6n + 2 + 20\log\frac{U_\mathrm{m}}{U} \tag{3-6}$$

式中，U_m 为有用信号幅度；U 为临近界过载电压（即 $+U\sim-U$ 量化范围）。

式（3-6）表明：① 量化信噪比 SNR 与编码位数 n 以及信号幅度有关；② 每增加一位编码，SNR 大约增加 6 dB；③ 信号幅度越大，SNR 也越大；而信号幅度越小，SNR 也越小。这样对于“弱信号”时的 SNR 要达到规定的要求往往就比较难。如语音信号要求在信号范围大于 40 dB 的情况下，要求 $SNR\geqslant 26$ dB，可以计算出 $n\geqslant 11$。也就是说每个样值至少要编 11 位二进制码，因此量化级数需要 $Q=2^{11}=2048$ 级，这样不仅设备复杂，而且比特率过高，导致信道利用率降低。为了克服均匀量化的缺点，实际中往往采用非均匀量化。

3.1.2.2　非均匀量化

非均匀量化是指量化间隔不相等的量化方式。即对抽样值大的信号和小的信号采用不同的量化间隔，对大值采用大量化阶（大间隔），而对小值采用小量化阶，这样可以提高小信号时的量化信噪比，适当减小大信号时的量化信噪比。其示意图如 3-3（b）所示。

由图 3-3（b）可以看出：在靠近原点的（1）（2）（即小信号段）两级量化间隔最小且相等（$\Delta_1=\Delta_2=0.5\Delta$），其量化值取量化间隔的中间值，分别为 0.25 和 0.75；以后量化间隔以 2 倍的关系递增。这就满足了“信号电平越小，量化间隔也越小”的要求。

实现非均匀量化的方法之一是采用压缩扩张技术，其特点是在发送端对抽样值输入模拟信号进行压缩处理后再均匀量化，而在接收端进行对应的扩张处理，如图 3-5 所示。由图 3-5 可以看出：非线性压缩特性中，小信号时的压缩特性曲线斜率大，而大信号时压缩特性曲线斜率小。经过压缩后，小信号放大成大信号，再经均匀量化后，信噪比 SNR 就增大了。在接收端经过扩张处理，恢复成原信号。注意要保证压缩与扩张特性严格相反。

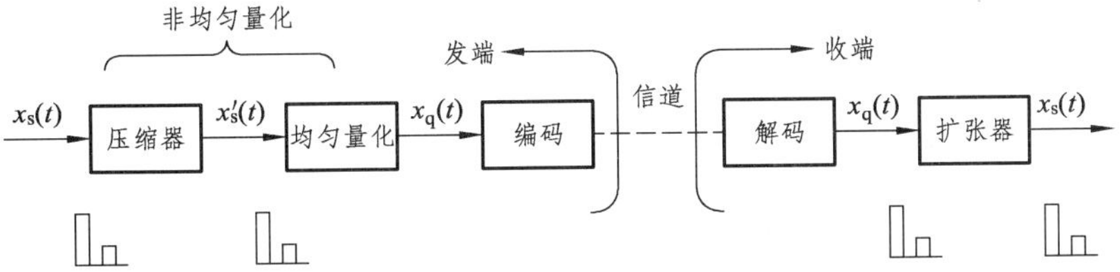

（a）采用压扩技术的非均匀量化框图

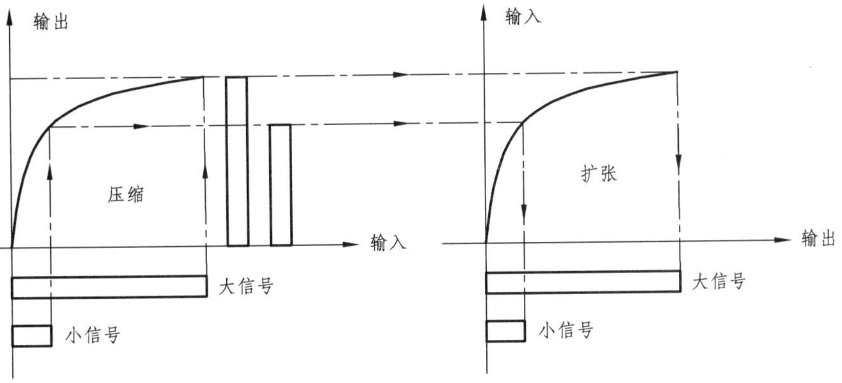

（b）压扩特性示意图

图 3-5　非均匀量化框图与压扩特性

关于语音信号的压缩特性，ITU-T 制定了两种建议，即 A 律压缩和 μ 律压缩。两种压缩律的特性曲线示意图如图 3-6 所示。中国大陆、美国、欧洲等采用 A 律 13 折线法，北美、日本等采用 μ 律 15 折线法。

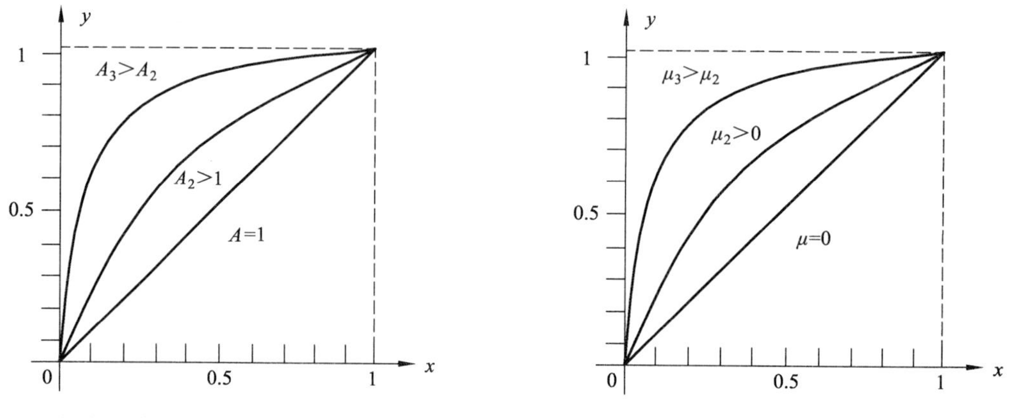

（a）A 律压缩特性曲线示意图

（b）μ 律压缩特性曲线示意图

图 3-6　非均匀量化

这里只讨论 A 律 13 折线法，且仅讨论 $x\geqslant 0$ 的范围，而 $x\leqslant 0$ 的关系曲线和 $x\geqslant 0$ 的关系曲线是以原点奇对称关系。

所谓 A 律压缩就是压缩器的压缩特性具有如下关系的压缩律，即

$$y=\begin{cases}\dfrac{Ax}{1+\ln A}, & 0<x\leqslant \dfrac{1}{A}\\[2ex] \dfrac{1+\ln Ax}{1+\ln A}, & \dfrac{1}{A}<x\leqslant 1\end{cases} \tag{3-7}$$

式中，y 表示归一化的压缩器输出电压；x 表示归一化的压缩器输入电压；A 是压扩参数，表示压缩的程度。作为常数的压扩参数 A 一般为一个较大的数，实用中一般取 $A=87.6$（注：$\ln 87.6\approx 4.47$）。在这种情况下，可以得到 x 的放大量：

$$\frac{\mathrm{d}y}{\mathrm{d}x}=\begin{cases}\dfrac{A}{1+\ln A}\approx 16, & 0<x\leqslant \dfrac{1}{A}\\[2ex] \dfrac{A}{(1+\ln A)Ax}\approx \dfrac{1}{5.47x}\approx \dfrac{0.1828}{x}, & \dfrac{1}{A}<x\leqslant 1\end{cases} \tag{3-8}$$

当信号 x 很小时（即小信号时），从式（3-8）可以看到，信号被放大了 16 倍，这相当于与无压扩特性比较，对于小信号情况，量化间隔比均匀量化时减小了 16 倍，因此，量化误差大大降低，量化信噪比大大提高；而对于大信号情况，例如 $x=1$，量化间隔比均匀量化时增大到 5.47 倍，量化误差增大了，使量化信噪比降低。

上面也只讨论了 $x>0$ 的范围，实际上 x 和 y 均在（-1，$+1$）变化，因此 x 和 y 的对应关系曲线是在第一象限与第三象限奇对称。

按式（3-7）得到的 A 律压扩特性是连续曲线，A 的取值不同其压扩特性亦不相同，而在电路上实现这样的函数规律是相当复杂的。为此，人们提出了数字压扩技术，其基本思想是：利用

大量数字电路形成若干条折线，并利用这些折线来近似对数压扩特性，从而达到压扩的目的。

用折线实现压扩特性，既不同于均匀量化的直线，又不同于对数压扩特性的光滑曲线。虽然总体来说用折线作压扩特性是非均匀量化，但它既有非均匀（不同折线有不同斜率）量化，又有均匀量化（在同一折线的小范围内）。有两种常用的数字压扩技术，一种是 13 折线 A 律压扩，它的特性近似 $A = 87.6$ 的 A 律压扩特性。另一种是 15 折线μ律压扩，其特性近似 $\mu = 255$ 的μ律压扩特性。下面主要介绍 13 折线 A 律压扩技术，简称 A 律 13 折线法。

图 3-7 所示给出了这种 A 律 13 折线法压扩特性，从图 3-7 中可以看到：

先把 x 轴的 0 ~ 1 分为 8 个不均匀段，方法是将 0 ~ 1 一分为二，其中点为 1/2，取 1/2 ~ 1 作为第⑧段；剩余的 0 ~ 1/2 再一分为二，中点为 1/4，取 1/4 ~ 1/2 作为第⑦段，依次分下去，直至剩余的最小一段为 0 ~ 1/128，作为第①段，即“分 7 次得 8 段”。

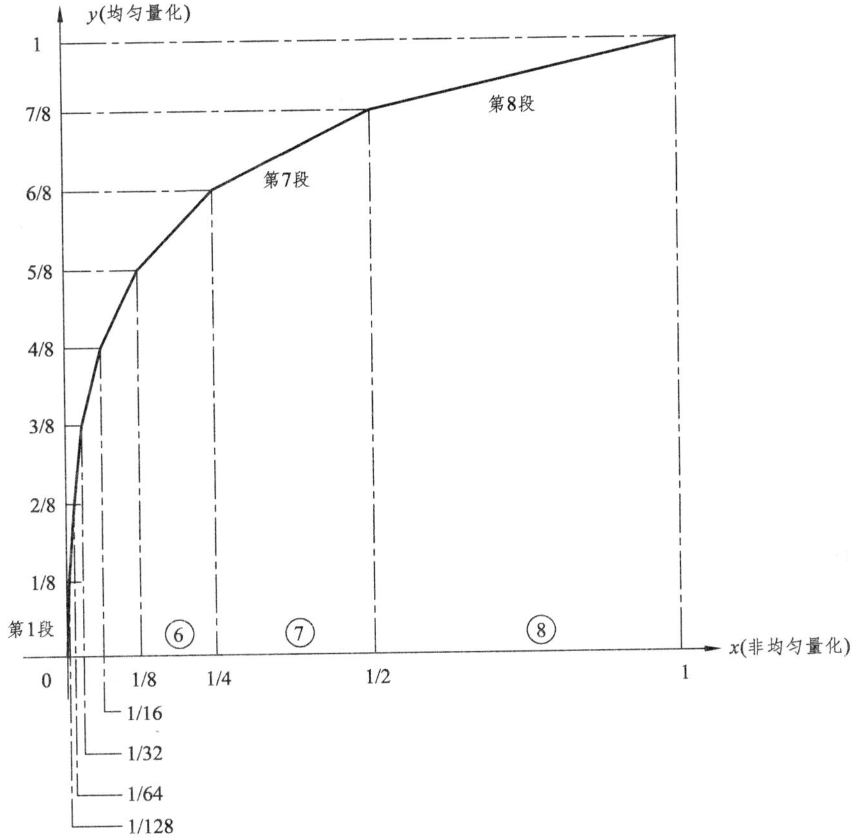

图 3-7 A 律 13 折线压扩特性示意图

其次，再将输入 x 的 8 段中的每一段均匀地划分为 16 等份，每一等份就是一个量化级。于是 x 轴的区间（0，1）就被分成 $16 \times 8 = 128$ 个不均匀量化级。因此，用这种分段方法可以使输入信号形成一种不均匀的量化级，它对小信号分得细（小），最小量化级间隔（指第①段和第②段）$\Delta_{\min} = \Delta_1 = \Delta_2 = \frac{1}{128} \times \frac{1}{16} = \frac{1}{2048}$；对大信号分得粗（大），最大量化级间隔（指第⑧段）$\Delta_{\max} = \Delta_8 = \frac{1}{2} \times \frac{1}{16} = \frac{1}{32}$。通常把最小量化级间隔作为一个量化单位，用 $\Delta = \Delta_1 = \Delta_{\min}$ 表示，于是可以计算出输入信号的取值范围（0～1）共分成为 2 048Δ。其 x 轴区间（0～1）的 8 段不均匀划分图解如图 3-8 所示。各段的量化间隔与最小量化间隔Δ的关系如表 3-2 所示。

而 y 轴的 0～1 均匀地分为 8 段，它们与 x 轴的 8 段一一对应。即 0～1/8，1/8～2/8，…，7/8～1 分别与 x 轴的第①段～第⑧段相对应，便可以作出由 8 段直线构成的一条折线。该折线与式（3-7）（A = 87.6 时）表示的压缩特性近似。

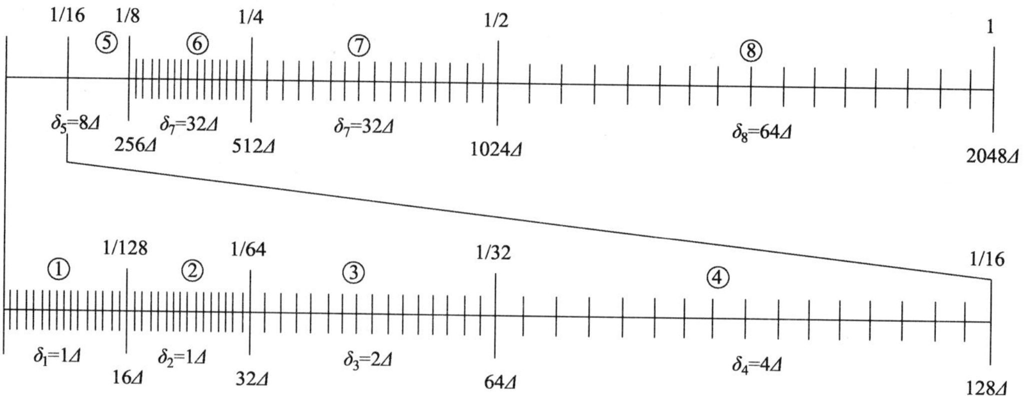

图 3-8　x 轴区间（0～1）的 8 段不均匀划分图解

表 3-2　各段的量化间隔Δ_i与最小量化间隔Δ的关系

x 轴分段	第①段 $0\sim\frac{1}{128}$	第②段 $\frac{1}{128}\sim\frac{1}{64}$	第③段 $\frac{1}{64}\sim\frac{1}{32}$	第④段 $\frac{1}{32}\sim\frac{1}{16}$	第⑤段 $\frac{1}{16}\sim\frac{1}{8}$	第⑥段 $\frac{1}{8}\sim\frac{1}{4}$	第⑦段 $\frac{1}{4}\sim\frac{1}{2}$	第⑧段 $\frac{1}{2}\sim1$
Δ_i	Δ_1	Δ_2	Δ_3	Δ_4	Δ_5	Δ_6	Δ_7	Δ_8
关系	Δ	Δ	2Δ	4Δ	8Δ	16Δ	32Δ	64Δ

由图 3-7 中的曲线可以看出，除了第 1、2 段之外，其他各段折线的斜率都不相同，它们的关系如表 3-3 所示。

表 3-3　折线段落的斜率

折线段落	第 1 段	第 2 段	第 3 段	第 4 段	第 5 段	第 6 段	第 7 段	第 8 段
斜率	16	16	8	4	2	1	1/2	1/4

至于当 x 在 −1～0 及 y 在 −1～0 的第三象限中，压缩特性的形状与以上讨论的第一象限压缩特性的形状相同，且它们以原点奇对称，所以负方向也有 8 段直线，合起来共有 16 个线段。由于正向第 1、2 两段和负向第 1、2 两段的斜率相同，这 4 段实际上“合为”一条直线，因此正、负双向的折线总共由 13 条直线构成，故称其为 13 折线。

输出端 y 由于是均匀划分的，各段间隔均为 1/8，每段再 16 等分，于是 y 轴的区间（0，1）就被分成 128 个均匀量化级，且每个量化间隔为 1/128。

由图 3-7 可以看出，压缩和量化是结合进行的，即用不均匀量化的方法实现了压缩的目的，在量化的同时就进行了压缩，因此不必再用专门的压缩器进行压缩。此外，经过 13 折线变换关系之后，将输入信号 2048 个量化级变换为 128 个量化级，即将原未经压缩按Δ间隔需要 11 位（$2^{11}=2048$）二进制编码变换为 7 位（$2^7=128$）二进制码直接加以表示。

以上较详细地讨论了 A 律的压缩原理。至于扩张，实际上是压缩的相反过程，只要掌握了压缩原理就不难理解扩张原理。

非均匀量化与均匀量化相比，有两个突出的优点：

（1）当输入量化器的信号具有非均匀分布的概率密度（例如话音信号）时，非均匀量化器的输出端可以得到较高的平均信号量化信噪比。

（2）非均匀量化时，量化噪声的平均功率基本上与信号抽样值成比例。因此量化噪声对大、小信号的影响大致相同，即改善了小信号时的量化信噪比。

3.1.3　脉冲编码调制（PCM）

如图 2-1 中所示，模拟信号经过抽样和量化后，可以得到一系列输出，假设共有 N 个电平状态。当 Q 较大时，如果直接传输 Q 进制的信号，其抗噪声性能将会很差。因此，通常在发送端通过编码器把 Q 进制信号变换为 n 位二进制数字信号（$2^n \geq Q$）。而在接收端将收到的二进制码元经过译码器再还原为 Q 进制信号，这种系统就是脉冲编码调制（PCM）系统。

简单地讲，把量化后的信号变换成代码的过程称为编码，其相反的过程称为译码。编码器的种类是多种多样的，如逐次比较型、级联型、混合型等。这里仅介绍常用的逐次比较型的编码和译码原理。

在讨论这种编码原理之前，需要明确常用的编码码型及码位数的选择和安排。

3.1.3.1　常用的二进制编码码型

二进制码具有很好的抗噪声性能，并易于再生，因此 PCM 中一般都采用二进制码。对于 Q 个量化电平，可以用 n 位二进制码来表示，称其中每一种组合为一个码字。通常可以把量化后的所有量化级按其量化电平的某种次序排列起来，并列出各对应的码字，而这种对应关系的整体就称为码型。

在 PCM 中常用的码型有自然二进制码和折叠二进制码。表 3-4 列出了用 4 位码表示 16 个量化级时的编码规律。

表 3-4　常用的二进制码

样值脉冲极性	量化级序号	自然二进制码	折叠二进制码
正极性部分	15	1111	1111
	14	1110	1110
	13	1101	1101
	12	1100	1100
	11	1011	1011
	10	1010	1010
	9	1001	1001
	8	1000	1000

续表

样值脉冲极性	量化级序号	自然二进制码	折叠二进制码
负极性部分	7	0111	0000
	6	0110	0001
	5	0101	0010
	4	0100	0011
	3	0011	0100
	2	0010	0101
	1	0001	0110
	0	0000	0111

自然二进制码是大家最熟悉的二进制码，它是按照二进制数的自然规律排列的，从左至右（高位至低位）其权值分别为 8、4、2、1，（其位权值为 2^i）故有时也被称为 8421 二进制码。

折叠二进制码简称折叠码，折叠码是目前 A 律 13 折线 PCM30/32 路设备所采用的码型。

折叠码是由自然二进制码演变而来的，除去最高位，折叠二进制码的上半部分与下半部分呈折叠关系。这种码对于双极性信号（话音信号通常如此），通常可用最高位表示信号的正、负极性，而用其余的码表示信号的绝对值，即只要正、负极性信号的绝对值相同，则可进行相同的编码。这就是说，用第一位码表示极性后，双极性信号可以采用单极性信号的编码方法，因此采用折叠二进制码可以简化编译码电路。

3.1.3.2 码位安排

在 PCM 编码中，使用的是折叠码，即先对信号的正负进行编码，然后对信号的绝对值进行编码。在 A 律 13 折线法 PCM 编码中，正、负方向各有 8 个段落，在每一段落内有 16 个均匀分布的量化电平，因此总的量化电平数 $Q = 8 \times 16 = 256$，则编码位数 $n = 8$。8 位码的安排（规定）如下：

$$\underline{C_1} \qquad \underline{C_2C_3C_4} \qquad \underline{C_5C_6C_7C_8}$$

（1）C_1：为极性码，表示抽样值的极性。规定：正极性为“1”，负极性为“0”。

（2）$C_2C_3C_4$：为段落码，表示抽样值的幅度（大小）所处的段落。3 位段落码共 8 种状态对应 8 个不同的段落，如表 3-5 所示。

（3）$C_5C_6C_7C_8$：为段内码，4 位段内码共 16 种状态对应段内 16 个不同的量化级，如表 3-5 所示。

由表 3-5 可知，PCM 编码实际是对输入信号样值 x_s 进行编码，可以确定输出一个 8 位的码字 $C_1 \sim C_8$，这个过程称为编码。反之，一个 8 位的码字通过解码对应还原出一个量化值 $\hat{x}_s$。

表 3-5　A 律 13 折线非均匀编码表

段落号	段落码			段落码对应起始电平	段内量化间隔 Δ_i	段内码对应的权值（Δ）			
	C_2	C_3	C_4			C_5	C_6	C_7	C_8
第①段	0	0	0	0Δ	$\Delta_1=1\Delta$	$8\Delta_1$	$4\Delta_1$	$2\Delta_1$	$1\Delta_1$
第②段	0	0	1	16Δ	$\Delta_2=1\Delta$	$8\Delta_2$	$4\Delta_2$	$2\Delta_2$	$1\Delta_2$
第③段	0	1	0	32Δ	$\Delta_3=2\Delta$	$8\Delta_3$	$4\Delta_3$	$2\Delta_3$	$1\Delta_3$
第④段	0	1	1	64Δ	$\Delta_4=4\Delta$	$8\Delta_4$	$4\Delta_4$	$2\Delta_4$	$1\Delta_4$
第⑤段	1	0	0	128Δ	$\Delta_5=8\Delta$	$8\Delta_5$	$4\Delta_5$	$2\Delta_5$	$1\Delta_5$
第⑥段	1	0	1	256Δ	$\Delta_6=16\Delta$	$8\Delta_6$	$4\Delta_6$	$2\Delta_6$	$1\Delta_6$
第⑦段	1	1	0	512Δ	$\Delta_7=32\Delta$	$8\Delta_7$	$4\Delta_7$	$2\Delta_7$	$1\Delta_7$
第⑧段	1	1	1	1024Δ	$\Delta_8=64\Delta$	$8\Delta_8$	$4\Delta_8$	$2\Delta_8$	$1\Delta_8$

注：表中及后面的段落号数，如①②…⑧等，与图 3-7 和图 3-8 一致，注意与“折线段号”相区别。

其实现编码在编码器的本地译码电路中，采用 7/11 位线性变换，使得量化误差有可能大于本段落量化间隔的一半，为了减小误差，在接收端要加上半个量化级$\Delta_i/2$。一般称发送端逻辑后的电平为编码电平，也称为码字电平，称接收端解码后的电平为解码电平。其表示式为

$$\text{码字电平} \overset{\text{定义}}{=\!=} \text{段落起始电平} + \Delta_i(8C_5+4C_6+2C_7+1C_8) \tag{3-9}$$

$$\text{编码误差}\varepsilon_{\text{编码}} \overset{\text{定义}}{=\!=} |\text{码字电平} - \text{样值的绝对值}| \tag{3-10}$$

$$\text{解码电平} \overset{\text{定义}}{=\!=} \text{码字电平} + \frac{\Delta_i}{2} \tag{3-11}$$

$$\text{量化误差}\varepsilon_{\text{量化}} \overset{\text{定义}}{=\!=} |\text{解码电平} - \text{抽样值的绝对值}| \tag{3-12}$$

【例 3-1】现有一输入信号的抽样值 x_s 为+1270Δ个量化级。

（1）试求出它的 8 位 PCM 码（即编码码字）。

（2）求出编码误差 $\varepsilon_{\text{编码}}$。

（3）求出解码电平。

（4）求出量化误差 $\varepsilon_{\text{量化}}$。

解：（1）编码过程如下：

① 确定极性码 C_1

因为输入信号抽样值 x_s 为正，所以 $C_1=1$。

② 确定段落码 $C_2C_3C_4$

因为输入信号抽样值 $x_s=1270\Delta$，$1024\Delta<1270\Delta<2048\Delta$，说明本抽样值在第⑧段，所以 $C_2C_3C_4$=111。

③ 确定段内码 $C_5C_6C_7C_8$

根据已判明的抽样值位于的哪一段，并用“余数 = 抽样值绝对值 − 段起始值”，再利用：

$$\left[\frac{\text{余数}}{\Delta_i}\right] \tag{3-13}$$

对式（3-13）结果只保留整数（符号【 】在这里表示取整）。

故 $1270\Delta-1024\Delta=246\Delta$，则有 $\left[\dfrac{246\Delta}{64\Delta}\right]=3$，所以 $C_5C_6C_7C_8=0011$。

抽样值+1270Δ所对应的编码码字为 $C_1C_2C_3C_4C_5C_6C_7C_8=11110011$。

（2）编码误差

$$\varepsilon_{\text{编码}}=|\text{编码电平}-\text{抽样值的绝对值}|$$
$$=|1216\Delta-1270\Delta|=54\Delta$$

（3）解码电平

依据：
$$\text{解码电平}=\text{码字电平}+\frac{\Delta_i}{2}$$
$$=1024\Delta+64\Delta(8\times0+4\times0+2\times1+1\times1)+\frac{64\Delta}{2}=1248\Delta$$

（4）量化误差

$$\varepsilon_{\text{量化}}=|\text{解码电平}-\text{抽样值的绝对值}|$$
$$=|1248\Delta-1270\Delta|=22\Delta$$

3.1.4 逐次比较型编码原理

逐次比较型编码器编码的原理（过程）与用天平称物重的过程相类似。样值脉冲信号相当于被称重物，相应的标准电平相当于天平的砝码。

由于大规模和超大规模集成电路技术的发展，编码和译码已实现集成化。目前生产的集成 PCM 编译码器（芯片）可以同时完成“抽样、量化、编码、压扩和译码”等功能。其逐次比较型 *A* 律 13 折线法编码电路组成框图如图 3-9 所示。

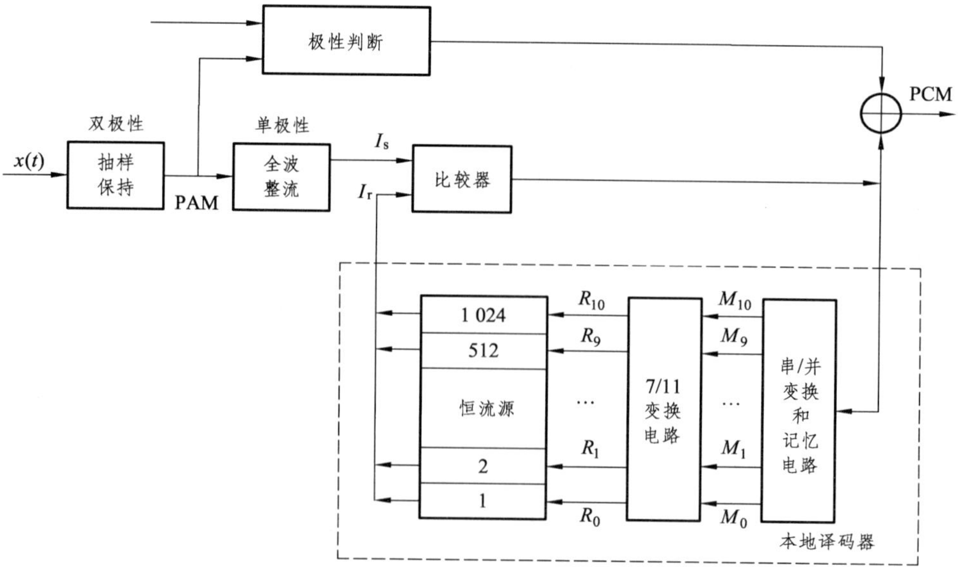

图 3-9 逐次比较型编码器组成框图

3.1.4.1　电路组成框图及主要作用

1. 抽样保持、极性判决和整流电路

被抽样信号经过抽样保持电路后形成模拟 PAM 信号，该 PAM 信号仍是双极性信号。当其抽样值为正时，在位脉冲到来时刻输出“1”码；当样值为负时，输出“0”码；同时全波整流将该双极性信号变为单极性信号，送到比较器。

2. 本地译码器

每次所需的标准电流 I_r 均由本地译码电路提供。

3. 比较器

比较器是编码器的核心。它的作用是通过比较样值电流 I_s 和标准电流 I_r，从而对输入信号抽样值实现非线性量化和编码。每比较一次输出一位二进制代码，并且当 $I_s>I_r$ 时，输出“1”码，反之输出“0”码。由于 13 折线法中用 7 位二进制码来代表段落码 $C_2C_3C_4$ 和段内码 $C_5C_6C_7C_8$，所以对输入信号的一个抽样值需要进行 7 次比较。

3.1.4.2　编码方法（过程）

1. 段落码 $C_2C_3C_4$ 的判决

首先要判断样值信号位于 8 大段落的哪一段，即确定段落码 $C_2C_3C_4$ 的值。我们已知有 16Δ、32Δ、64Δ、128Δ、256Δ、512Δ、1024Δ 共 7 个权值（实际还有 0Δ），为叙述方便，我们把 8 大段落分为前 4 段（第①、②、③、④段）和后④段（第⑤、⑥、⑦、⑧段），可参考表 3-5，其比较过程示意图可参考图 3-9。

① 第 1 次比较，确定 C_2，此时，中间门限值 $I_{r1} = 128\Delta$。

若 $I_s<I_{r1} = 128\Delta$，则量化信号在前 4 段（①、②、③、④段），此时 $C_2 = 0$。

若 $I_s>I_{r1} = 128\Delta$，则量化信号在后 4 段（⑤、⑥、⑦、⑧段），此时 $C_2 = 1$。

② 第 2 次比较，确定 C_3，此时，中间门限值 I_{r2} 要依据 C_2 的值决定。

当 $C_2 = 1$ 时，则中间门限值 $I_{r2} = 512\Delta$。

若 $I_s>I_{r2} = 512\Delta$，则量化信号在⑤、⑥段，此时 $C_3 = 0$。

若 $I_s>I_{r2} = 512\Delta$，则量化信号在⑦、⑧段，此时 $C_3 = 1$。

当 $C_2 = 0$ 时，则中间门限值 $I_{r2} = 32\Delta$。

若 $I_s<I_{r2} = 32\Delta$，则量化信号在 1、2 段，此时 $C_3 = 0$。

若 $I_s>I_{r2} = 32\Delta$，则量化信号在 3、4 段，此时 $C_3 = 1$。

③ 第 3 次比较，确定 C_4，此时，中间门限值 I_{r3} 要依据 C_2C_3 的值决定；再依据 $I_s<I_{r3}$ 还是 $I_s>I_{r3}$ 来确定 C_4（思路和方法同第 1 次和第 2 次比较，不再重复）。

2. 段内码 $C_5C_6C_7C_8$ 的判决

经过以上 3 次的比较，$C_2C_3C_4$ 已经确定，量化信号 I_s 在哪一段也就确定了。段内码的判定值 I_{ri} 的值可由下面的式子确定。

$I_{r4} =$ 段落起始值 $+ 8\Delta_i$

$I_{r5} =$ (段落起始值 $+ C_5 \times 8\Delta_i) + 4\Delta_i$

$I_{r6} =$ (段落起始值 $+ C_5 \times 8\Delta_i + C_6 \times 4\Delta_i) + 2\Delta_i$

I_{r7} = (段落起始值 + $C_5 \times 8\Delta_i + C_6 \times 4\Delta_i + C_7 \times 2\Delta_i) + 1\Delta_i$

当 $I_s<I_{ri}$ 时，$C_i = 0$；当 $I_s>I_{ri}$ 时，$C_i = 1$。

【例 3-2】 设输入信号抽样值 $I_s = +1270\Delta$（Δ 为一个量化单位），采用逐次比较型编码，按 A 律 13 折线编成 8 位 PCM 码，求所编出的 8 位 PCM 码。

解：编码过程如下：

（1）确定极性码 C_1

由于输入信号抽样值 I_s 为正，故极性码 $C_1 = 1$。

（2）确定段落码 $C_2C_3C_4$

C_2：门限 $I_{r1} = 128\Delta$，$I_s = 128\Delta$，故 $C_2 = 1$。

C_3：门限 $I_{r2} = 512\Delta$，$I_s = 1270\Delta > 512\Delta$，故 $C_3 = 1$。

C_4：门限 $I_{r3} = 1024\Delta$，$I_s = 1270\Delta > 1024\Delta$，故 $C_4 = 1$。

因此，$C_2C_3C_4 = 111$，说明样值处在第⑧段落上，故起始值为 1024Δ，$\Delta_i = \Delta_8 = 64\Delta$。

（3）确定段内码 $C_5C_6C_7C_8$

C_5：比较门限 $I_{r4} = 1024\Delta + 8 \times 64\Delta = 1536\Delta$，$I_s = 1270\Delta < 1536\Delta$，故 $C_5 = 0$。

C_6：比较门限 $I_{r5} = 1024\Delta + 4 \times 64\Delta = 1280\Delta$，$I_s = 1270\Delta < 1280\Delta$，故 $C_6 = 0$。

C_7：比较门限 $I_{r6} = 1024\Delta + 2 \times 64\Delta = 1152\Delta$，$I_s = 1270\Delta > 1152\Delta$，故 $C_7 = 1$。

C_8：比较门限 $I_{r7} = (1024\Delta + 2 \times 64\Delta) + 1 \times 64\Delta = 1216\Delta$，$I_s = 1270\Delta > 1216\Delta$，故 $C_8 = 1$。

故对样值信号 $+1270\Delta$ 编出的 PCM 码字是

$$C_1C_2C_3C_4C_5C_6C_7C_8 = 11110011$$

3.1.4.3 PCM 解码

解码（译码）是根据 A 律 13 折线压扩特性，将收到的 PCM 信号还原成相应的 PAM 样值信号，即实现数/模变换（D/A 变换）。

解码器一般采用电阻网络来实现，目前通常采用权电流线性电阻网解码，其组成框图如图 3-10 所示。该图与编码器中的本地译码器很相似。

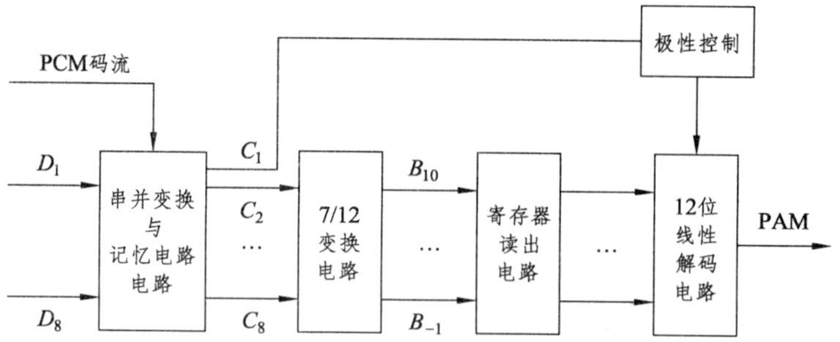

图 3-10 解码原理框图

图 3-10 中各部分的主要作用：

1. 记忆电路

记忆电路的主要作用是实现 PCM 码的“串/并”变换。即将串行输入的 PCM 码转换成并行码并送入极性控制和 7/12 码变换电路中。

2. 极性控制电路

极性控制的作用是根据收到的极性码 C_1 是“0”还是“1”来判断 PCM 信号的极性，从而使解码后的 PAM 信号极性恢复成与发送端相同极性。

3. 7/12 码变换电路

7/12 码变换电路的主要作用是将 7 位非线性的幅度码变换成 12 位的线性码。注意，在编码器的本地译码器电路中采用的 7/11 位码变换，而译码器中采用的 7/12 位码变换，是在 11 位的基础上，增加 1 位，变为 12 位，其码字为 $B_{10}B_9B_8B_7B_6B_5B_4B_3B_2B_1B_0B_{-1}$，人为地“加上半个量化间隔 $\Delta_i/2$”，目的是使最大量化误差减小，从而改善量化信噪比。其 A 律 13 折线 12 位线性码的位权值如表 3-6 所示。

表 3-6　A 律 13 折线 7/12 位线性码对应关系

段落序号 $C_2C_3C_4$	12 位线性码幅度											
	B_{10}	B_9	B_8	B_7	B_6	B_5	B_4	B_3	B_2	B_1	B_0	B_{-1}^*
	$1\,024\Delta$	512Δ	256Δ	128Δ	64Δ	32Δ	16Δ	8Δ	4Δ	2Δ	Δ	$\Delta/2$
① = 000	0	0	0	0	0	0	0	C_5	C_6	C_7	C_8	1^*
② = 001	0	0	0	0	0	0	1	C_5	C_6	C_7	C_8	1^*
③ = 010	0	0	0	0	0	1	C_5	C_6	C_7	C_8	1^*	0
④ = 011	0	0	0	0	1	C_5	C_6	C_7	C_8	1^*	0	0
⑤ = 100	0	0	0	1	C_5	C_6	C_7	C_8	1^*	0	0	0
⑥ = 101	0	0	1	C_5	C_6	C_7	C_8	1^*	0	0	0	0
⑦ = 110	0	1	C_5	C_6	C_7	C_8	1^*	0	0	0	0	0
⑧ = 111	1	C_5	C_6	C_7	C_8	1^*	0	0	0	0	0	0
对应 2^i	2^{10}	2^9	2^8	2^7	2^6	2^5	2^4	2^3	2^2	2^1	2^0	2^{-1}

4. 寄存器与线性电阻网络

寄存器把将输入的串行码在存储器中存储起来，在读出时钟信号的控制下读出（即实现串/并转换）并送入线性电阻解码网络，输出 PAM 信号。最后在极性控制信号的作用下，恢复原信号。

说明：（1）$B_{10} \sim B_{-1}^*$ 码下面的数值为该码的权值；

（2）1^* 和 B_{-1}^* 项为接收端解码时 $\Delta_i/2$ 补差项；在发端编码时，该两项为零。

【例 3-3】 设一样值信号的 PCM 码 $C_1C_2C_3C_4C_5C_6C_7C_8 = 10110011$，将此码组编为 12 位线性码，并求出接收端译码对应的 PAM 值。

解：（1）极性码 $C_1 = 1$，故样值信号的极性为正。

（2）已知 $C_2C_3C_4 = 011$，所以样值信号处在第 4 段落，起始值为 64Δ，量化间隔 $\Delta_4 = 4\Delta$。

（3）又已知段内码 $C_5C_6C_7C_8 = 0011$，则由 $3 \times 4\Delta = 12\Delta$。

（4）根据 A 律 7/12 解码原理，故还需加上半个量化级，依据 $\dfrac{\Delta_i}{2} = \dfrac{4\Delta}{2} = 2\Delta$；

故接收端译码对应的 PAM 值 = $64\Delta+12\Delta+2\Delta = +78\Delta$。

（5）依据表 3-6 中 7/12 位线性码的位权值对应关系，可得对应的 12 位线性码是

$$B_{10}B_9B_8B_7B_6B_5B_4B_3B_2B_1B_0B^*_{-1} = 000010011100$$

（依据 $78\Delta = 64\Delta+8\Delta+4\Delta+2\Delta = 2^6\Delta+2^3\Delta+2^2\Delta+2^1\Delta$ 而得）

3.1.4.4 PCM 信号的码元速率和带宽

由于 PCM 要用 k 位二进制码表示一个抽样值，即一个抽样周期 T_s 内要编 n 位码，因此，每个码元宽度为 T_s/n，码位越多，码元宽度越小，占用带宽越大。因此传输 PCM 信号所需的带宽要比模拟基带信号 $x(t)$ 的带宽大得多。

1. 码元速率 R_B

设 $x(t)$ 为低通信号，最高频率为 f_H，抽样速率 $f_s \geqslant 2f_H$，如果量化电平数为 Q，采用 M 进制代码，每个量化电平需要的代码数为 $k = \log_M Q$，因此码元速率 $R_B = kf_s$。

2. 传输 PCM 信号所需的最小带宽

假设抽样速率为 $f_s = 2f_H$，因此最小码元传输速率 $f_b = 2kf_H$，此时所具有的带宽有两种：

采用理想低通传输系统时：

$$B_{PCM} = f_b/2 = kf_s/2 \tag{3-14}$$

采用升余弦传输系统时：

$$B_{PCM} = f_b = kf_s \tag{3-15}$$

对于电话传输系统，其输出模拟信号的带宽约为 4 kHz，因此，采样频率 $f_s = 8$ kHz，假设按 A 律 13 折线编成 8 位码，采用升余弦系统传输特性，那么传输带宽为

$$B_{PCM} = f_b = kf_s = 8\text{ kHz} \tag{3-16}$$

3.1.5 增量调制（ΔM）

增量调制简称 ΔM，它是继 PCM 之后出现的又一种模拟信号数字化的方法。其目的在于简化模拟信号的数字化的方法。近年来，增量调制技术有了很大的发展，特别是在军事和工业部门的专用通信网和卫星通信中得到广泛应用，不仅如此，近年来在高速超大规模集成电路中已被用作 A/D 转换器。

增量调制获得广泛应用的主要原因有以下几点：

（1）在比特率较低时，增量调制的量化信噪比高于 PCM 的量化信噪比。

（2）增量调制的抗误码性能好，能工作在误码率为 $10^{-2}\sim10^{-3}$ 的信道中，而 PCM 要求误码率通常为 $10^{-4}\sim10^{-6}$。

（3）增量调制的编译码器比 PCM 简单。

增量调制的主要特点是它所产生的二进制代码表示模拟信号前后两个抽样值的差别（增加还是减少），而不是代表抽样值本身的大小，因此把它称为增量调制。在增量调制系统的发端调制后的二进制代码“1”和“0”只代表信号这一个抽样时刻相对于前一个抽样时刻是增

加（用“1”码表示）还是减少（用“0”码表示）。收端译码器每收到一个“1”码，译码器的输出相对于前一个时刻值上升一个量化阶，而收到一个“0”码，译码器的输出相对于前一个时刻值下降一个量化阶。

1. 简单增量调制

由于一位二进制码只能代表两种状态，就不可能表示模拟信号的抽样值。可是，用一位码却可以表示相邻抽样值的相对大小，而相邻抽样值的相对变化同样能反映模拟信号的变化规律。因此，采用一位二进制码去描述模拟信号是完全可能的。

2. 编码的基本思想

假设一个模拟信号 $x(t)$，可以用一时间间隔为Δt，幅度差为 $\pm\varDelta$ 的阶梯波形 $x'(t)$去逼近它，如图 3-11 所示。显然，只要Δt 足够小，即抽样频率 $f_s = 1/\Delta t$ 足够高，且$\varDelta$ 足够小，则 $x'(t)$可以近似于 $x(t)$。在这里把$\varDelta$ 称作量化阶，$\Delta t = T_s$ 称为抽样间隔。

$x'(t)$逼近 $x(t)$的物理过程是这样的：在抽样时刻用 $x(t)$与 $x'(t)$进行比较，若 $x(t)>x'(t)$，就让 $x'(t)$上升一个量化阶$\varDelta$，同时ΔM 调制器输出二进制码“1”；反之就让 $x'(t)$下降一个量化阶，同时ΔM 调制器输出二进制码“0”。根据这样的编码思路，结合图 3-11 的波形，就可以得到一个二进制代码序列 010101111110…。

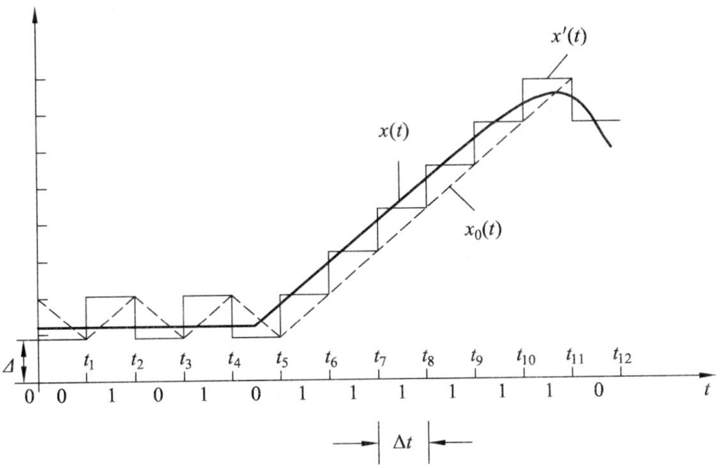

图 3-11　ΔM 的编码过程示意图

除了用阶梯波 $x'(t)$去近似 $x(t)$外，还可以用上升或下降的斜变波形（称为锯齿波）$x_0(t)$去近似 $x(t)$。锯齿波 $x_0(t)$只有斜率为正（$\varDelta/\Delta t$）和斜率为负（$-\varDelta/\Delta t$）两种情况，因此也可以用“1”表示正斜率，用“0”码表示负斜率，以获得一个二进制代码序列。

3. 译码的基本思想

与编码相对应，译码也有两种情况，一种是收到“1”码上升一个量化阶（跳变），收到“0”码下降一个量化阶（跳变），这样就可以把二进制代码经过译码变成 $x'(t)$这样的阶梯波。另一种是收到“1”码产生一个正斜变电压，在Δt 时间内上升一个量化阶$\varDelta$，收到“0”码产生一个负斜变电压，在Δt 时间内下降一个量化阶$\varDelta$。这样，二进制码经过译码后变为如 $x_0(t)$这样的锯齿波。考虑到电路上实现的难易程度，通常都采用后一种方法。这种方法可用一个简单的 RC 积分电路就可以把二进制码变为 $x_0(t)$这样的波形，如图 3-12 所示。图中假设二进制代码为 1010111。若译码器为积分器，则要求数码“1”时，输入正电平（$+E$），数码“0”输入为负电平（$-E$）。$x_0(t=0)=0$ 时的 $x_0(t)$与 $p(t)$的波形如图 3-12 所示。

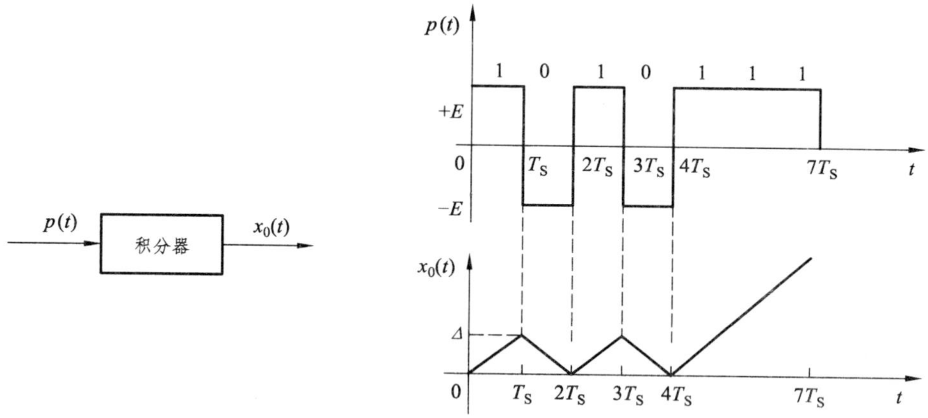

图 3-12 ΔM 的译码原理图

4. 简单增量调制原理框图

根据简单增量调制编、译码的基本原理，可组成简单ΔM 原理方框图，如图 3-13 所示。发送端编码器由相减器、判决器、积分器及极性变换电路组成的一个闭环反馈电路。比较器是用来比较 $x(t)$与 $x_0(t)$的大小，在抽样定时时刻，如果 $x(t)-x_0(t)>0$ 输出“1”码；$x(t)-x_0(t)<0$ 输出“0”码；$x_0(t)$由本地译码器产生。收端译码器由极性变换器、积分器和低通滤波器组成。

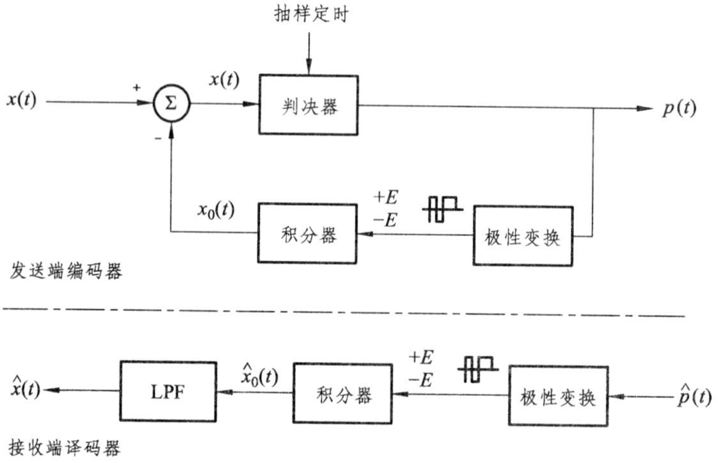

图 3-13 ΔM 原理框图

无论是编码器中的积分器，还是译码器中的积分器，都可以利用 RC 电路实现。当利用 RC 电路作为积分器时，可以得到近似锯齿波的斜变电压，这时 RC 时间常数的选择应注意下面的情况：RC 越大，充放电的线性度越好，但 RC 太大时，在Δt 时间内上升（或下降）的量化阶就越小，因此，RC 的选择应当适当，通常 RC 选择在$(15\sim30)\Delta t$ 范围内比较合适。

接收端收到增量调制信号 $\hat{p}(t)$ 后，经极性变换器将二进制码序列变换成全占空的双极性码，然后加到译码器（积分器）得到 $\hat{x}_0(t)$ 这个锯齿形波，再经过低通滤波器即可得输出电压 $\hat{x}(t)$。

$\hat{p}(t)$ 与 $p(t)$ 的区别在于经过信道传输后有误码存在，进而造成 $\hat{x}_0(t)$ 与 $x_0(t)$存在误差。当然，如果不存在误码，$\hat{x}_0(t)$ 与 $x_0(t)$的波形就完全相同，即便如此，$\hat{x}_0(t)$ 经过低通滤波器以后也不能完全恢复出 $x(t)$，而只能恢复出 $\hat{x}(t)$，这是由于量化引起的失真，而且还包含了误码失真。由此可见，简单增量调制系统的传输过程中，不仅包含有量化噪声，而且还包含有误码噪声，这一点是进行抗噪声性能分析的依据。

5. 简单增量调制系统的带宽

从编码的基本思想中可以知道，每抽样一次，即传输一位二进制码，因此码元传输速率为 $f_b = f_s$，从而ΔM 系统带宽为

理想低通传输系统时，

$$B_{\Delta M} = f_b / 2 = f_s / 2 \tag{3-17}$$

升余弦传输系统时，

$$B_{\Delta M} = f_b = f_s \tag{3-18}$$

6. PCM 与ΔM 系统的性能比较

在误码率可以忽略以及信道传输速率相同的条件下，PCM 与ΔM 系统的性能比较曲线示意图如图 3-14 所示。

从图 3-14 可看出，在相同的传输速率下，当编码位数 $n<4$ 时，PCM 系统性能比ΔM 系统差一些；而编码位数 $n>4$ 时，PCM 系统性能比ΔM 系统好一些；且随 n 的增大，性能越来越优越。

为了克服 PCM 和ΔM 的缺点，出现了总和增量调制、数字音节压扩增量调制和脉码增量调制等改进方式。

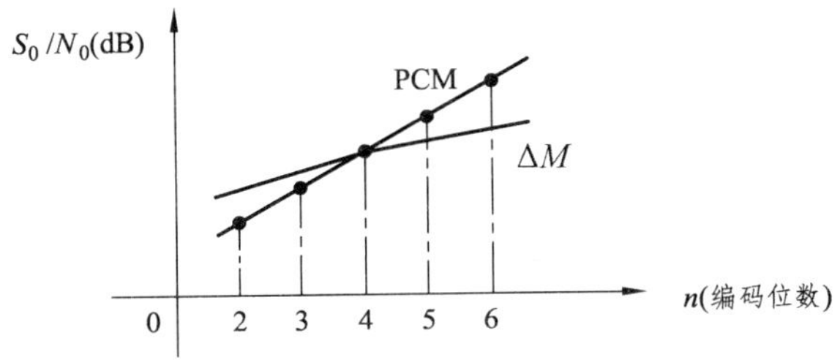

图 3-14 PCM 与ΔM 性能比较示意图

3.2 信道编码（差错控制编码）

在数字通信中，数字信息交换与传输过程中的主要问题是可靠性问题，即数字信息在交换和传输过程中出现差错的问题。出现差错的原因主要是信号在传输过程中由于信道特性不理想，存在噪声和人为干扰等的影响，使接收机产生错误判决。不同的系统在信号传输的过程中会受到不同的干扰，产生不同的差错率，则传输的可靠性不同。随着传输速率的提高，可靠性问题更加突出。

为了降低误码率，提高系统传输的可靠性，常用的方法有两种：

（1）降低数字信道本身引起的误码，可采取的措施有选择高质量的传输线路、改善信道的传输特性、增加信号的发射能量、选择有较强抗干扰能力的调制解调方案等。

（2）采用信道编码（也称为差错控制编码）。所谓信道编码是指通过对待传输信息加入冗余信息的方式来达到减少差错的目的，从而提高通信系统的可靠性的方法。

3.2.1 差错控制的基本方式

差错控制编码的根本目的是发现传输中出现的差错并加以纠正。具有检测差错能力的编码称为检错码，具有纠错能力的编码称为纠错码，差错控制编码是两者的总称。

从差错控制的角度看，按加性干扰引起的错码分布规律的不同，信道可以分为三类，即随机错误信道、突发错误信道和混合错误信道。随机错误信道中，错码的出现是随机的，不同码元之间错码的发生概率是统计独立的。在突发错误信道中，错码是成串集中出现的，即在短暂的时间内会出现大量的错码，在这些短暂时间区间之间又存在较长的无错码区间，这种成串出现的错码称为突发错码。把存在随机错码又存在突发错码的信道叫作混合错误信道。

对于不同的信道应采用不同的差错控制技术，常见的差错控制方式有检错重发（ARQ）、前向纠错（FEC）、混合差错控制（HEC）和信息反馈（IRQ）4 种，如图 3-15 所示。

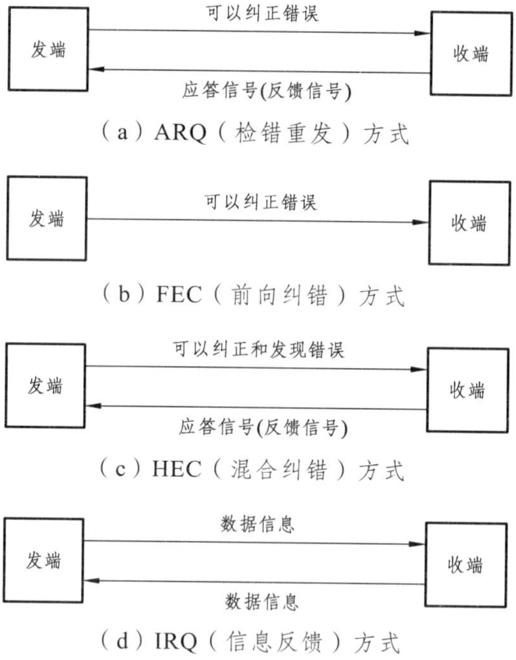

图 3-15 差错控制的 4 种方式

1. 检错重发（ARQ）

检错重发方式的发送端发出具有一定检错能力的码。接收端译码器根据编码规则，判断所接收的码在传输中是否有错，若有错，通过反馈信道告诉发送端，然后，发送端把前面发出的信息重新发送一次，直到接收端认为正确为止。

检错重发方式的优点是只需少量的多余码就能获得较低的误码率。主要缺点是必须有反馈信道，当信道干扰较大时，整个系统可能处于重发循环中，信息传输的连贯性和实时性较差，如图 3-15（a）所示。

2. 前向纠错（FEC）

前向纠错方式是发送端发送有纠错能力的码，接收端译码后不仅可以发现错误，而且可以判断错误码的位置并予以自动纠正。

这种方式的优点是无需反馈信道，此外这种方式译码的实时性好，控制电路简单，在移动通信中广泛应用。缺点是译码设备比较复杂，所选用的纠错码必须与信道干扰情况相匹配，因而对信道特性变化的适应性差。为获得较低的误码率，必须以最坏的信道条件来设计纠错码，如图 3-15（b）所示。

3. 混合差错控制（HEC）

混合差错控制方式是检错重发方式和前向纠错方式的结合。发送端发送的码不仅能够检测错误，而且还具有一定的纠错能力。接收端收到信息码之后，若检查出的错误是在码的纠错能力之内，接收端自行纠错；若错误超出了纠错能力，接收端将告知发送端必须重发该组信息码。

该方式不需要复杂的译码电路，同时还增强了检错重发方式的连贯性，在卫星通信中得以广泛应用，如图 3-15（c）所示。

4. 信息反馈（IRQ）

信息反馈方式是接收端把收到的数据序列全部通过反馈信道送回到发送端，发送端将回收到的数据序列与发送端发送的原始数据序列进行比较，从而判断（发现）是否有错，对有错的数据序列的原始数据再次发送，直到发送端没有发现错误为止，如图 3-15（d）所示。

3.2.2　差错控制的分类

按照信息码元和附加的监督码元之间的检验关系，差错控制编码可分为线性码和非线性码。如果信息码元和附加的监督码元之间的关系为线性关系，则称为线性码。反之，如果两者之间不存在（不满足）线性关系，则称为非线性码。注意，这里的线性关系是指满足“二进制加法运算法则的一组线性方程式”。

（1）按照信息码元和附加的监督码元之间的约束关系，差错控制编码可分为分组码和卷积码。

分组码：在分组码中，编码后的码元序列每 n 位分为一组，其中 k 个是信息码元，r 个是附加的监督码元，$r = n - k$。监督码元仅和本码组的信息码元有关，而与其他码组的信息码元无关。

卷积码：卷积码的编码序列也划分为码组，但监督码元不但与本组信息有关，而且还与前面的信息码元也有约束（关联）关系。

（2）按照信息码元在编码后是否保持原来的形式，差错控制编码可分为系统码和非系统码。

（3）按照纠正错误的类型不同，差错控制编码可分为纠正随机错误码、纠正突发错误码和纠正随机突发错误码。

（4）按照构造差错控制编码的数学方法来分类，差错控制编码可分为代数码、几何码和算术码。其中，代数码是目前发展最为完善的编码。线性码就是代数码的一个重要分支。

（5）根据码元取值的不同，可分为二进制码和多进制码。

3.2.3 差错控制编码的基本原理

3.2.3.1 纠错编码的原理

一般来讲，信源发出的消息均可用二进制信号来表示。例如，要传送的消息为 A 和 B，则我们可以用 1 表示 A，0 表示 B。在信道传输后产生了误码，0 错为 1，或 1 错为 0，但接收端却无法判断这种错误，因此这种码没有任何抗干扰能力。

如果在 0 或 1 的后面加上 1 位监督位（也称为校验位），如以 00 表示 A，11 表示 B。长度为 2 的二进制序列共有 $2^2=4$ 种组合，即 00、01、10、11。00 和 11 是从这四种组合中选出来的，称其为许用码组，01、10 为禁用码。当干扰只使其中 1 位发生错误，例如 00 变成了 01 或 10，接收端的译码器就认为是错码，但这时接收端不能判断是哪 1 位发生了错误，因为信息码 11 也可能变为 01 或 10，因而不能自动纠错。如果在传输中两位码发生了错误，例如由 00 变成了 11，译码器会将它判为 B，造成差错，所以这种 1 位信息位、1 位监督位的编码方式，只能发现 1 位错误码。

考察由 3 位二进制构成的码组：显然 $2^3=8$ 有 8 个码组，假定：我们用这些组合（码组）表示天气。

（1）我们用 8 个码组表示 8 种不同的天气，约定 000 = 晴天、001 = 云天、010 = 阴天、011 = 雨天、100 = 雪天、101 = 霜天、110 = 雾天、111 = 雹天。显然，其中任一码组在传输中发生错误都将变成另一码组而且还是在使用中的码组，这样传输错误在接收端就无法发现错误。

（2）我们在 8 个码组选择其中的 4 种码组（000、011、101、110）作为许用码组，传输信息，表示 4 种不同的天气，其余的 4 种码组（001、010、100、111）为禁用码组。本来 4 种信息，用 2 位二进制码的不同组合即可，现用 3 位二进制码表示，则有 1 位是“多余的”，称为冗余码。显然，这种编码用 3 位二进制码的 4 种不同组合表示 4 种信息，在接收端可发现传输中的 1 位错误，但不能纠正错误。例如：若“000 = 晴天”中错了 1 位，则接收码组可能变成“100”或“010”或“001”，而这 3 组都是禁用码组，故接收端在收到禁用码组后就认为发现了错码，但不能确定错码位置。

（3）我们在 8 个码组选择其中的 2 种码组（000、111）作为许用码组，传输信息，表示 2 种不同的天气，其余的 6 种码组（001、010、011、110、101、110）为禁用码组。本来表示 2 种天气用 1 位二进制即可，现在选择 3 位相当于增加了码的长度，也即增加了更多冗余度。这时能检测 2 位以下的错误，或能纠正 1 位错码。例如，在收到禁用码组 100 时，若当作仅有 1 位错码，则可判断出该错码发生在“1”的位置，从而纠正为 000，即这种编码可以纠正 1 位差错。但若假定错码数不超出 2 位，则存在两种可能性，000 错一位及 111 错两位都可能变为 100，因而只能检错而不能纠错。

从上面的例子可以得到关于“分组码”的一般概念。如果不要求检错或纠错，为了传输两种不同的信息，只用 1 位码就够了，我们把代表所传信息的这位码称为信息位。若使用了 2 位码或 3 位码，多增加的码位数称为监督位。我们把每组信息码附加若干监督码的编码称为分组码。在分组码中，监督码元仅监督本码组中的信息码元。

分组码一般用符号(n, k)表示，其中 k 是每组码中信息码元的数目，n 是码组的总位数，又称为码组的长度（码长），$n-k=r$ 为每码组中的监督码元数目，或称为监督位数目。通常将分组码规定为如图 3-16 所示的结构，图中前面 k 位 $(a_{n-1},a_{n-2},\cdots,a_r)$ 为信息位，后面附加 r 个监督位 $(a_{r-1},\cdots,a_0)$，此码又称为系统码。

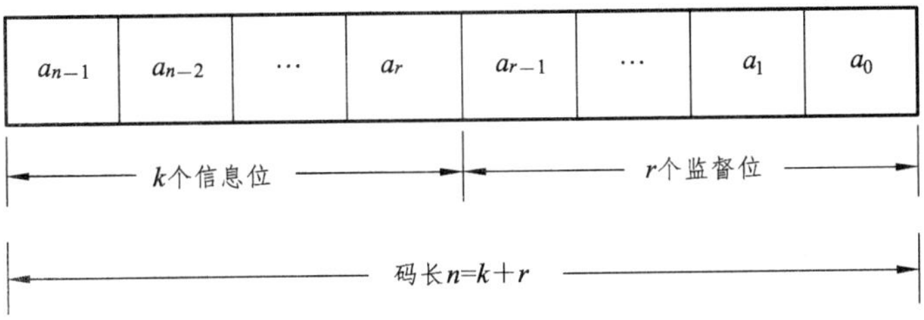

图 3-16　分组码的结构

3.2.3.2　差错控制编码中的几个名词与术语

1. 编码效率 R

设编码后的码组长度、码组中所含信息码元以及监督码元的个数分别为 n，k 和 r，三者之间满足 $n=k+r$，则编码效率 R 为

$$R=k/n=1-r/n \tag{3-19}$$

式中，R 越大，说明信息位所占的比重越大，码组传输信息的有效性越高。所以，R 说明了分组码传输信息的有效性。

2. 码重 W

对于二进制码组，码组中“1”码元的个数称为码组的重量，简称码重，用 W 表示。例如：码组 11001，它的码重 $W=3$。

3. 码距 d_0

两个等长码组之间对应位码元不同的个数称为这两个码组的距离，简称为码距 d_0。码距 d_0 又称为汉明距离。例如：两码组 $A(d_{4A}d_{3A}d_{2A}d_{1A}d_{0A})=10001$ 和 $B(d_{4B}d_{3B}d_{2B}d_{1B}d_{0B})=01011$，显然：$d_{4A}$ 与 d_{4B}、d_{3A} 与 d_{3B} 和 d_{1A} 与 d_{1B} 三个位置的码元不同，所以码距 $d_0=3$。码组集合中各码组之间距离的最小值称为码组的最小距离，用 $d_{0\min}$ 表示。最小码距 $d_{0\min}$ 是信道编码的一个重要参数，它体现了该码组的纠、检错能力。$d_{0\min}$ 越大，说明码字间最小差别越大，抗干扰能力越强。但 $d_{0\min}$ 与所加的监督位数有关，所加的监督位越多，$d_{0\min}$ 就越大，这又引起了编码效率 R 的降低，所以编码效率 R 与最小码距 $d_{0\min}$ 是一对矛盾。

根据编码理论，一种编码的检错或纠错能力与码字间的最小距离有关。在一般情况下，分组码的最小汉明距离 $d_{0\min}$ 与检错和纠错能力之间满足下列关系：

（1）当码字用于检测错误时，为了能检测出任意≤e 个错误，最小码距应满足：

$$d_{0\min} \geqslant e+1 \tag{3-20}$$

这可以用图 3-17（a）来说明。设一码组 A 位于 O 点，另一码组 B 与 A 最小码距为 $d_{0\min}$。当 A 码组发生 e 个误码时，可以认为 A 的位置将移动到以 O 为圆心、以 e 为半径的圆上，但其位置不会超出此圆。只要 e 比 $d_{0\min}$ 小 1，发生 e 个错码后错成的码组不可能变成另一任何许用码组，即有 $e \leqslant d_{0\min} - 1$。

（2）当码字用于纠错时，为了能纠正任意 $\leqslant t$ 个错误，最小码距应满足：

$$d_{0\min} \geqslant 2t + 1 \tag{3-21}$$

这可以用图 3-17（b）来说明。若码组 A 和码组 B 发生不多于 t 个的错误，则其位置均不超出以 O_1 和 O_2 为圆心，t 为半径的圆。只要这两个圆不相交，则当误码小于 t 时，根据它们落入哪个圆内，就可以正确地判断 A 或 B，即可以纠正错误。以 O_1 和 O_2 为圆心，t 为半径的两圆不相交的最近圆心距离为 $2t + 1$，此即为纠正 t 个误码的最小码距。

③ 为了能纠正任意 $\leqslant t$ 个错误，同时又能检测出任意 $\leqslant e$ 个错误，最小码距应满足：

$$d_{0\min} \geqslant e + t + 1 \quad (\text{且 } e>t) \tag{3-22}$$

在解释此式之前，先来说明什么是"纠正 t 个错码，同时又检测 e 个错码"（简称为纠检结合）。在某些情况下，要求对于出现较频繁但错码数很少的码组按前向纠错方式工作，以节省反馈重发时间，同时又希望对一些错码数较多的码组，在超过该码的纠错能力时，能自动按检错重发方式工作，以降低系统的总误码率。这种工作方式就是"纠检结合"。

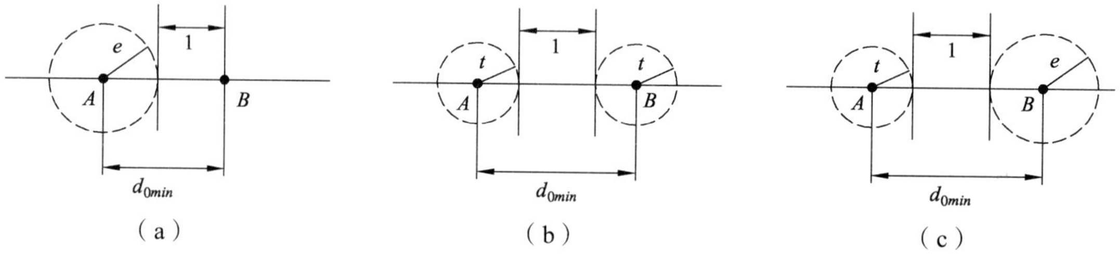

图 3-17 码距与检错和纠错能力之间的关系

在上述"纠检结合"系统中，差错控制设备按照接收码组与许用码组的距离自动改变工作方式。若接收码组与某一许用码组间的距离在纠错能力 t 的范围内，则将按纠错方式工作，否则按检错方式工作。现用图 3-17（c）来说明。若设码组的检错能力为 e，则当码组 A 中存在 e 个错码时，该码组与任一许用码组 B 的距离至少应有 $t + 1$，否则将进入许用码组 B 的纠错能力范围内，而被错纠为 B，这就要求最小码距应满足式（3-22）。

3.2.4 常见的简单编码

奇偶监督码、二维奇偶监督码、恒比码、正反码等这些编码属于分组编码，且编码电路简单，易于实现，有较强的纠、检错能力，因此在实际中得到了比较广泛的应用。

3.2.4.1 奇偶监督码

奇偶监督码（奇偶校验码）是在原信息码后面附加一个监督码元，使得码组中"1"的个数是奇数或偶数。或者说，它是含一个（1 位）监督码元，码重为奇数或偶数的$(n,n-1)$系统分组码。奇偶监督码又分为奇监督码和偶监督码。

设码字 $A = [a_{n-1}, a_{n-2}, \cdots, a_1, a_0]$，对偶监督有

$$a_{n-1} \oplus a_{n-2} \oplus \cdots \oplus a_1 \oplus a_0 = 0 \quad (3\text{-}23)$$

式(3-23)中，符号 $\oplus$ 表示“模 2 加”运算，其运算规则是：(不进位的二进制数相加)，$0\oplus 0=0$，$1\oplus 1=0$，$0\oplus 1=1$，$1\oplus 0=1$。

$a_{n-1}, a_{n-2}, \cdots, a_1$ 为信息码元，a_0 为监督码元。由于该码的每一个码字均按同一规则构成式(3-22)，故又称为一致监督码。

在发送端编码时，监督码元 a_0 的值由 $a_{n-1} \oplus a_{n-2} \oplus \cdots \oplus a_1$ 的结果决定，如表 3-7 所示。

表 3-7　误码判断

码型	发方编码		收方检验	
	信息码元“模 2 加”结果 C①	监督码元 a_0	码字“模 2 加”结果 S②	结论
偶监督码	$C=1$（奇数个 1）	1	$S=1$	有错
	$C=0$（偶数个 1）	0	$S=0$	无错
奇监督码	$C=1$（奇数个 1）	0	$S=1$	无错
	$C=0$（偶数个 1）	1	$S=0$	有错

注：① $C = a_{n-1} \oplus a_{n-2} \oplus \cdots \oplus a_1$。

② $S = a_{n-1} \oplus a_{n-2} \oplus \cdots \oplus a_1 \oplus a_0$。

在接收端译码时，按式(3-23)将码组中的码元“模 2 加”，根据 S 的结果，判断是否有误码，如表 3-7 所示。

例如：发方编码以偶监督码为例，若结果 C 为“0”，则 a_0 就应编为“1”。

收方检验以奇监督码为例，若结果 S 为“0”，就认为有错；就可断定该码组经传输后有奇数个错误。

下面以码长为 5 的偶监督码为例，说明码字的组成，如表 3-8 所示。

表 3-8　码长为 5 的偶监督码字

序号	码字		序号	码字	
	信息码元 $a_4a_3a_2a_1$	监督字 a_0		信息码元 $a_4a_3a_2a_1$	监督字 a_0
0	0000	0	8	1000	1
1	0001	1	9	1001	0
2	0010	1	10	1010	0
3	0011	0	11	1011	1
4	0100	1	12	1100	0
5	0101	0	13	1101	1
6	0110	0	14	1110	1
7	0111	1	15	1111	0

奇监督码情况相似，只是码组中“1”的数目为奇数，即满足条件：

$$a_{n-1} \oplus a_{n-2} \oplus \cdots \oplus a_1 \oplus a_0 = 1 \tag{3-24}$$

接收端译码时，按式（3-24）将码组中的码元按“模 2 加”运算，若结果为“1”，就认为无错；结果为“0”，就可断定该码组经传输后有奇数个错误。

可见，这种奇偶监督码只能发现奇数个错误，而不能检测出偶数个错误，因此它的检错能力不高，但由于该码的编码方法简单且实用性很强，编码效率高等优点，所以很多计算机数据传输系统及其他编码标准都采用了这种编码。

3.2.4.2 二维奇偶监督码

二维奇偶监督码又称为方阵码、行列监督码，它是在上述奇偶监督码的基础上形成的。将监督码的若干码组排列成矩阵，每一码组写成一行，然后再按列方向增加第二维监督位，如图 3-18 所示。图中 $a_0^1\, a_0^2 \cdots a_0^m$ 为 m 行奇偶监督码中的 m 个监督位。$c_{n-1}\, c_{n-2} \cdots c_0$ 为按列进行第二次编码所增加的监督位，n 个监督位构成了一行监督位。

二维奇偶监督码除了能检出所有行和列中的奇数个错误以外，方阵码还有更强的检错能力。这里每行监督位 $a_0^1\, a_0^2 \cdots a_0^m$ 不能用于检验本行中的偶数个错误，但按列的方向有可能由 $c_{n-1}\, c_{n-2} \cdots c_0$ 等监督位检测出来，这样就能检测出大多数偶数个错误。此外，方阵码对检测突发错误也有一定的适应能力。因为突发错码常常成串出现，随后有较长一段无错区间，所以在某一行中出现多个奇数或偶数错误的机会较多，而行监督和列监督的共同作用正适合于这种码字，因为这种码即可以逐行传输，也可以逐列传输。这样的传输方式可使集中的错码分散化。

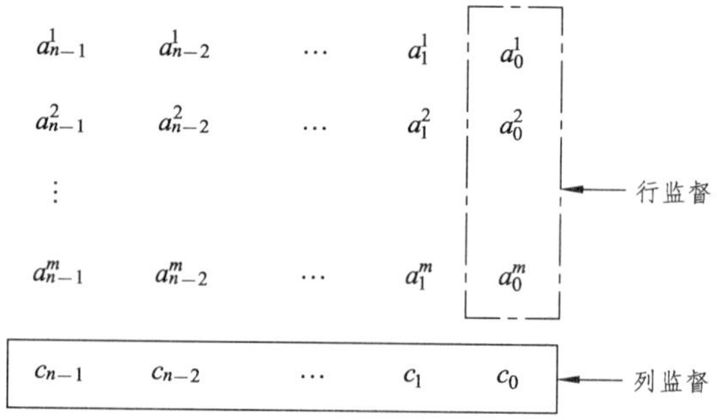

图 3-18 二维（行列）奇偶监督码

3.2.4.3 恒比码

在恒比码中，每个码组均含有相同数目的“1”和“0”。由于“1”的数目和“0”的数目之比保持恒定，所以称之为恒比码。这种码在接收端检测时，只需计算接收码组中“1”的数目是否正确，就可以知道有无错误。

目前我国电传通信中普遍采用 5 中取 3 恒比码，即每个码组长度为 5，“1”的个数为 3，“0”的个数为 2。该码组共有 $C_5^3=10$ 个许用码字，用来传送 10 个阿拉伯数字，如表 3-9 所示。实际使用表明，它能使差错减至原来的 1/10 左右。

表 3-9 5 中取 3 恒比码

数字	0	1	2	3	4	5	6	7	8	9
码子	01101	01011	11001	10110	11010	00111	10101	11100	01110	10011

在国际无线电报通信中，广泛采用的是“7 中取 3”恒比码，这种码组中规定“1”的个数恒为 3。因此，共有 $C_7^3=35$ 个许用码字，它们可用来表示 26 个英文字母及其他符号。

这种码除了不能检测“1”错成“0”和“0”错成“1”成对出现的差错外，能发现几乎任何形式的错码，因此恒比码的检错能力较强。恒比码主要优点是简单，它适用于用来传输电传机或其他键盘设备产生的字母和符号。

3.2.5 线性分组码

3.2.5.1 基本概念

把每 k 个输入信码分为一组，作为编码器的输入，编码器输出 $n(n>k)$个码元的输出码字，输出码字完全取决于该次编码器输入的 k 个信码，这类码称为分组码。码长为 n，包含有 k 个信码的分组码称为(n,k)分组码，如图 3-19 所示。

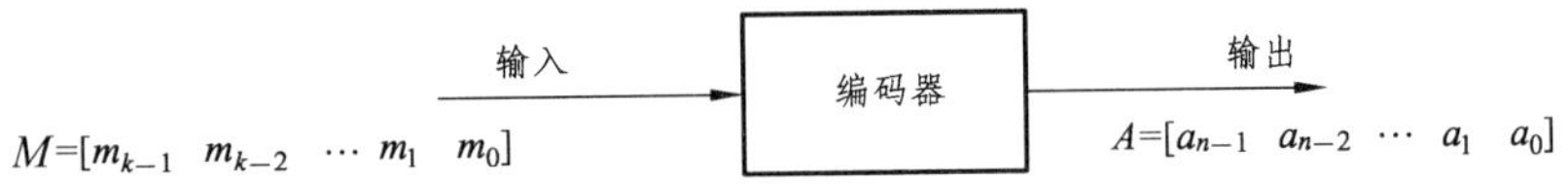

图 3-19 (n,k)分组码编码器

线性分组码是分组码中的一种：若分组码输出码字中的每一个码元都是 k 个输入信码的线性组合，这种分组码称为线性分组码。

3.2.5.2 汉明码

汉明码是 1950 年由美国贝尔实验室汉明（Hanming）提出来的，是第一个用于纠正 1 位错码的效率较高的线性分组码。它不仅性能好，而且编译码电路非常简单，易于实现。从 20 世纪 50 年代问世以来，在提高系统可靠性方面获得了广泛的应用。最先用于磁芯存储器，60 年代初用于大型计算机，70 年代在 MOS 存储器中得到应用，后来在中小型计算机中普遍采用，目前常用于 RFID 系统、无线传感器网络、多载波 CDMA 系统等的错误控制。

二元(n,k)分组码输入的 k 个二元信码有 2^k 种不同组合，对应有 2^k 个许用码字。n 位二元码，共有 2^n 种不同组合，其中只有 2^k 个组合是许用码字，许用码字都具有一定的结构。其他 2^n-2^k 个组合都是非许用的，这些非许用码组就可以对这个分组码进行检错或纠错。

奇偶监督码，就是一种简单的线性分组码，由于只有一位监督位，通常可以表示为（$n,n-1$），式（3-22）表示采用偶监督时的监督关系。在接收端译码时，实际上就是计算：

$$S=a_{n-1}\oplus a_{n-2}\oplus\cdots\oplus a_1\oplus a_0 \tag{3-25}$$

其中，a_{n-1}、a_{n-2}、⋯、a_1 表示接收到的信息位；a_0 表示接收到的监督位。若 $S=0$，就认为无错；若 $S=1$，就认为有错。式（3-25）被称为监督关系式，S 称为校正子。由于校正子 S 的取值只有“0”和“1”两种状态，因此，它只能表示有错和无错这两种信息，而不能指出错码的具体位置。

设想如果监督位增加 1 位，即变成 2 位，则能够增加一个类似于式（3-25）的监督关系式，计算出 2 个校正子 S_1 和 S_2，而 S_1S_2 共有 4 种组合：00、01、10、11，可以表示 4 种不同的信息。除了用 00 表示无错码外，其余 3 种状态就可以用于指示一种错码的 3 种不同位置。

同理，由 r 个监督方程式计算得到的校正子有 r 位，可以用来指示出一位错码的 2^r-1 个可能位置。对于长度为 n、信息码元为 k 位、监督码元为 $r=n-k$ 位的分组码，如果希望用 r 个监督位构造出 r 个监督关系式来指示一位错码的 n 种可能，则要求

$$2^r-1\geqslant n \quad 或 \quad 2^r\geqslant k+r+1 \tag{3-26}$$

下面通过一个具体的例子来说明汉明码是如何构造的。

为了能纠正一位错误，由（3-26）可以看到，要求 $r\geqslant 3$，若取 $r=3$，则 $n=k+r=7$。因此可以用 $a_6a_5a_4a_3a_2a_1a_0$ 表示这 7 个码元，用 S_3、S_2、S_1 表示利用三个监督方程，通过计算得到的校正子，并假设 S_3、S_2、S_1 三位校正子码组与误码位置的关系如表 3-10 所示。

表 3-10　校正子与错码位置

S_1 S_2 S_3	错码位置	S_1 S_2 S_3	错码位置
0 0 1	a_0	1 0 1	a_4
0 1 0	a_1	1 1 0	a_5
1 0 0	a_2	1 1 1	a_6
0 1 1	a_3	0 0 0	无错

由表 3-10 中的规定可以看出，仅当 1 位错码位置在 a_2、a_4、a_5 或 a_6 时，校正子 S_1 为 1；否则 S_1 为 0。这意味着 a_2、a_4、a_5 和 a_6 这 4 个码元构成偶数监督关系：

$$S_1=a_6\oplus a_5\oplus a_4\oplus a_2 \tag{3-27a}$$

同理，a_1、a_3、a_5 和 a_6 构成偶数监督关系：

$$S_2=a_6\oplus a_5\oplus a_3\oplus a_1 \tag{3-27b}$$

以及 a_0、a_3、a_4 和 a_6 构成偶数监督关系：

$$S_3=a_6\oplus a_4\oplus a_3\oplus a_0 \tag{3-27c}$$

$$\begin{cases} a_6\oplus a_5\oplus a_4\oplus a_2=0 \\ a_6\oplus a_5\oplus a_3\oplus a_1=0 \\ a_6\oplus a_4\oplus a_3\oplus a_0=0 \end{cases} \tag{3-28}$$

由上式经过移位运算，解出监督位：

$$\begin{cases} a_0=a_6\oplus a_4\oplus a_3 \\ a_1=a_6\oplus a_5\oplus a_3 \\ a_2=a_6\oplus a_5\oplus a_4 \end{cases} \tag{3-29}$$

在发送端编码时，a_6、a_5、a_4 和 a_3 是信元码，它的取值取决于输入信号，因此是随机的。a_2、a_1 和 a_0 是监督码，它们的取值由监督关系式来确定，即监督位应使式（3-27）中的 S_3、S_2 和 S_1 的值为零（表示编成的码组中应无错码），这样式（3-27）的 3 个表示式可以表示成式（3-28）的方程组形式。

可以得到(7,4)汉明码的 16 个许用码组如表 3-11 所示。

表 3-11　(7,4)汉明码的许用码组

信息位	监督位	信息位	监督位	信息位	监督位	信息位	监督位
$a_6a_5a_4a_3$	$a_2a_1a_0$	$a_6a_5a_4a_3$	$a_2a_1a_0$	$a_6a_5a_4a_3$	$a_2a_1a_0$	$a_6a_5a_4a_3$	$a_2a_1a_0$
0 0 0 0	0 0 0	0 1 0 0	1 1 0	1 0 0 0	1 1 1	1 1 0 0	0 0 1
0 0 0 1	0 1 1	0 1 0 1	1 0 1	1 0 0 1	1 0 0	1 1 0 1	0 1 0
0 0 1 0	1 0 1	0 1 1 0	0 1 1	1 0 1 0	0 1 0	1 1 1 0	1 0 0
0 0 1 1	1 1 0	0 1 1 1	0 0 0	1 0 1 1	0 0 1	1 1 1 1	1 1 1

接收端收到每个码组后，计算出 S_3、S_2 和 S_1，如不全为 0，则可按表 3-10 确定错码的位置，然后予以纠正。

例如，接收码组为 0000011，可算出 $S_1S_2S_3 = 011$，由表 3-10 可知在 a_3 位置上有一误码。

不难看出，上述(7,4)码的最小码距 $d_{0\min} = 3$，它能纠正一个错误或检测两个错误。

3.2.5.3　循环码

循环码是一类重要的线性分组码，它除了具有线性码的一般性质外，还具有循环性。即循环码组中任一码字循环一位所得的码字仍为该码组中的一个码字。仍然用符号（n，k）来表示。

若 $(a_{n-1}\,a_{n-2}\cdots a_1\,a_0)$ 为一循环码组，则：

$(a_{n-2}\,a_{n-3}\cdots a_0\,a_{n-1})$、$(a_{n-3}\,a_{n-4}\cdots a_{n-1}\,a_{n-2})\cdots(a_0,a_{n-1},\cdots,a_2,a_1)$ 还是该编码中的许用码组。也就是说，不论是左移还是右移，也不论是移多少位，仍然是许用的循环码组。表 3-12 和表 3-13 中给出了一种(7,3)循环码的全部码字。

表 3-12　一种(7,3)循环码的全部码字

码组编号	码字		码组编号	码字	
	信息位 $a_6a_5a_4$	监督位 $a_3a_2a_1a_0$		信息位 $a_6a_5a_4$	监督位 $a_3a_2a_1a_0$
1	0 0 0	0 0 0 0	5	1 0 0	1 0 1 1
2	0 0 1	0 1 1 1	6	1 0 1	1 1 0 0
3	0 1 0	1 1 1 0	7	1 1 0	0 1 0 1
4	0 1 1	1 0 0 1	8	1 1 1	0 0 1 0

表 3-13　一种(7,3)循环码的全部码字

码组编号	1	2	3	4	5	6	7	8
码组	0000000	0010111	0101110	0111001	1001011	1011100	1100101	1110010

将表 3-12 一种(7,3)循环码的全部码字用表 3-13 来表示。其中：码字用字符 $A = a_{n-1}a_{n-2}\cdots a_1a_0 = a_6a_5a_4a_3a_2a_1a_0$。

由表（3-13）可以直观地看出这种码的循环特性。例如，$W=4$ 时：

表中的第 2 个码字向右移（R）一位，即得到第 5 个码字；第 6 个码字向右移（R）一位，即得到第 3 个码字。

表中的第 3 个码字向左移（L）一位，即得到第 6 个码字；第 7 个码字向左移（L）一位，即得到第 5 个码字。

编码电路的主体是由生成多项式构成的除法电路，再加上适当的控制电路。

接收端译码的目的是检错和纠错，纠错码的译码是该编码能否得到实际应用的关键所在。译码器往往比编码较难实现，对于纠错能力强的纠错码更复杂。根据不同的纠错或检错目的，循环码译码器可分为用于纠错目的和用于检错目的的循环码译码器。

3.2.6 卷积码

卷积码又叫连环码，是 1955 年由美国的伊莱亚斯（P.Elias）提出来的一种非分组码。它和分组码有明显的区别。

3.2.6.1 卷积码的结构形式

(n,k)线性分组码中，本组 $r=n-k$ 个监督元与本组 k 个信息元有关，与其他各组无关，也就是说分组码编码器本身无记忆性。

卷积码则不同，它先将信息序列分成长度为 k 的子组，然后编成长为 n 的子码，其中：$r=n-k$ 的监督码不仅与本子码的 k 个信息码元有关联，而且还与前面 $m=N-1$ 个子码的信息元有密切关联。卷积码常用符号(n,k,N)表示。通常将 N 称为编码的束度，并将 nN 称为约束长度，其编码效率为 $R=\dfrac{k}{n}$。

这种编码方式同样是把 k 个信息比特编成 n 个比特，但 k 和 n 通常较小，特别适合于以串行形式传输信息，减小了编码延时。

卷积码编码器的一般电路结构（原理框图）及一般形式如图 3-20 所示。编码器由三种主要单元电路组成，分别是 Nk 级移位寄存器、n 个“模 2”加法器和一个旋转开关。

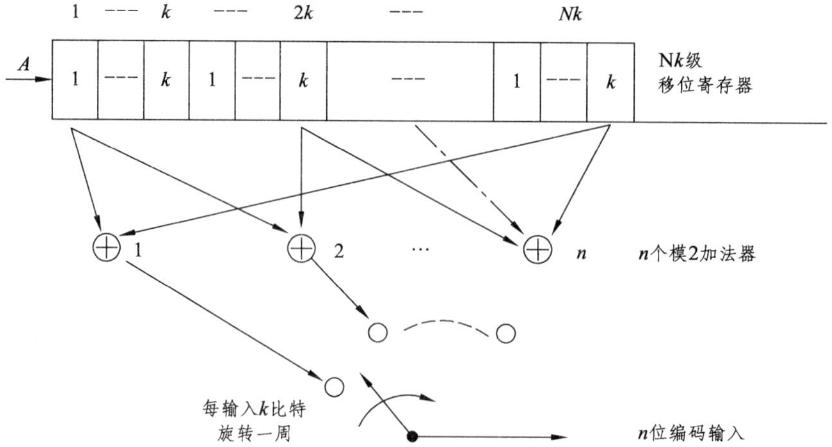

图 3-20 卷积码编码器原理框图

3.2.6.2　卷积码的编码原理

下面以图 3-21 所示的(2,1,3)卷积码为例，说明卷积码的一般编码过程。图 3-21 所示由一组 3 位移位寄存器 m_1、m_2、m_3 及 2 个模 2 加法器和有 2 个触点的转换开关组成。

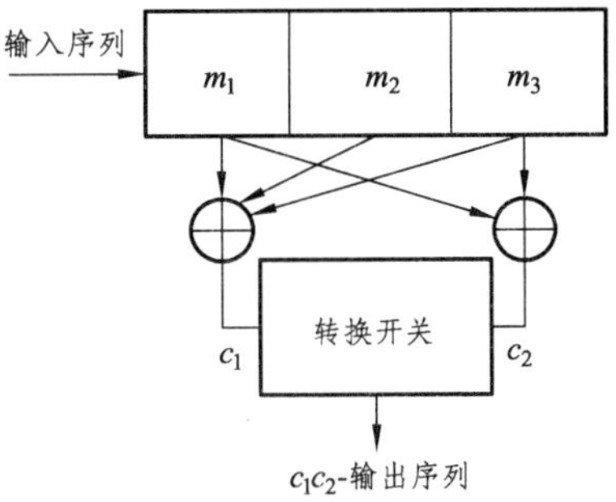

图 3-21　(2,1,3)卷积码编码器原理图

对图 3-21 约定：编码器中的 m_1 称为"输入比特"，m_2m_3 称为"状态比特"，表示存储的以前的信息，c_1c_2 称为"输出比特"。

编码前使各个移位寄存器清零（即 $m_1m_2m_3 = 000$），如图 3-22（a）所示。信息码元按顺序 $a_1a_2\cdots a_j\cdots$ 依次先输入 a_1 到编码器，再输入 a_2，…，a_j，…。每输入一个信息码元 a_j，转换开关依次接到每个触点一次，编码器每输入一个信息码元，则编码器输出一个子码 c_1c_2。子码中的 2 个码元与输入信息码元的关系为

$$c_1 = m_1 \oplus m_2 \oplus m_3 \qquad c_2 = m_1 \oplus m_3 \tag{3-30}$$

当第一个输入码元为"1"，即 $m_1 = 1$，$m_2m_3 = 00$，依据上面的 c_1 和 c_2 表示式可得输出 $c_1c_2 = 11$，如图 3-22（b）所示。接续输入码元为"0"，则 $m_1 = 0$，$m_2m_3 = 10$，同理可得 $c_1c_2 = 10$，如图 3-22（c）所示。再接续依次输入"1"和"1"，其过程与结果如图 3-22（d）和 3-22（e）所示。以此类推，为保证输入信息【1011...】都能够通过移位寄存器，还必须在信息位输入完后再输入 3 个 0（即在信息位后添加 3 个 0）。

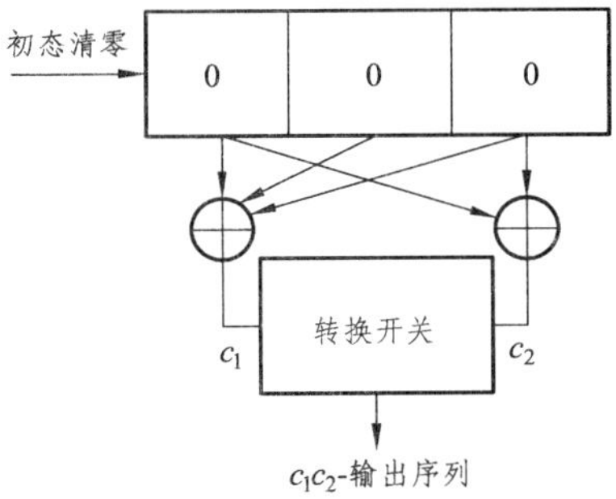

（a）(2,1,3)卷积码"清零"

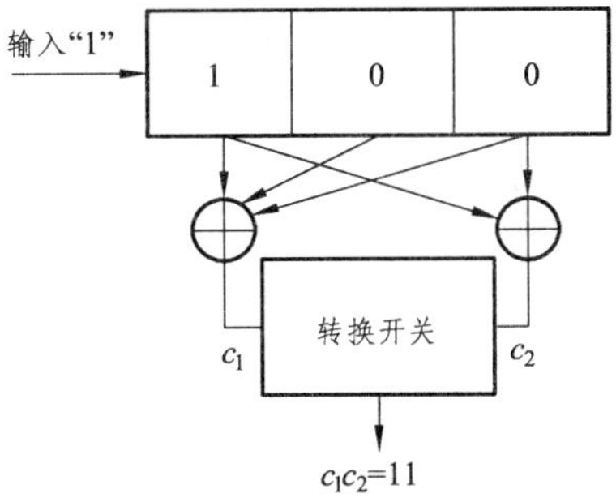

（b）(2,1,3)卷积码输入"1"

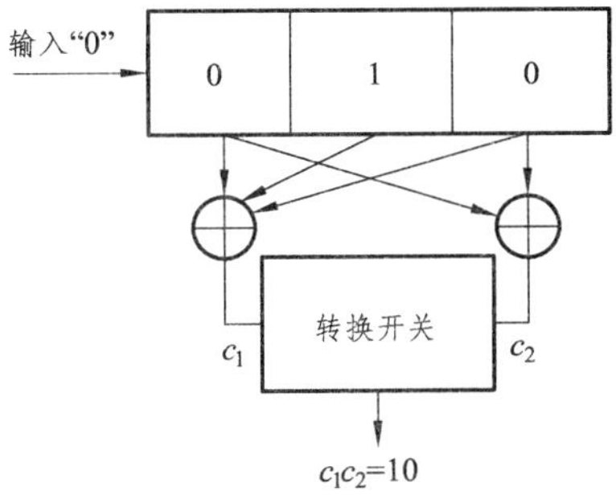

（c）(2,1,3)卷积码输入"0"

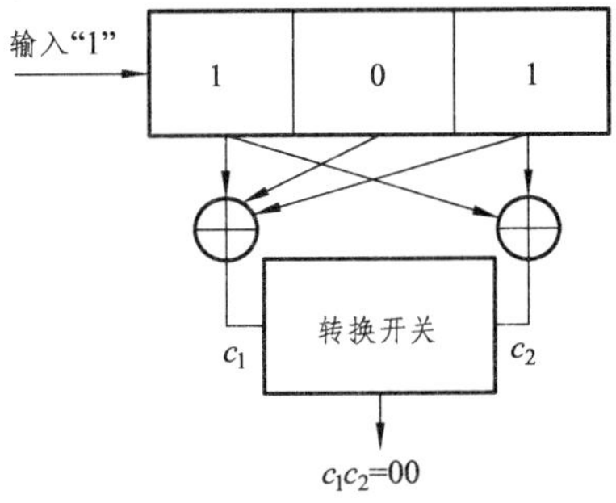

（d）(2,1,3)卷积码输入"1"

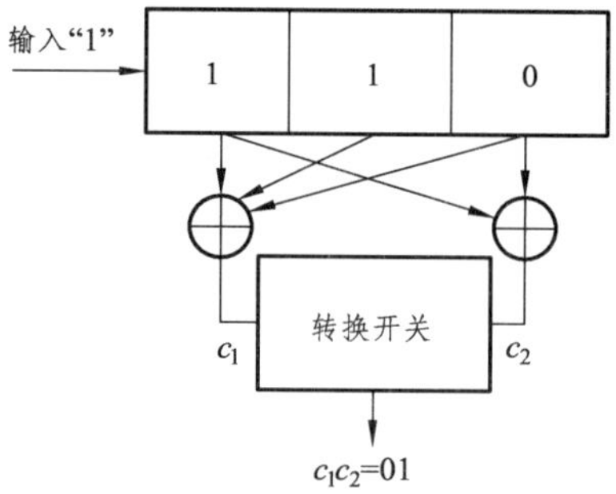

（e）(2,1,3)卷积码输入“1”

图 3-22 卷积码编码过程

将上述编码过程列成表格形式，如表 3-14 所示，表中列出了编码器的状态变化过程。设表中输入信息为【1011001】，状态约定：状态 a 为 $m_3m_2 = 00$、状态 b 为 $m_3m_2 = 01$、状态 c 为 $m_3m_2 = 10$ 和状态 d 为 $m_3m_2 = 11$。其中，状态又可分现态和次态，现态是指在输入新的码元序列前，m_3m_2 已具有的状态；次态是指下一个子码的信息进入移位寄存器后的状态。输入顺序中的“7、8、9”3 个 0 是在信息码后增加的。

由表 3-14 可直观得到：输入信息序列【1011001】经过图 3-21 所示（2，1，3）卷积码编码器的输出序列为表中第 4 行，即【11100001011111101100】。

描述卷积码的方法有两类，也就是图解表示和解析表示。解析表示较为抽象难懂，而用图解表示法来描述卷积码简单明了。限于篇幅，这里就不讨论了。

表 3-14 (2,1,3)卷积码编码器的状态变化过程

输入顺序	1	2	3	4	5	6	7	**8**	**9**	**10**
m_1	1	0	1	1	0	0	1	**0**	**0**	**0**
m_3m_2	00	01	10	01	11	10	00	01	10	00
c_1c_2	11	10	00	01	01	11	11	01	11	00
现态	a	b	c	b	d	c	a	b	c	a
次态	b	c	b	d	c	a	b	c	a	a

卷积码的译码方法可分为代数译码和概率译码两大类。代数译码方法完全基于它的代数结构，也就是利用生成矩阵和监督矩阵来译码，在代数译码中最主要的方法就是大数逻辑译码。概率译码比较常用的有两种：一种叫序列译码，另一种叫维特比译码法。虽然代数译码所要求的设备简单，运算量小，但其译码性能要比概率译码差许多。因此，在数字通信的前向纠错中广泛使用的是概率译码法。

本章小结

本章主要讨论了信源编码和信道编码两大内容。

脉冲编码调制（PCM）对模拟信号的处理具体包括抽样、量化和编码三个步骤。它的功能是完成模/数变换，实现模拟信号的数字化。PCM 通信系统由三部分组成：① 发送端的模/数变换（A/D），它包括抽样、量化、编码；② 信道；③ 接收端的数/模变换（D/A），它包括解码和低通滤波器。

抽样是将幅度和时间连续的模拟信号变成时间离散幅度连续的样值序列。对于频率受限于 f_H 的低通信号的抽样频率应为 $f_s \geq 2f_H$。

量化是把模拟信号样值变换到最接近的量化电平的过程，它将幅度连续信号变换成幅度离散信号。量化分为均匀量化和非均匀量化。均匀量化是指大、小信号的量化间隔相等。它的缺点是在量化级数大小适当时，小信号的量化信噪比太小，不易满足要求；而大信号的量化信噪比较大，可能远远超过要求。解决这个问题的办法是采用非均匀量化。非均匀量化的特点是：小信号的量化间隔小，大信号的量化间隔大。非均匀量化是在量化级数 M 不变的前提下，利用适当降低大信号的量化信噪比来提高小信号的量化信噪比，使大、小信号的量化信噪比都满足要求。

编码是用二进制码元来表示有限个量化电平。常用的二进制码型主要有自然二进制码和折叠二进制码。

A 律 13 折线是 A 律压缩特性的近似曲线，此时 $A = 87.6$。A 律 13 折线编码器是一种直接非均匀编码法，它通过非均匀量化间隔的划分，直接对瞬时样值进行折叠二进制码的编码。为了满足通信质量的要求，二进制编码位数 $k = 8$，其中 C_1 为极性码，$C_2 \sim C_4$ 为段落码，$C_5 \sim C_8$ 为段内码。

PCM 系统的二进制码元速率为 $R_B = \log_2 M \cdot f_s = kf_s$ 波特，其中 M 为对抽样值进行量化的量化级数，$k = \log_2 M$ 表示每个抽样值编码的二进制码元位数。

增量调制简称为ΔM，它是继 PCM 之后出现的又一种模拟信号数字化的方法。其目的在于简化模拟信号的数字化方法。在比特率较低时，增量调制的量化信噪比高于 PCM 的量化信噪比，增量调制的抗误码性能也较好。

增量调制是用一位二进制代码表示模拟信号前后两个抽样值的差别（增加还是减少），而不是代表抽样值本身的大小。

差错控制编码的基本思想是在发送端根据一定的规律在待发送的信息码元中加入监督码元，接收端就可以利用监督码元与信息码元之间的关系来发现或纠正错误。其实质就是通过牺牲有效性来换取可靠性的提高。最小码距 $d_{0\min}$ 与编码效率 R 是编码的两个最主要的参数，差错控制编码的任务就是构造出 R 一定且 $d_{0\min}$ 尽可能大的码，或 $d_{0\min}$ 一定且 R 尽可能大的码。

常用的差错控制方法有 ARQ、FEC、HEC 和 IRQ 4 种方式。

按照信道特性和设计的码字类型进行划分，差错控制编码可分为纠独立随机差错码、纠突发差错码和混合差错码。按码字的功能分类，有检错码和纠错码。按监督码元与信息码元之间的关系分类，有线性码和非线性码。按照对信息码元和监督码元的约束关系不同分类，有分组码和卷积码。按照信息码元在编码后是否保持原来的形式不变，可划分为系统码和非系统码。

纠错能力与最小码距之间的关系：

（1）为了检测 e 个错码，则要求最小码距 $d_{0\min} \geq e + 1$。

（2）为了纠正 t 个错码，则要求最小码距 $d_{0\min} \geq 2t + 1$。

（3）为了纠正 t 个错码，同时能够检测 $e(e>t)$个错码，要求最小码距 $d_{0\min} \geq e + t + 1$。

奇偶监督码是在原信息码后面附加一个监督码元，使得码组中“1”的个数是奇数或偶数。奇偶监督码只能发现奇数个错误，而不能检测出偶数个错误，无纠错能力。

二维奇偶监督码又称方阵码、行列监督码，它是在奇偶监督码的基础上形成的。二维奇偶监督码除了能检出所有行和列中的奇数个错误以外，还能检测出大多数偶数个错误，同时对检测突发错误也有一定的适应能力。

线性码是指监督码元与信息码元之间的关系是线性关系，即它们的关系可用一组线性代数方程联系起来。线性码可分为分组码和卷积码。所谓分组码是指把信源输出的信息序列以 k 位为一组，然后由这 k 个码元按照一定的规则产生 r 个监督码元，从而组成长度为 $n=k+r$ 的码字。一般用符号 (n,k) 表示。

卷积码是指把信源输出的信息序列以 k 个信息码元为一组，通过编码器输出长度为 n（$n \geqslant k$）码字，$n-k$ 个监督码元不仅与本组的信息码元有关，而且与其前 $m=N-1$ 组的信息码元有关，一般用符号 (n,k,N) 表示。

第 3 章习题

3.1 填空题

1. 信源编码是把______________________________________。

2. 在发送端进行波形编码时，通过__________、____________和________________三个基本过程可把模拟信号变换为二进制数码。

3. 设信号的频率范围为 $f_L \sim f_H$，带宽 $B=f_H-f_L$，若_____________则称这种信号为低通信号；若______________则称这种信号为带通信号。

4. 在实际应用中，对语音信号的抽样频率取值是_____________。

5. 对于非均匀量化，数字系统中常采用两种压扩特性是：____________和______________。

6. 在 A 律 PCM 编码常用 8 位非线性编码，其码位安排是：$C_1C_2C_3C_4C_5C_6C_7C_8$；其中：极性码是________、段落码是_____________、段内码是_____________。

7. 在 A 律 13 折线 PCM 编码中，第③段落的起始电平是______Δ、第⑤段落内的量化间隔 $\Delta_5=$________Δ。

8. 差错控制常用的四种方式是____________、____________、____________和____________。

9. 差错控制编码是通过对传输信息加入______________的方式来达到差错控制的目的，从而提高通信系统的可靠性。

10. 具有检测差错能力的编码称为_________________________，具有纠正差错能力的编码称为___________________。

11. 码字 0101110 的码长为______，码重 $W=$__________。

12. 码距是指____。

13. 若信息码元为 100101，则奇监督码位 a_0 为_______，偶监督码位 a_0 为______。

14. 线性分码组（63,28）的编码效率 $R=$___________，卷积码（3,1,5）的编码效率 $R=$___________。

15. 循环码是一种线性分组码，其前 k 位称为_________位，后 r 位称为______位，它除了具有线性分组码的一般性质外，还具有__________性。

16. 卷积码的监督码元不仅和当前的 k bit 信息段有关，而且还同前面的 $m=$ _______有关。

3.2　分析与计算题

1. 设有一输入信号抽样值分别为+635Δ、-98Δ，分别求：

（1）A 律 PCM 编码；（2）编码误差；（3）量化误差。

2. 求下列二元码字之间的汉明距离：

（1）01110，11100；（2）010101，101001。

3. 已知两码组为（00000）和（11111），试求：

（1）若该码组用于检错，能检出几位错误？

（2）若该码组用于纠错，能纠正几位错误？

（3）若该码组同时用于检错和纠错，问各能检、纠几位错码？

4. 已知一（2,1,3）卷积码编码器的输出 C_1C_2 与移位寄存器 m_1、m_2 和 m_3 的关系为：

$$C_1 = m_1 \oplus m_2\,,\quad C_2 = m_1 \oplus m_2 \oplus m_3$$

若输入信息码元序列为 100110001，试求输出码 C_1C_2 序列（假设编码前移位寄存器清零）。

第 4 章 数字信号的基带传输

4.1 概 述

前面介绍的 PCM 和 ΔM 方式所得到的信号称为数字基带信号。它的特点是频谱基本上是从零开始一直扩展到很宽。这种信号不经过频谱搬移，只经过简单的频谱变换（例如形成升余弦、去掉直流分量等）就进行传输的方式，称为数字信号基带传输。还有一种传输方式，是将数字基带信号经过调制器进行调制使其成为数字频带信号后再进行传输，接收端通过相应解调器进行解调，这种经过调制和解调装置的数字信号传输方式称为信号的频带传输。

目前，基带传输系统没有频带传输系统应用广泛，然而对基带传输进行研究仍十分必要，这不仅因为基带传输本身是一种重要的传输方式，还因为频带传输与之有着紧密的联系。

为何要研究基带传输？

（1）基带信号能在双绞线、电缆或其他信道上直接传输。数字基带传输有许多应用场合，如局域网、电话等都是直接利用基带传输的。

（2）数字频带传输系统一般也是先把数字序列调制成基带信号，然后再用载波调制到与信道相匹配的通带上进行传输。

数字基带传输是数字通信的基础，若把调制和解调过程看作广义信道的一部分，则任何数字传输均可等效为基带传输系统。基于上述原因，本章将研究基带传输的基本原理、方法和传输性能。

4.2 数字基带信号及其码型

4.2.1 二进制数字信号的波形表示

数字通信系统的根本任务是传输数字信号。一般来说，数字信息的来源有两个：一是模拟信号（如话音、图像等）经过 A/D 变换（PCM 等）后的数字化信号；二是来自计算机、电传机、发报机的信号。数字信息通常可以表示成一个数字序列：$\cdots a_{-2}\ a_{-1}\ a_0\ a_1\ a_2 \cdots a_n$

简记为$\{a_n\}$。其中：a_n是数字序列的基本单元，称为码元。

a_n的取值有二值（二元码/二进制码）和多值（多元码/多进制码）两种情况。

每个码元只能取离散的有限个值，但这些数字信息没有任何的物理意义，只不过是用来表示信息的一些抽象的数值。因此，需要有明确物理意义的波形来表示或者“携带”这些数字信息。通常用电脉冲表示二进制数字信息，以便于在基带信道传输。电脉冲的形式称为码型。通常把数字信息的电脉冲表示过程称为码型编码或码型变换。

图 4-1 所示给出了一种 PCM 序列的脉冲波形表示。

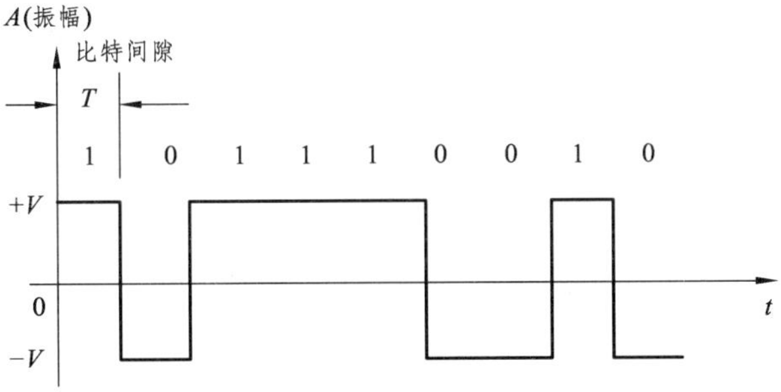

图 4-1　PCM 序列的脉冲波形

4.2.2　数字基带信号码型选择要求

在实际基带传输系统中，并非所有原始基带信号都能在信道中传输。例如，有的信号含有丰富的直流和低频成分，不便于提取同步信号，有的信号易于形成码间串扰等。因此，基带传输系统首先面临的问题是选择什么样的信号形式，包括确定码元脉冲的波形及码元序列的格式（码型）。为了在传输信道中获得优良的传输特性，一般要将信码信号变换为适合于信道传输特性的传输码（又叫作线路码），即进行适当的码型变换。

对数字基带信号码型选择的要求：

（1）相应的基带信号应不含直流分量，且低频分量应尽量少。

（2）便于从信号中提取定时信息。

（3）信号中高频分量尽量少，以节省传输频带并减少码间串扰。

（4）不受信息源统计特性的影响，即能适应信息源的变化。

（5）具有内在的检错能力，传输码型应具有一定的规律性，以便利用这一规律进行宏观监测。

（6）编译码设备要尽可能简单。

满足或部分满足以上特性的传输码型种类繁多，这里介绍常见的几种码型。

4.2.3　数字基带信号的常用码型

4.2.3.1　基本的二元码

1. 单极性不归零（NRZ）码

NRZ 码属于最简单、最基本的二元码，它只使用一个电压值表示数字信号。即在此方式中，“1”和“0”分别对应正电平和零电平。在表示一个码元时，电压均无需回到零，故称不归零码，如图 4-2 所示。其优点是简单高效，实现廉价。但单极性 NRZ 码常常不含有定时信息，尤其是出现连“0”或连“1”的码型时，会失去定时信息，不利于同步信息提取。其次是当出现连续的长“0”或长“1”的码型时，传输信号会出现直流，不利于接收端的判决工作。由于单极性不归零码的上述缺点，在数字基带的传输中很少采用这种码型，它只适合极短距离传输。

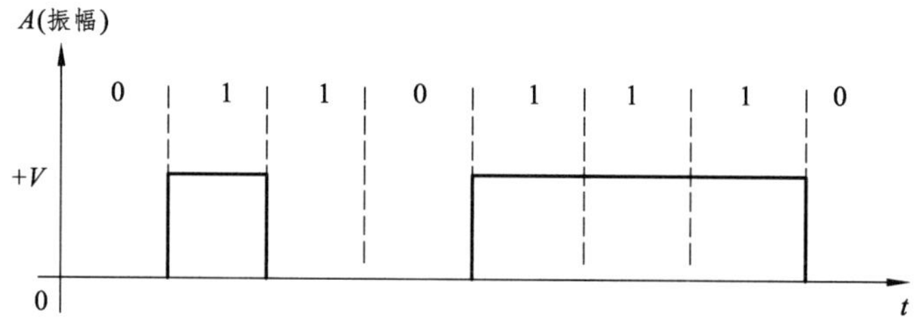

图 4-2 单极性不归零码

2. 双极性不归零（NRZ）码

编码规律：对于“1”，用$+V$（或$-V$）电平传输；对于“0”，用$-V$（或$+V$）电平传输，如图 4-3 所示。双极性不归零码有以下特点：

（1）从统计平均角度来看，“1”和“0”数目各占一半时，无直流分量，但当“1”和“0”出现概率不相等时，仍有直流。

（2）接收端判决门限为 0，容易设置并且稳定，因此抗干扰能力强。

其优点是信号传输带宽窄，可以在电缆等无接地的传输线上传输，也可以用于数字调制器。

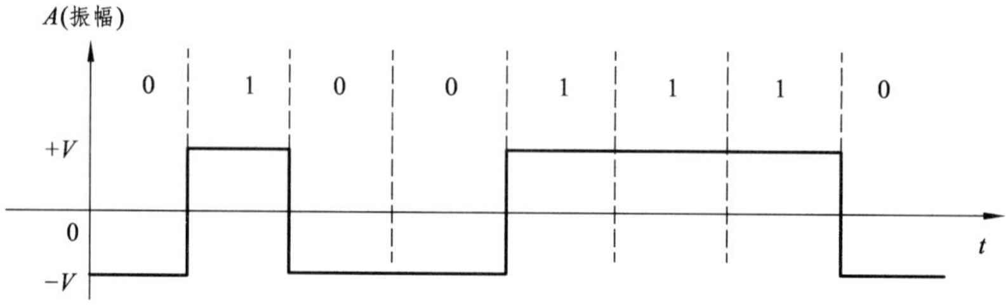

图 4-3 双极性不归零码

3. 单极性归零（RZ）码

在传送“1”码时，用一个正脉冲或负脉冲表示，其脉冲的宽度比每次传输周期要短，即每个脉冲都要提前回到零电位。对于“0”码则不对应脉冲，仍按 0 电平传输，如图 4-4 所示。从图中还可以看出，单极性归零码（RZ）的脉冲宽度 τ 小于码元宽度 T_s，即占空比 τ/t_s 小于 1，通常占空比取 50%。这样归零码中含有位定时信息。但是长“0”信号仍无法提取时钟信号。

4. 双极性归零（RZ）码

双极性归零码构成原理与单极性归零码相同，如图 4-5 所示。其编码规律为：对于数据“1”，用$+V$（或$-V$）电平传输；对于数据“0”，用$-V$（或$+V$）电平传输。且相应脉冲宽度都比每个数据所需传输周期要短，相邻脉冲间必有零电平区域存在。这种编码有利于传输同步信号。

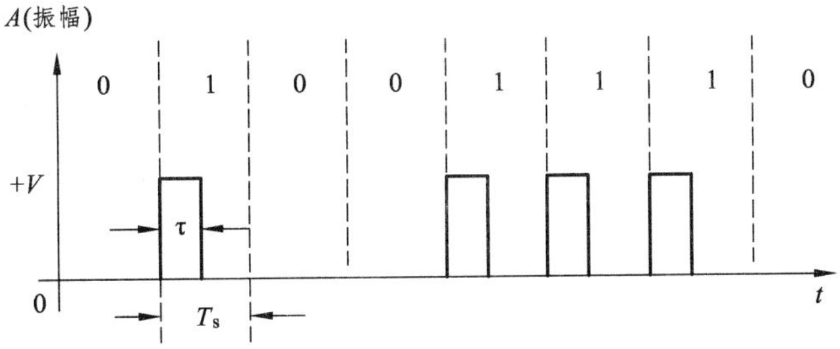

图 4-4　单极性归零码

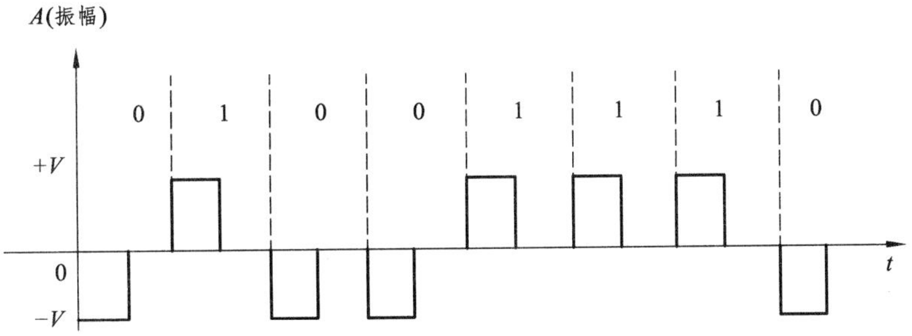

图 4-5　双极性归零码

上述 4 种码型是二元码中最简单的。在它们的功率谱当中有着丰富的低频分量，有些码甚至有直流分量，显然不能在有交流耦合的传输信道中传输。不归零码常常不含有定时信息。当信息中包含长串的连续“1”或“0”时，不归零码呈现出连续的固定电平。由于信号中不出现跳变，因而无法提取定时信息。单极性归零码在传送连“0”时，存在同样的问题。此外，相邻信号之间取值独立，不具有检错能力。由于信道频带受限并且存在其他干扰，经信道传输后基带信号波形会产生畸变，从而导致接收端错误地恢复原始信息。在上述二元码信息中，每个“1”与“0”分别独立地对应某个传输电平，相邻信号之间不存在任何制约，从而使这些基带信号不具有检测错误信号状态的能力。由于上述四种码型是用基本信号码元的电平直接表示数字信息，即传输的“0”和“1”码与脉冲电平之间有一一对应的关系。所以也称之为绝对码。它们常用于机内和近距离传输的场合。

5. *差分码（相对码）*

在电报通信中，常把“1”称为传号（mark），把“0”称为空号（space）。在差分码中，“1”和“0”分别用电平的跳变或不变来表示。若用电平跳变表示“1”，称为传号差分码，记作 NRZ（M）；若用电平跳变表示“0”，称为空号差分码，记作 NRZ（S）。

差分码并未解决简单二元码存在的问题，但这种码型与信息“1”和“0”不是绝对的对应关系，而只是相对关系。因此它可以用来解决相移键控信号解调时相位模糊的问题。由于差分码是用基带信号码元的电平相对前一码元的电平有无变化来表示数字信息的，即传输的“0”和“1”码与脉冲本身的电平之间没有一一对应的关系，所以又称为相对码，其波形如图 4-6 所示。从图中可以看出，空号差分码的电平变化规律与传号差分码相反。在后续分析中若无特殊说明，差分码即为传号差分码。

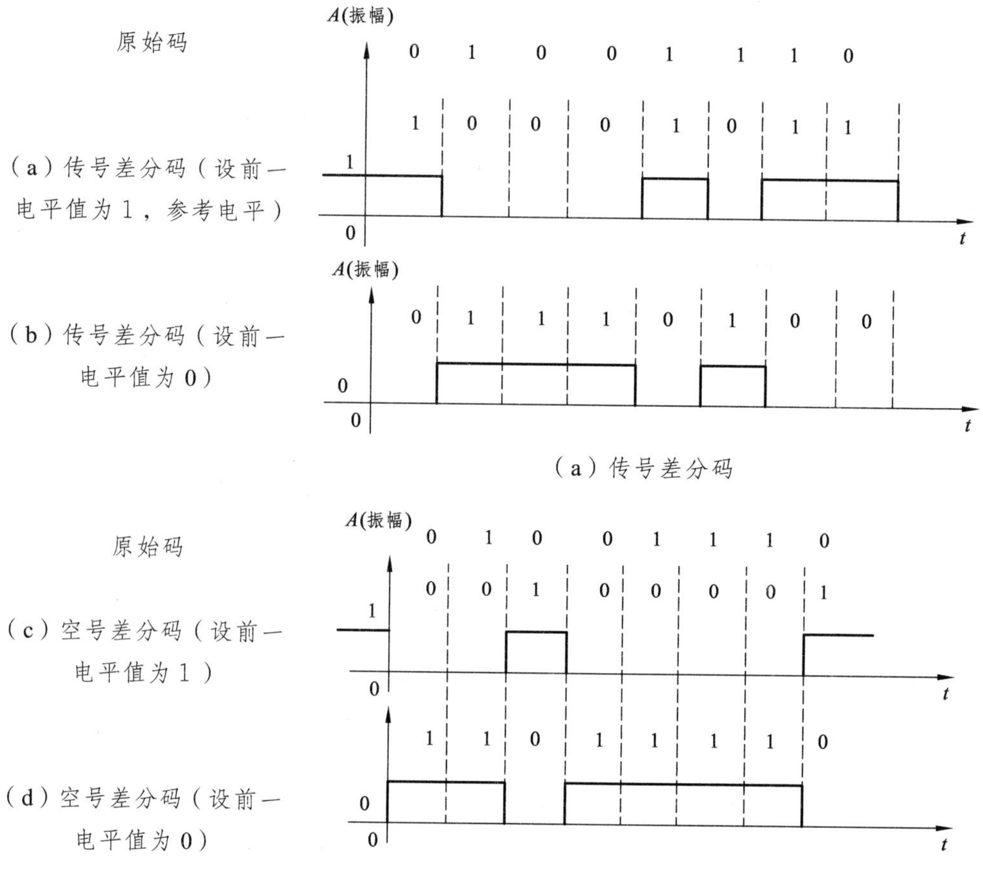

（a）传号差分码

（b）空号差分码

图 4-6 差分码

数字基带信号的绝对码和相对码是可以互相转换的，实现的方法就是使用模二加法器和延迟器（延迟一个码元宽度 T_s）。其中，把绝对码变成相对码的方法称其为差分编码器，实现的功能是：$b_n = a_n \oplus b_{n-1}$（mod2）；（$n-1$ 表示 n 的前一个码），而把相对码变为绝对码的方法称为差分译码器，完成的功能是：$a_n = b_n \oplus b_{n-1}$（mod2）。

4.2.3.2 1B/2B 码

码型变换器可以将 1 位二进制码变为 2 位二进制码，这种码型变换器输出的码型称为 1B/2B 码。曼彻斯特（Manchester）码、传号反转（CMI－Coded Mark Inversion）码以及密勒（Miller）码是常用的 1B/2B 码。

1．曼彻斯特码

曼彻斯特码又称为分相码或数字双相码。其编码规则为：对于信息“1”用前半周期为－V（或+V），后半周期为+V（或－V）来表示；对于信息“0”用前半周期为+V（或－V），后半周期为－V（或+V）来表示，如图 4-7 所示。这种做法的目的是通过传输每位信息中间的跳变方向表示传输信息，与前几种编码方式相比有以下特点：

（1）每传输一位信息都对应一次跳变，这有利于同步信号的提取。

（2）对于每一位信息，其+V或－V电平占用的时间相同，因此直流分量保持恒定不变，有利于接收端判决电路的工作。

（3）信息编码后脉冲频率为信息传输速率的 2 倍。

应用场合：曼彻斯特码适用于数据终端设备在中速短距离上传输，如以太网采用曼彻斯特码作为线路传输码。

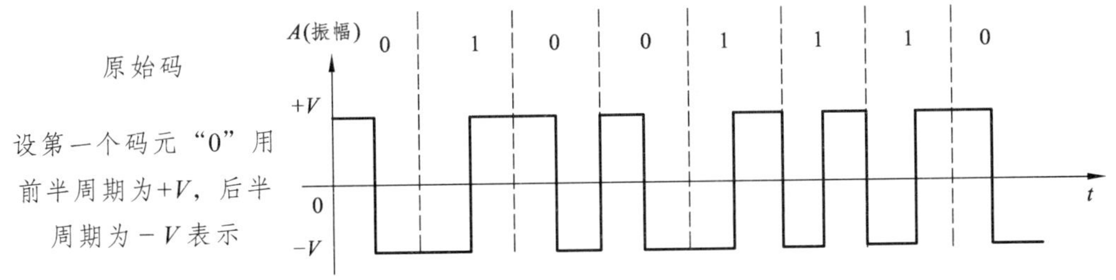

图 4-7　曼彻斯特码

2. 传号反转（CMI）码

CMI 码与曼彻斯特码类似，它也是一种双极性二电平码。CMI 码编码规则是：“1”交替地用“00”和“11”两位码表示；“0”固定地用“01”表示。图 4-8 给出了 CMI 码的编码码型和波形。

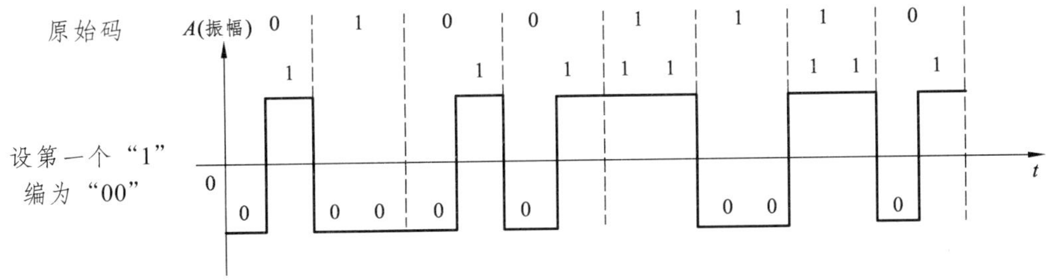

图 **4-8**　**CMI** 码

传号反转码的优点：

（1）没有直流分量。

（2）频繁出现跳变波形，便于提取定时信息。

（3）具有误码监测能力。

由于 CMI 码具有上述优点，再加上编、译码简单，容易实现，因此在高次群脉冲编码调制终端设备中广泛被用作接口码型，在速率低于 8448 kb/s 的光纤数字传输系统中也被建议用作线路码型。国际电信联盟（ITU）的 G-703 建议中规定 CMI 码为 PCM 四次群的接口码型。

3. 密勒（Miller）码

密勒码又称为延迟调制码，它是曼彻斯特码的一种变形。密勒码的编码规则是：“1”用跳变码元表示，即用“10”或“01”表示。“0”有两种情况：① 单个“0”时在码元期间内不出现电平跳变，而且在与相邻码元的边界也不跳变；② 出现连“0”时，在两个“0”的边界出现电平跳变，即“00”与“11”交替。图 4-9 给出了密勒码的编码码型和波形。

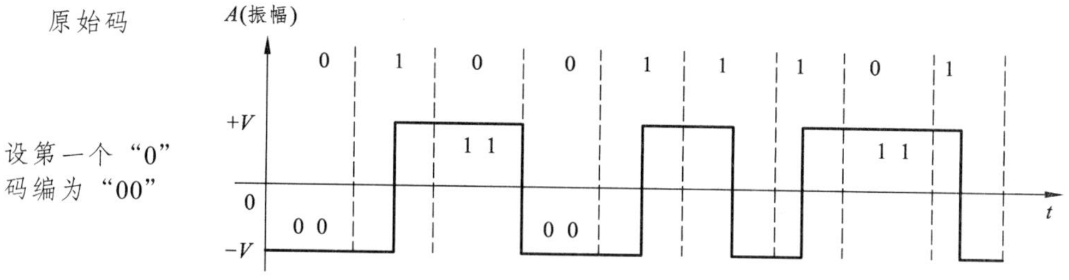

图 4-9 密勒码

密勒码的特点：当原始码出现两个“1”之间有一个“0”时，则在第一个“1”的码元中心与第二个“1”的码元中心之间无电平跳变，此时密勒码中出现两个码元周期，也就是说不会出现多于4个连码的情况，即连“0”或连“1”的个数不超过4个（两个码元周期），这个性质可用于误码检测。使用场合：最初用于气象卫星和磁记录，现也用于低速基带数传机。

4.2.3.3 1B/1T 码

将输入的每位二进制码都被变换成一个三电平取值（+1、0、－1）的码，属于三电平码，有时把这类码称为1B/1T码。交替双极性（AMI）码和三阶高密度（HDB_3）码是常用的1B/1T码。

1. 交替双极性（AMI）码

AMI（Alternative Mark Inversion）码是交替双极性码。这种码的名称较多，如双极方式码、平衡对称码、信号交替反转码等。交替双极性码的编码规则为：“1”码顺序交替地用+V和－V表示；“0”码仍变换为零电平，如图4-10所示。

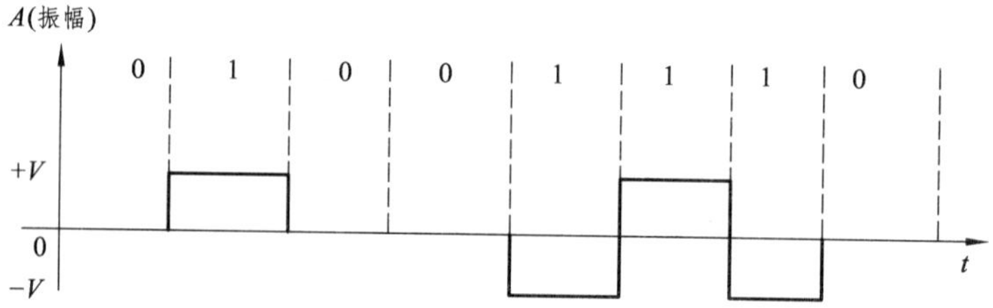

图 4-10 交替双极性（AMI）码

AMI码的特点：

（1）容易出现连“0”，不利于提取同步定时信号。

（2）无直流分量，有利于在不允许直流和低频信号通过的介质和信道中传输，有利于接收端判决电路工作。

（3）由于“1”对应的传输码电平正负交替出现，有利于误码的观察。

AMI码是脉冲编码调制（PCM）基带线路中常用的码型。

2. 三阶高密度码（HDB_3）

HDB_3码的全称是三阶高密度双极性码，可以看成是交替双极性码的一种改进码型。使用HDB_3码是为了解决原信息码中出现一连串长零时所带来的问题。前述AMI码有一个重要的缺点，即连“0”码过多时提取定时信号困难。这是因为在连0时AMI输出均为0电平，连“0”码这段时间内无法提取同步信号，而前面非连“0”码时提取的位同步信号又不能保持足够的时间。为了克服这一弊病可采取几种不同的措施。例如：将发送序列先经过一扰码器，将输入的码序列按一定规律进行扰乱，使得输出码序列不再出现长串的连 0 或连 1 等规律序列，在接收端通过去扰恢复原始的发送码序列。还有一种广泛为人们接受的解决办法是采用高密度双极性码。HDB_3码就是一系列高密度双极性码（HDB_1、HDB_2、HDB_3等）中最重要的一种。

1）HDB_3码的编码原理

先把消息变成 AMI 码，然后检查 AMI 的连“0”情况，当无 3 个以上连“0”串时，则这时所编的 AMI 码就是HDB_3码。当出现 4 个或 4 个以上连“0”情况时，则将每 4 个连“0”小段的第 4 个“0”变换成“1”码（这个由“0”码改变来的“1”码称为破坏脉冲)，用符号 V 表示，而原来的二进制码元序列中的所有“1”码称为信码，用符号 B 表示。图 4-11 中的（a)、(b)、(c）分别表示一个二进制码元序列、相应的 AMI 码、信码 B 和破坏脉冲 V 的位置。当信码序列中加入破坏脉冲后，信码 B 和破坏脉冲 V 的正负必须满足以下两个条件。

（1）B 码和 V 码各自都应始终保持极性交替变化的规律，以便确保编好的码中没有直流成分。

（2）V 码必须与前一个非零码同极性，以便和正常的 AMI 码区分开来。如果这个条件得不到满足，那么应该在 4 个连“0”码的第一个“0”码位置上加一个与 V 码同极性的补信码，用符号 B′表示。此时 B 码和补信码 B′合起来保持条件（1）中信码极性交替的规律。

(a)	1	0	1	1	0	0	0	0	0	0	0	1	1	0	0	0	0	0	0	1
(b)	+1	0	−1	+1	0	0	0	0	0	0	0	−1	+1	0	0	0	0	0	0	−1
(c)	B	0	B	B	0	0	0	V	0	0	0	B	B	0	0	0	V	0	0	B
(d)	B+	0	B−	B+	0	0	0	V+	0	0	0	B−	B+	B'−	0	0	V−	0	0	B+
(e)	+1	0	−1	+1	0	0	0	+1	0	0	0	−1	+1	−1	0	0	−1	0	0	+1

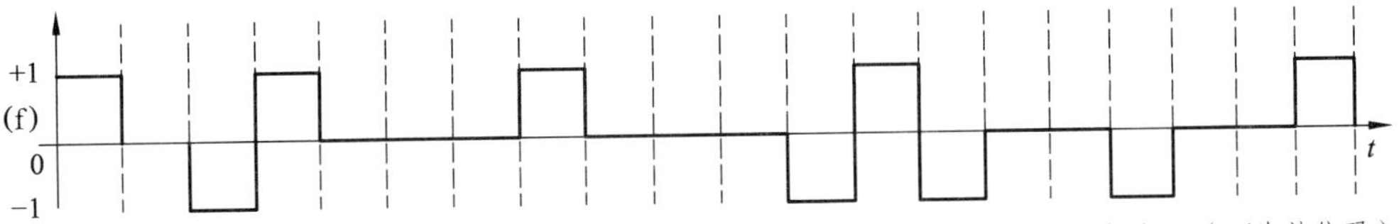

（a）代码；（b）交替双极性码（AMI 码）；（c）B 和 V（B 为信码；V 为破坏脉冲）；（d）B′（B′为补信码）；（e）3 阶高密度双极性码（HDB_3）；（f）HDB_3对应的波形。

图 4-11 HDB_3码编码过程

根据以上条件，我们再来看图 4-11 中所举的例子。我们任意假设第一个信码 B 为正脉冲，用 B_+表示，它前面一个破坏脉冲 V 为负脉冲，用 V_-表示。这样根据上面两个条件可以得出 B 码、B′码和 V 码的位置以及它们的极性，如图 4-11（d）所示。图 4-11（e）则给出了编好的HDB_3码。图中“+1”表示正脉冲；“－1”表示负脉冲，编好的HDB_3码波形如图（f）所示。

从图 4-11（d）中可以看到，V 码前面有的添加了补信码 B′，有的没有加。那么什么时候加补信码 B′，什么时候不加呢？经过研究可以得出一个简单的结论：当图 4-11（c）中的两个 V 码间的信码 B 的数目是偶数时，应该把后面的这个 V 码所表示的连“0”段中第一个“0”变为补信码 B′；反之，当两个 V 码间的信码 B 的数目是奇数时，就不要加补信码 B′了。

2）HDB_3码译码原理

从上述编码规则看出，每一个破坏脉冲 V 总是与前一非“0”脉冲同极性（包括 B 在内)。这就是说，从收到的符号序列中可以容易地找到破坏脉冲 V，于是也断定 V 符号及其前面的 3

个符号必是连“0”符号，从而恢复4个连“0”码，再将所有－1变成+1后便得到原消息代码。

HDB_3码的译码步骤：由两个相邻同极性码找到V码（破坏脉冲），同极性码中后面那个码就是V码。由V码向前的第三个码如果不是0码，表示它是补信码B′。把找出的V码和B′码去掉后留下的就全是信码。

HDB_3的优点是无直流成分，低频成分少，频带也比较窄，另外即使有长连“0”码时也能提取位同步信号（因HDB_3码能将连“0”码限制在3个以内，使得接收时保证定时信息的提取）。其缺点是编译码电路比较复杂，但HDB_3是用得最多的码型之一；它是ITU建议欧洲系列一、二、三群的接口码型。

4.2.4 数字基带信号的频谱特性

数字基带信号通常是一个随机的脉冲序列。若其各码元波形相同而电平取值不同，则数字基带信号可表示为

$$S(t)=\sum_{n=-\infty}^{\infty}a_n g(t-nT_s) \tag{4-1}$$

式中：a_n是第n个码元所对应的电平值（随机量）；T_s为码元持续时间；$g(t)$为某种脉冲波形。

在实际通信中，被传送的数字基带信号是收信者事先未知的，因此数字基带信号是随机的脉冲序列。由于随机信号不能用确定的时间函数表示，也就没有确定的频谱，因此只能从统计学的角度，用功率谱密度函数（简称功率谱）来描述它的频域特性。如图4-12所示，二进制随机脉冲序列的功率谱一般包含连续谱和离散谱两部分。

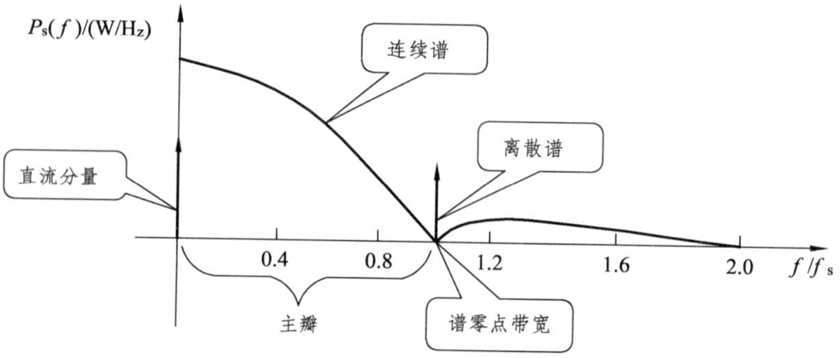

图4-12 数字基带信号功率谱

连续谱总是存在的，通过连续谱在功率上的分布，可以看出信号功率在频谱上的分布情况，从而确定传输数字信号的带宽。离散谱却不一定存在，它与脉冲波形及出现的概率有关。离散谱的存在与否，关系到能否从脉冲序列中直接提取定时信号。如果一个二进制随机脉冲序列的功率谱中没有离散谱，则要设法变换基带信号的码型，使功率谱中出现离散部分，以利于定时信号的提取。

图4-12所示的功率谱是一种典型的数字信号功率谱，其分布似花瓣状。功率谱第一个过零点之内的花瓣最大，称为主瓣。主瓣内集中了信号的绝大部分功率，所以主瓣的宽度可以作为信号的近似带宽。图4-12中的横坐标为f/f_s，其中，f_s为码元传输速率。

作为示例，图4-13画了单极性及双极性波形在等概率（$P=1/2$）条件下的功率谱密度。

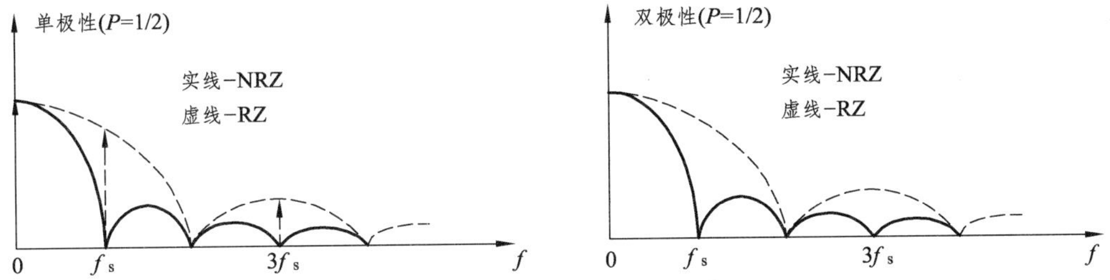

图 4-13　单极性及双极性波形功率谱

讨论：

（1）方波谱（第 1 个零点）带宽等于脉冲宽度的倒数 $1/\tau$。NRZ（$\tau = T_s$）信号带宽为 $B_S = 1/\tau = f_s$，其中 $f_s = 1/T_s$，是位定时信号的频谱，它在数值上与码速率 R_B 相等。

（2）单极性 NRZ 信号没有定时分量，只有直流分量；单极性 RZ 信号含有直流、f_s 以及 f_s 的奇次谐波项。等概率的双极性信号没有离散谱。

根据以上对基带信号功率谱分析，可知：

（1）单极性不归零波形占用频带窄，但是含有直流分量，难以直接在信道上传输，所以一般很少采用，只适合极短距离传输。

（2）单极性归零波形相比于单极性不归零波形，显著的优点是可以提取同步信号。

（3）双极性波形相比于单极性波形而言，由于从平均统计学看，“1”“0”码出现的概率相同，因此不含直流，且抗噪性能更好。其中双极性不归零码，常在 ITU 的 V 系列接口标准中使用，但由于不含谐波分量，因此，不能提取同步分量；双极性归零码除具有双极性不归零码的其他特点外，通过简单的变形，依然可以获取同步信号，因此，双极性归零码具有抗干扰能力强、不含直流分量、便于同步信号提取等特点，应用广泛。

4.3　数字基带传输与码间串扰

4.3.1　数字基带传输系统的基本组成

在上节中，我们介绍了基带信号的特点。下面我们将讨论基带信号的传输问题。首先介绍基带信号传输的基本过程，以及在传输过程中遇到的问题和解决的方法。数字基带传输系统的基本组成模型如图 4-14 所示，通常由码型编码器、发送滤波器、信道、接收滤波器、再生判决器以及码型译码器等组成。

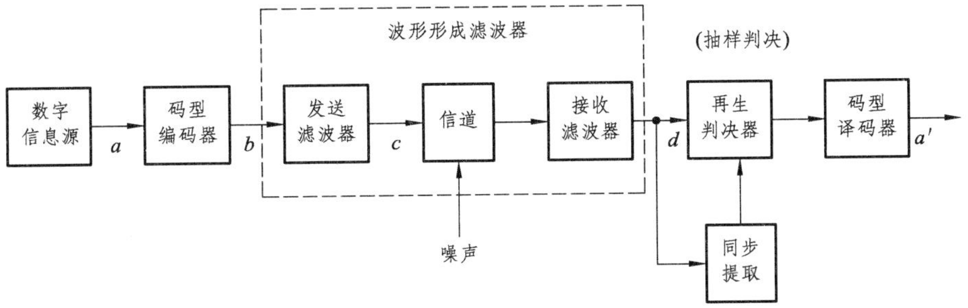

图 4-14　数字基带传输系统方框图

基带传输不需要调制，但要对数字信息源产生的基带信号进行码型编码和波形形成（波形形成在图中包括发送滤波器：信道和接收滤波器在内的虚线部分）。图中各方框的功能和信号传输的基本过程简述如下：

（1）码型编码（也称为码型变换或脉冲形成器）的输入是由计算机、电传机等终端设备发送过来的二进制数据或是经模数（A/D）转换后的二进制（也可是多进制）脉冲序列，它们一般是脉冲宽度为 T_b 的单极性码，根据上节对单极性的讨论的结果可知，它并不适合信道传输。因此，码型编码器的作用是将输入变换成为比较适合信道传送的码型并提供同步定时信息，使信号适合信道传输，保证收发双方同步工作。

（2）发送滤波器的作用是将输入的矩形脉冲变换成适合信道传输的波形。这是因为矩形波含有丰富的高频成分，若直接送入信道传输容易产生失真。

（3）信道是基带信号传输媒质（通常为有线信道，如电缆、架空明线等）信道既传送信号，同时又因存在噪声（通常认为是白噪声）和频率特性不理想等问题，对数字信号造成损害，使波形产生畸变，严重时还会产生误码。

（4）接收滤波器是为了减小信道特性不理想和噪声对信号传输的影响而设置的，其主要作用是滤除带外噪声，并对接收的波形进行均衡，以便抽样判决器正确判决。

（5）抽样判决器是对接收滤波器输出波形，在最佳时刻（由定时脉冲控制）进行抽样，然后对抽样值进行判决和再生，以恢复基带信号。

（6）同步提取电路的作用是从接收信号中提取用来抽样的定时脉冲。

（7）码型译码器的作用是将抽样判决器输出的信号还原成原始信码。

图 4-15 给出了数字基带传输系统各点波形，可以看出在传输过程中，第 4 个码元发生了误码。

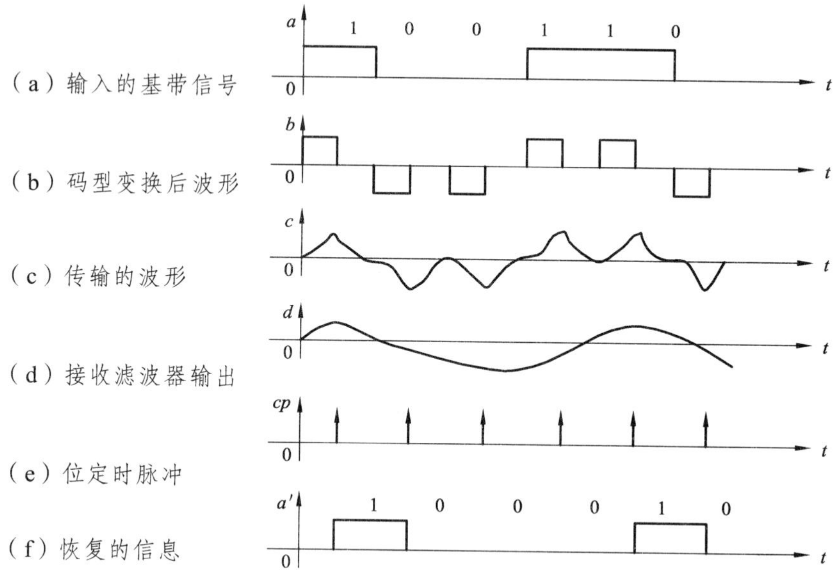

图 4-15 数字基带传输系统各点波形

前面已指出，误码的原因是信道加性噪声和频率特性不理想引起的波形畸变。其中频率特性不理想引起的波形畸变，使码元之间相互干扰，如图 4-16 所示。此时实际抽样判决值是本码元的值与几个邻近脉冲拖尾及加性噪声的叠加。

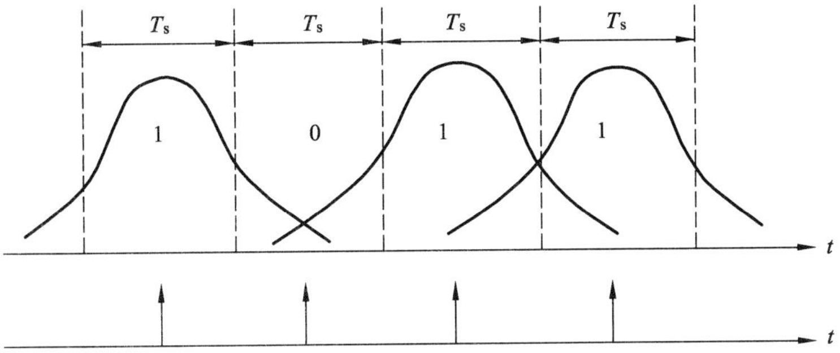

图 4-16　码间串扰示意图

这种脉冲拖尾重叠并在接收端造成判决困难的现象叫作码间串扰（也称码间干扰，Inter Symbol Interference，ISI）。下面将进行码间串扰的原因分析，从而得出无码间串扰的条件。

4.3.2　数字基带传输中的码间串扰

4.3.2.1　码间串扰的原因分析

前面提到，数字基带信号都是矩形脉冲波形，这样的信号在频域内是无限延伸的，而实际传输信道的频带是受限的，并且含有噪声。因此，基带信号通过这样的信道传输不可避免地会产生畸变。

在输入端：时域有限的信号，其对应的频域则是无限的；在输出端：由于信号经过一带限信道，则信号的频域变为有限，对应的时域则是无限的，如图 4-17 所示。但反之不一定成立，如白噪声。

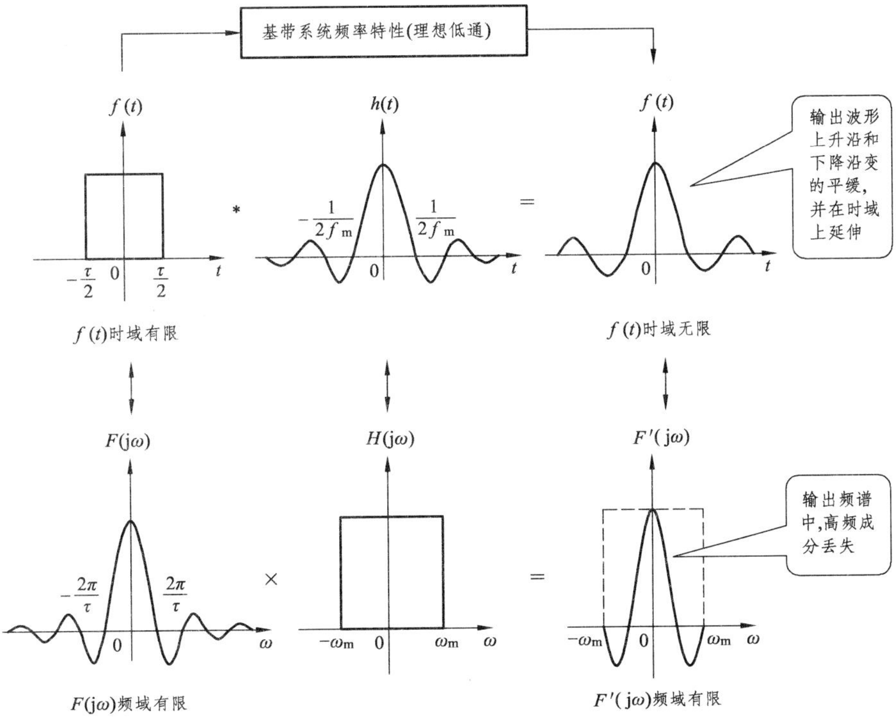

图 4-17　带限信道对矩形脉冲的影响

由以上分析可知：

（1）对任何信号，频域受限和时域受限不可能同时成立，因此信号经频域受限的系统后，其波形在时域上必定无限延伸。这样，前面的码元对后面的若干码元必然会产生影响，这种现象称为码间串扰（ISI）。

（2）信号在传输过程中还要叠加信道噪声，当噪声幅度过大时，将会引起接收端的判决错误。

结论：码间串扰和信道噪声是影响基带传输系统的两个主要因素。本节主要讨论在不考虑噪声的情况下，如何消除码间串扰。至于在无码间串扰的情况下，如何减小信道噪声的影响，请参考有关资料。

4.3.2.2 怎样才能做到无码间串扰

在数字信号的传输中，码元波形是按一定的时间间隔发送的，波形幅度携带信息。接收端经再生判决若能准确地恢复出幅度信息，则原始信息就能无误地传送。因此，只需要讨论特定的抽样值有无串扰，而波形是否在时间上延伸是无关紧要的。换句话说：即使经传输后的整个波形发生变化，但只要在特定时刻的抽样值能反映其携带的幅度信息即可，因为经抽样处理后仍能准确无误地恢复原始信息。

4.3.2.3 无码间串扰的时域条件和频域条件

1. 时域条件（即无码间串扰的定义）

根据以上分析可知，只要基带传输系统的冲激响应波形 $h(t)$仅在本码元的抽样时刻上有最大值，而对其他码元的抽样时刻信号值无影响，则在抽样点上不存在码间串扰。

$$h(kT_s)=\begin{cases}C, & k=0\\ 0, & k\neq 0\end{cases} \tag{4-2}$$

接收波形 $h(kT_s)$除了在 $t=0$（因为 $t=kT_s$）有抽样值外，在 $t=kT_s$ 其他抽样时刻抽样值都为 0，因而不会影响其他抽样值。当 $h(kT_s)$满足上述关系时，抽样值是无码间串扰的。$h(kT_s)$是 $h(t)$的特定值，而 $h(t)$则是基带系统形成的传输波形。

2. 频域条件（即无码间串扰的定义）

由无码间串扰的时域条件也可转换为如下频域条件：

$$\sum_{n=-\infty}^{\infty} H(f+nf_s)=\begin{cases}C, & |f|\leqslant f_s/2\\ 0, & 其他\end{cases} \tag{4-3}$$

或写成

$$\sum_{n=-\infty}^{\infty} H(\omega+n\omega_s)=\begin{cases}C, & |\omega|\leqslant \omega_s/2\\ 0, & 其他\end{cases} \tag{4-4}$$

该条件提供了一个给定的传输系统 $H(\omega)$是否会产生码间串扰的一种方法。凡是能符合要求的基带系统的总特性 $H(\omega)$，均能消除码间干扰。

式（4-4）的含义：将基带系统的频率特性 $H(\omega)$在 ω 轴上以 $\omega_S=2\pi/T_s$ 为间隔切开，然后分段沿 ω 轴平移到（$-\omega_{S/2}\sim\omega_{S/2}$）区间内，将它们进行叠加，其结果应当在（$-\omega_{S/2}\sim\omega_{S/2}$）

区间内为常数，在其他区间为 0。这一过程可归述为：一个实际的基带系统的频率特性 $H(\omega)$ 若能等效成一个理想（矩形）低通滤波器，则可实现无码间串扰。

【例 4-1】某基带传输特性 $H(\omega)$如图 4-18 所示，是对 $\omega = \pm\omega_S/2$ 奇对称的低通滤波器特性，试检验其是否会产生码间串扰？

解：检验过程如图 4-18 所示。

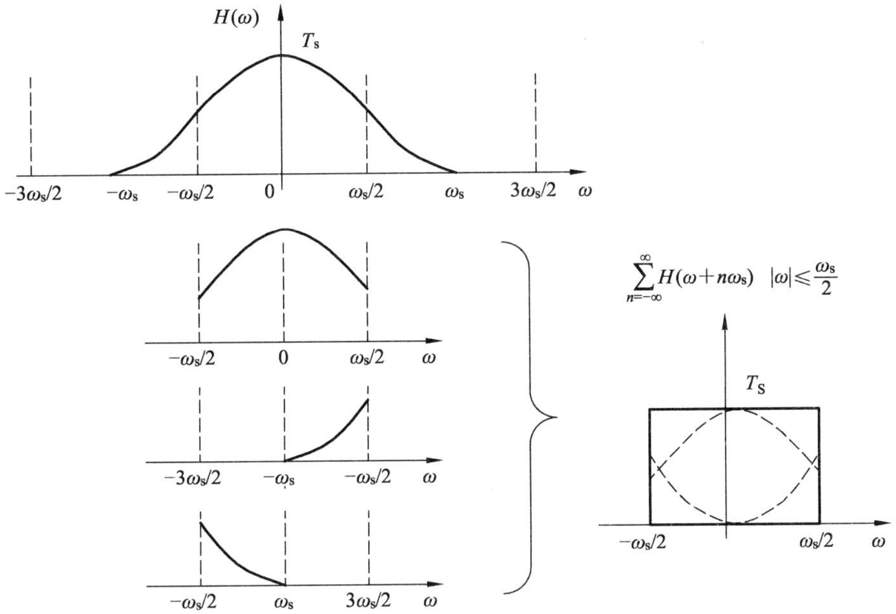

图 4-18　$H(\omega)$特性的检验

从图中可知，频率特性 $H(\omega)$经过切割、平移、叠加可得

$$\sum_n H(\omega+n\omega_s)=H(\omega-\omega_s)+H(\omega)+H(\omega+\omega_s)=T_s \qquad |\omega|\leqslant\frac{\omega_s}{2}$$

故该 $H(\omega)$满足式（4-4）的要求，具有等效理想低通特性，所以它是无码间串扰的。

如果不考虑系统的频带，从消除码间串扰来看，基带传输特性 $H(\omega)$并不是唯一的特性（如后面要介绍的升余弦滚降传输特性就是使用较多的一类）。

频域条件的另一个表达式为

$$\sum_{n=-\infty}^{\infty} H(f+nf_s)=C \quad （f\ 为任意值） \tag{4-5}$$

或写成

$$\sum_{n=-\infty}^{\infty} H(\omega+n\omega_s)=C \quad （\omega\ 为任意值） \tag{4-6}$$

式（4-6）的含义：将基带系统的频率特性 $H(\omega)$沿频率轴向左右平移 ω_S 的整数倍，将它们叠加起来，其结果应当在整个频率轴上为一常数。

频域条件不像时域条件那样有明确的物理意义，但使用起来极为方便。

需要说明的是式（4-3）、式（4-5）中的 f_s（码元重复频率，其单位为 Hz）在数值上等于码元速率（Baud），即 $f_s = R_B$。其次，频域条件的表达式是 f_s 的周期函数，因此只要考虑在（$-f_s/2$，$f_s/2$）范围内是否成立即可。

【例 4-2】设某基带传输系统具有图 4-19 所示的三角形传输函数。当 $R_B = \omega_0/\pi$，试验证该系统能否实现无码间串扰传输。

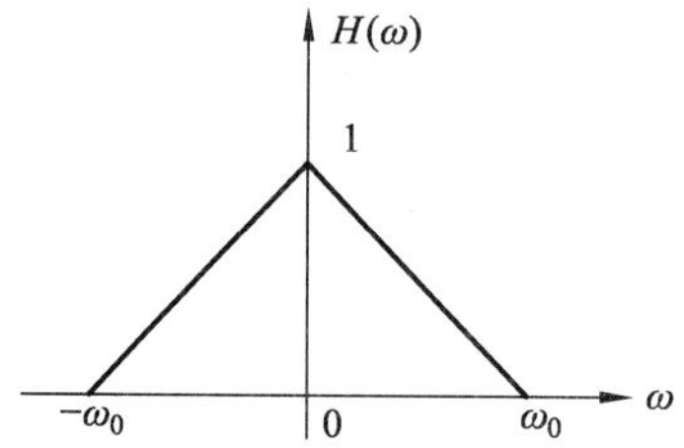

图 4-19　例 4-2 图

解：根据式（4-6）无码间串扰频域条件，由题意可知 $R_B = \omega_0/\pi$，则 $f_s = R_B = \omega_0/\pi$，即 $\omega_s = 2\omega_0$，代入公式中得

$$\sum_{n=-\infty}^{\infty} H(\omega + 2n\omega_0) = C \quad （\omega 为任意值）$$

将 $H(\omega)$向左右平移 $2\omega_0$ 整数倍，如图 4-20 所示。可见平移后各图不重合，即相加后不为常数，故存在码间串扰。（实际只要看 $-\omega_0 \sim \omega_0$ 是否为常数即可。）

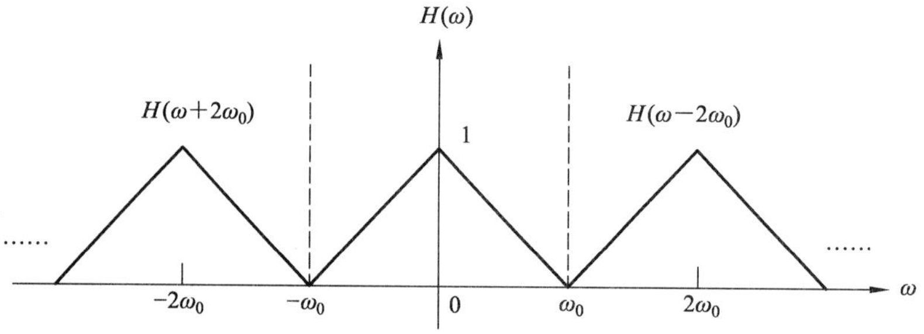

图 4-20　例 4-2 频谱图（1）

如果要使基带系统不出现码间串扰，可以通过改变码元速率或基带系统频率特性来实现。如在例 4-2 中，保持系统的频率特性不变，而将码元速率由 $R_B = \omega_0/\pi$ 变为 $R_{B1} = \omega_0/2\pi$，此时将不会出现码间串扰，如图 4-21 所示。

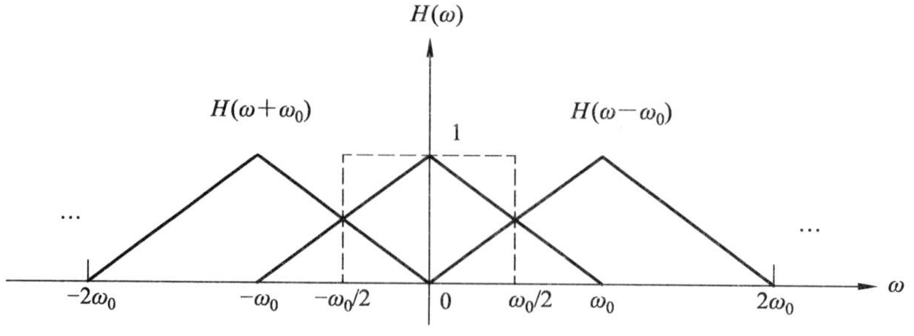

图 4-21　例 4-2 频谱图（2）

另外，若使码元速率 $R_B=\omega_0/\pi$ 不变，而基带传输系统频率特性调整为如图 4-22 所示，此时同样不会出现码间串扰，如图 4-23 所示。

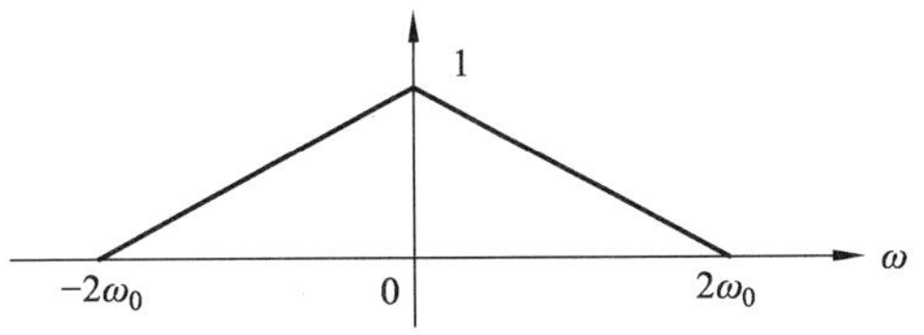

图 4-22　例 4-2 频谱图（3）

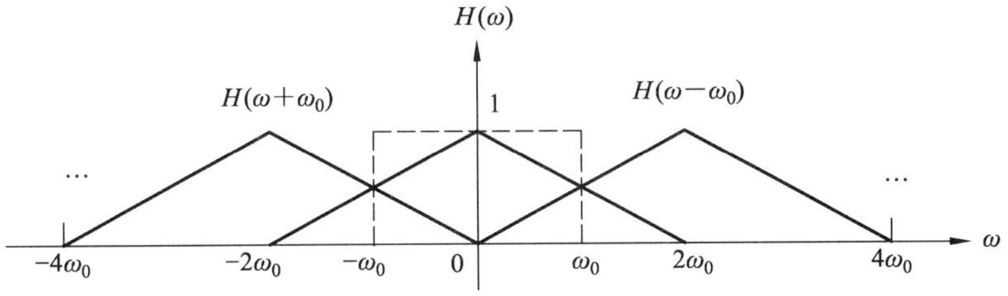

图 4-23　例 4-2 频谱图（4）

4.3.3　无码间串扰的基带传输特性

4.3.3.1　理想的基带传输系统

为了无失真传输，理论上要求传输系统有无限大的传输带宽，而信号的带宽都是有限的。因此，首先讨论的是理想低通滤波器。

所谓理想低通滤波器就是能无失真地通过低于某一频率 f_m 的所有信号，而高于 f_m 的信号完全阻塞，这里 f_m 称为截止频率，低于 f_m 的频带称为通带。

理想低通滤波器传输特性如图 4-24 所示，其传输函数为

$$H(f)=\begin{cases}1\mathrm{e}^{-\mathrm{j}2\pi f t_d}, & |f|\leqslant f_m\\ 0, & |f|>f_m\end{cases} \tag{4-9}$$

或写成

$$H(\omega)=\begin{cases}1\mathrm{e}^{-\mathrm{j}\omega t_d}, & |\omega|\leqslant \omega_m\\ 0, & |\omega|>\omega_m\end{cases} \tag{4-10}$$

其中，f_m 为截止频率；t_d 为固定时延。

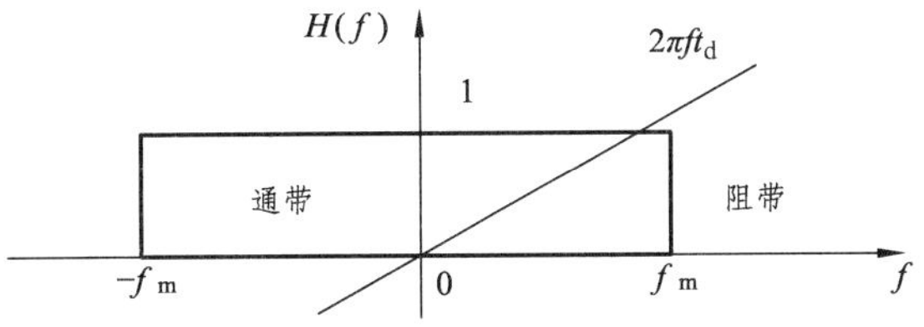

图 4-24　理想低通滤波器传输特性

若将图 4-14 所示的基带系统中的波形形成滤波器用理想低通滤波器代替，这时的基带系

统就称为理想的基带传输系统。

根据信号与传输理论可知：一个冲激脉冲信号 $\delta(t)$在 $t=0$ 时，经过一个具有如图 4-24 所示的理想低通滤波器后，可以得到如图 4-25 所示的响应，其数学表达式为

$$h(t)=\frac{1}{2\pi}\int_{-\infty}^{+\infty}H(\mathrm{j}\omega)\mathrm{e}^{\mathrm{j}\omega t}=\int_{-f_\mathrm{m}}^{f_\mathrm{m}}H(f)\mathrm{e}^{\mathrm{j}2\pi ft}\mathrm{d}f$$

$$h(t)=2f_\mathrm{m}\frac{\sin 2\pi f_\mathrm{m}(t-t_\mathrm{d})}{2\pi f_\mathrm{m}(t-t_\mathrm{d})} \tag{4-11}$$

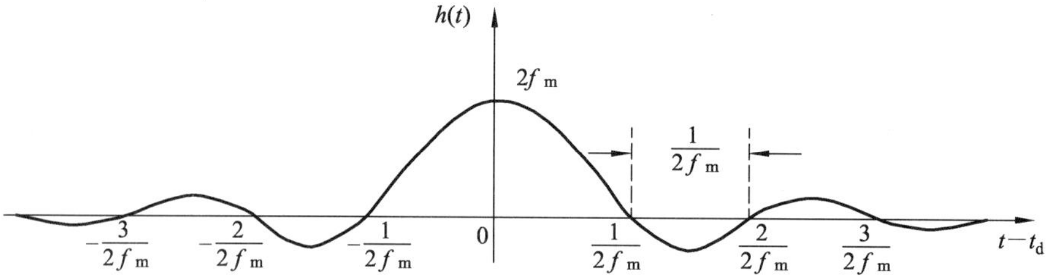

图 4-25 理想低通的冲激响应

理想低通滤波器的时间响应波形的特点如下：

（1）$t=t_\mathrm{d}$处有一最大值（$2f_\mathrm{m}$），且波形出现很大的拖尾，其拖尾的幅度随时间逐渐衰减。

（2）响应值有很多零点，而且以 $t=t_\mathrm{d}$为中心每隔 $1/2f_\mathrm{m}$出现一个规定过零点，第一个零点是 $1/2f_\mathrm{m}$，并且以后各相邻零点的间隔都是 $1/2f_\mathrm{m}$。

（3）从图 4-25 所示的响应还发现：一个冲激信号经过理想低通后，其脉冲被展宽，除了在 $t=t_\mathrm{d}$处幅度最大，在其他时刻，虽然没有信号输入，但仍有输出，这表明当其他时刻有另外的脉冲信号输入时会受到当前脉冲的影响。

举例说明：若将单个冲激信号看作是一个码元的波形，假设有一输入如图 4-24 所示的理想低通信道，数字序列中只有两个脉冲，即 $a_1=1$ 和 $a_2=1$，其他都为 0，当 $T=1/2f_\mathrm{m}$和 $T\neq 1/2f_\mathrm{m}$时的响应波形如图 4-26 所示。T 为 a_1、a_2的码元间隔时间。

由图 4-26（a）可以看出：当 $T=1/2f_\mathrm{m}$；且 $t=T$时，a_1有最大值，而 a_2的值为零。当 $t=2T$时，a_2有最大值，而 a_1的值为零，也就是说，接收端在该时刻抽样时，不受其他输入脉冲的影响。

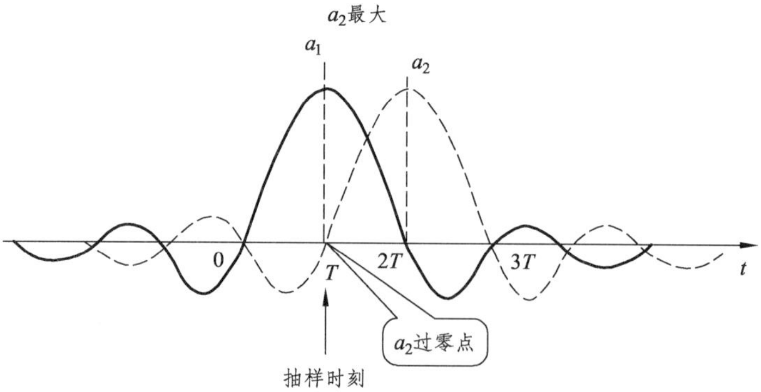

（a）无码间干扰的脉冲序列

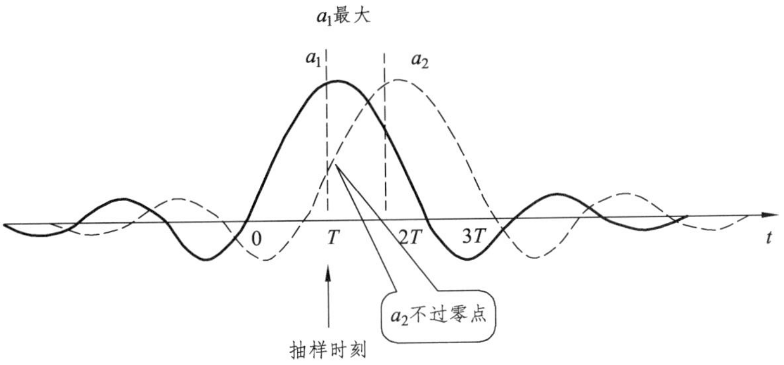

（b）有码间干扰的脉冲序列

图 4-26　脉冲序列经理想低通信道输出波形

而图 4-26（b）中：当 $T \neq 1/2f_m$；且 $t = T$ 时，a_1 有较大值，而 a_2 的值却不为零。当 $t = 2T$ 时，a_2 有较大值，而 a_1 的值也不为零，也就是说，接收端在该时刻抽样时，抽样值是两个码元在该抽样时刻的叠加值，即两个输出脉冲应总是相互影响的。对于一个码元信号来说，其他码元信号在其抽样判决时刻的叠加值就称为码间串扰。码间串扰产生的原因是传输频带受限使输出波形产生拖尾所致，因此，基带数据传输时总希望码间串扰越小越好。

4.3.3.2　奈奎斯特（Nyquist）准则

如何才能保证信号在传输时不产生码间串扰，这是关系到信号是否可靠传输的一个非常关键的问题。奈奎斯特（Nyquist）对此进行了深入的研究，提出了无码间串扰的条件：

若系统的等效网络具有理想的低通特性，且截止频率为 f_m 时，则该系统中允许的最高码元（符号）速率为 $2f_m$，这时系统输出的波形在峰值上不会产生前后符号间串扰。这一条件也称为奈奎斯特准则。

奈氏准则的意义：

（1）它揭示了码元（符号）传输速率与传输带宽之间的匹配关系。

（2）由于该准则的重要性，又把 $B_c = f_m$（Hz）称为奈奎斯特频带（简称为奈氏带宽）。$f_s = 2f_m$（Baud）称为奈奎斯特速率（极限速率）。$T = 1/2f_m$ 称为奈奎斯特间隔。因此，由理想低通滤波器构成的基带传输系统其频带利用率为

$$\eta_{\mathrm{Bmax}} = \frac{R_{\mathrm{B}}}{B_{\mathrm{C}}} = \frac{2f_{\mathrm{m}}}{f_{\mathrm{m}}} = 2\ (\mathrm{Baud}) \tag{4-12}$$

这是具有理想低通特性的基带系统在无码间串扰条件下，频带利用率的极限值（最大频带利用率 η_{Bmax}）。

因为如果系统用高于 $1/T$ 的码元传输速率传送信码，将存在码间串扰。若降低码元传输速率，即增加码元宽度 T，使之为 $1/(2f_m)$ 的整数倍，则在抽样点上也不会出现码间串扰；但是，这时的频带利用率将相应降低。

从以上分析可知：利用系统无码间串扰最高码元速率 R_{Bmax} 与实际传输的码元速率 R_{B} 进行比较，可归纳出以下三点：

（1）如果 $R_{\mathrm{Bmax}} = nR_{\mathrm{B}}$（其中 $n = 1, 2, 3\cdots$）则基带系统无码间干扰。

（2）如果 $R_{Bmax} \neq nR_B$（其中 $n = 1, 2, 3\cdots$）时，则基带系统有码间干扰，但还可以使用。

（3）如果 $R_{Bmax} < R_B$，则基带系统有码间串扰，并且不能使用。

4.3.3.3 具有升余弦特性的基带传输系统

理想低通滤波器的幅频特性有在截止频率处的突变，这种理想低通信道使响应波形具有波动很大的前后拖尾，且振荡的幅度下降较慢，这意味着接收时刻稍有偏差就会引起码间串扰。因此，理想低通基带传输系统没有很好地解决传输的可靠性和有效性之间的矛盾。

解决这一矛盾的折中办法是采用具有滚降特性的余弦低通滤波器。其网络幅频特性如图 4-27 所示。

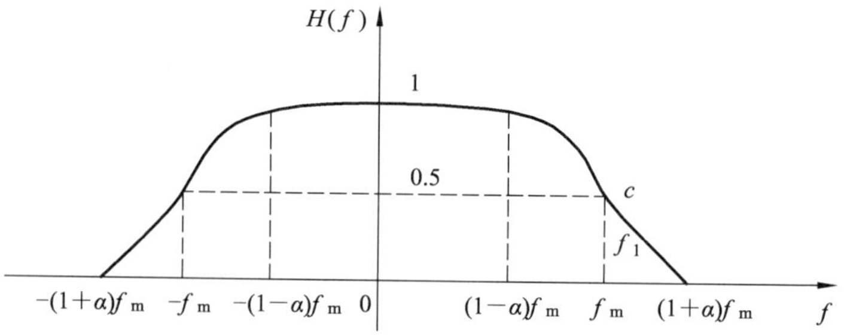

图 4-27 具有幅频滚降特性的传递函数

可以证明：具有上述幅频特性的低通网络，其冲激响应的前后尾只要每隔 $T = 1/2f_m$ 时间经过零点，可以满足按 $T = 1/2f_m$ 的抽样，就不会产生码间串扰。

由于幅频特性在 f_m 处呈平滑变化，实际中容易实现。“滚降”是指信号的频域过渡特性或频域的衰减特性，一般要求系统的幅频特性在（f_m，1/2）点奇对称。

图 4-28 给出了滚降系数 $\alpha = 0$（理想低通）；$\alpha = 0.5$（余弦滚降）；$\alpha = 1$（升余弦滚降）时的传输函数。

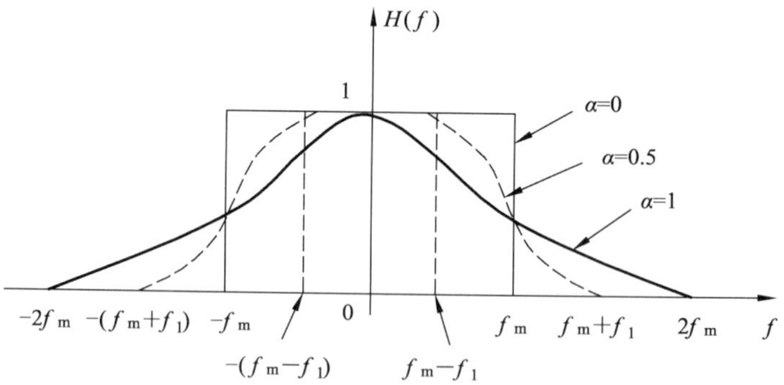

图 4-28 传输函数

其中，α 为滚降系数：$\alpha = \dfrac{f_1}{f_m}$，$f_m$ 为奈氏带宽，f_1 为超出奈氏带宽的扩展量。

图 4-29 给出了冲激响应的归一化图形，可知升余弦滚降信号在前后抽样处的串扰始终为 0，因而满足抽样值无串扰的传输条件。随着滚降系数 α 的增加，$h(t)$两个零点之间的波形振荡起伏小，其波形的衰减与 $1/t^3$ 成正比。但随着 α 的增大所占的带宽增加。

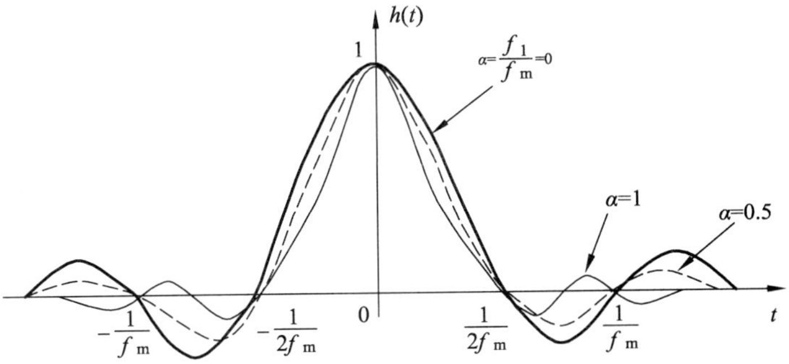

图 4-29　冲激响应 $h(t)$

滚降系数 $\alpha=0$；$\alpha=1$；$0<\alpha<1$ 时系统的频带利用率分别如下：

（1）当 $\alpha=0$ 时，为理想基带传输系统，带宽为 f_m，则频带利用率为：

码元频带利用率

$$\eta_B=\frac{R_B}{B_C}=\frac{2f_m}{f_m}=2\ (\text{Baud}) \tag{4-13}$$

信息频带利用率

$$\eta_b=\frac{R_b}{B_C}=\frac{R_B}{B_C}=\frac{2f_m}{f_m}=2\ (\text{b/s}\cdot\text{Hz}) \tag{4-14}$$

在二进制系统中，码元频带利用率 η_B 和信息频带利用率 η_b 在数值上相等。

（2）当 $\alpha=1$ 时，所占频带最宽是理想基带传输系统的 2 倍。因而频带利用率为：

码元频带利用率

$$\eta_B=\frac{R_B}{B_C}=\frac{2f_m}{2f_m}=1\ \ (\text{Baud}) \tag{4-15}$$

信息频带利用率

$$\eta_b=\frac{R_b}{B_C}=\frac{R_B}{B_C}=\frac{f_m}{f_m}=1\ (\text{b/s}\cdot\text{Hz}) \tag{4-16}$$

（3）当 $0<\alpha<1$ 时，系统的频带利用率为：

码元频带利用率

$$\eta_B=\frac{R_B}{B_C}=\frac{2f_m}{f_m+f_1}=\frac{2}{1+\alpha}\ (\text{Baud}) \tag{4-17}$$

信息频带利用率

$$\eta_b=\frac{R_b}{B}=\frac{R_B}{B}\frac{2f_m}{f_m+f_1}=\frac{2}{1+\alpha}\ (\text{b/s}\cdot\text{Hz}) \tag{4-18}$$

由于滤波器的边沿缓慢下降，通常称之为“滚降”，并将 $\alpha=f_1/f_m$ 称为滚降系数 α。

当滚降系数 $\alpha=1$ 时，在图中 $H(f)$ 曲线具有升余弦形称为升余弦特性，由于 $h(t)$ 的旁瓣很小，尾部衰减快。此外，$h(t)$波形除在 $t = \pm 1/2f_m$，$\pm 1/f_m$…时刻上幅度为零外，在 $\pm 3/2f_m$，$\pm 5/2f_m$…这些时刻上其幅度也是零（多了一批过 0 点）。因此即使抽样时刻有误差，也不会使码间串扰很大。但它的带宽是理想低通的 2 倍，频带利用率只是 1 Baud/Hz。

升余弦滚降特性的实现比理想低通容易得多，因此广泛应用于频带利用率不高，但允许定时系统和传输特性有较大偏差的场合。总之，具有滚降特性的滤波特性，仍保持每秒 $2f_m$ 的码元传输速率，但是它占用的带宽增大了，频带利用率有所降低。因此，用滚降特性来改善理想低通，实质上是以牺牲频带利用率为代价换取的。

综上所述：在设计一个基带传输系统时，往往首先选定信道及其特性，后续的设计任务就是要设计发送和接收滤波器，使总的传输特性满足奈奎斯特准则要求，以尽量减小码间串扰。几种常用无码间串扰传输特性的归纳见本章小结。

4.4 眼图及其应用

从理论上来讲，只要基带传输系统的传输函数 $H(\omega)$满足式（4-5）就可消除码间串扰，但在实际系统中要完全消除码间串扰是非常困难的。这是因为 $H(\omega)$与发送滤波器、信道及接收滤波器有关，在实际中，部件调试不理想或信道特性变化，都可能使 $H(\omega)$改变，从而引起系统性能变坏。

为了使系统达到最佳化，除了用专门的精密仪器进行测试和调整外，大量的维护工作希望用简单的方法和通用仪器也能宏观监测系统性能，其中一个有用的实验方法是观察眼图。

眼图是指利用实验的方法，估计和改善（通过调整）传输系统性能时，在示波器上观察到的类似人眼的图形。

实验时如图 4-30 所示连接电路，将基带传输系统接收滤波器的输出信号加到示波器的垂直轴，调试示波器的水平扫描周期，使它与信号码元的周期同步。此时示波器上显示一个类似人眼的图形，从这个称为眼图的图形上可以估计出系统的性能（指码间串扰和噪声的大小）。另外也可以用此图形对接收滤波器的特性加以调整，以减小码间串扰和改善系统的传输性能。

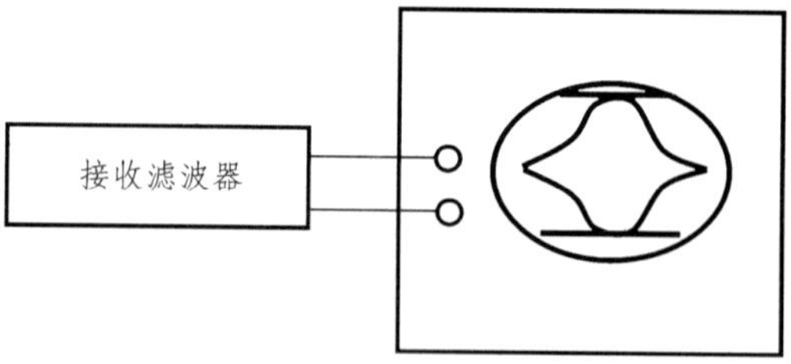

图 4-30 眼图实验连接示意图

为了解释眼图和系统之间的关系，图 4-31 给出了无码间串扰和有码间串扰的波形和眼图。

图中 4-31（a）所示是无码间串扰的基带脉冲序列，图中假设它是双极性升余弦脉冲波形，即在 $0 \sim T_b$ 的“1”码经过信道传输后在接收滤波器输出一个正的升余弦脉冲波形，而“0”码在接收滤波器输出一个负的升余弦脉冲，见图 4-31（e）（f）所示。

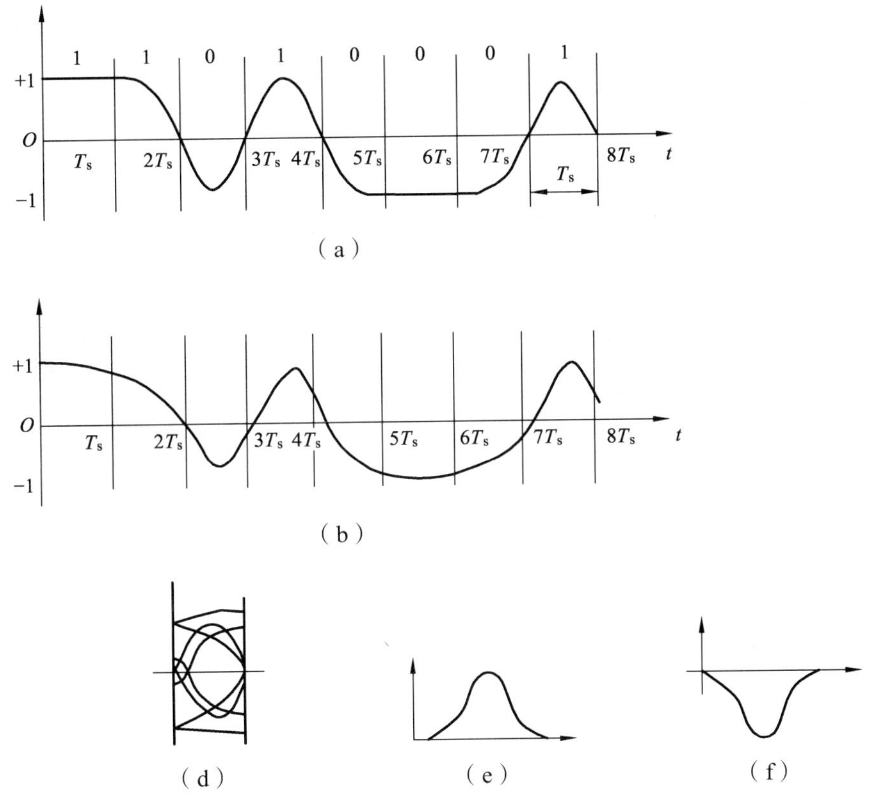

图 4-31　基带信号波形及眼图

图中假设在 $0\sim 8T_b$ 时间内收到一个二进制代码“11010001”，把各个码元产生的波形合成后实际的输出波形如图（a）所示。从（a）图波形来看，收到连“0”时，有一个持续时间为 τ 的负电平。当“1”“0”码交替时不会出现持续的正负电平。

把（a）图波形加到示波器的垂直轴，而水平扫描周期调到与码元周期 T_b 相等时，图 4-28（a）所示的每一个码元将重叠在一起。在示波器显现出的是迹线又细又清晰的“眼睛”，如图 4-31（c）所示，因此称它为眼图。

图（c）中，上面的一根水平线是由连“1”码的持续正电平引起的。下面的一根水平线是由连 0 码持续负电平产生的，中间部分由“10”交替码产生。

图 4-31（b）所示是有码间串扰的基带脉冲序列，此波形已经失真，用示波器观察到如图（d）所示，扫描线不完全重合，眼图的迹线就会不清晰，“眼睛”张开得很小，如图（d）所示，对比图 4-31（c）（d）两图可知：

（1）眼图的“眼睛”张开大小反映着码间串扰的强弱。

（2）图 4-31（c）所示眼图中央的垂直线即表示最佳判决时刻信号取值为 ±1，眼图中央的横轴位置即为最佳判决门限电平。

说明几点：① 当存在噪声时，噪声将叠加在信号上，眼图的迹线更模糊不清，“眼睛”张开得更小。由于出现幅度大的噪声的机会很小，在示波器上不易被察觉，因此利用眼图只能大致估计噪声的强弱；② 图 4-32（a）（b）为二进制升余弦频谱信号在示波器上显示的两张眼图照片；③ 还需指出，若调整示波器的水平扫描周期为 nT_b 时，对二进制信号来说，在示波器上将得到并排的 n 只眼睛；④ 眼图对数字基带信号传输系统的性能给出了很有用的情况，可以从中看出码间串扰的大小和噪声的大小。眼图可以用来指示接收滤波器的调整以减小码间串扰。为了说明眼图和系统性能关系，可以把眼图简化为图 4-33 所示的形状，称为眼图的模型。

（a）有一定的噪声和干扰　　（b）几乎无码间串扰和加性噪声

图 4-32　眼图照片

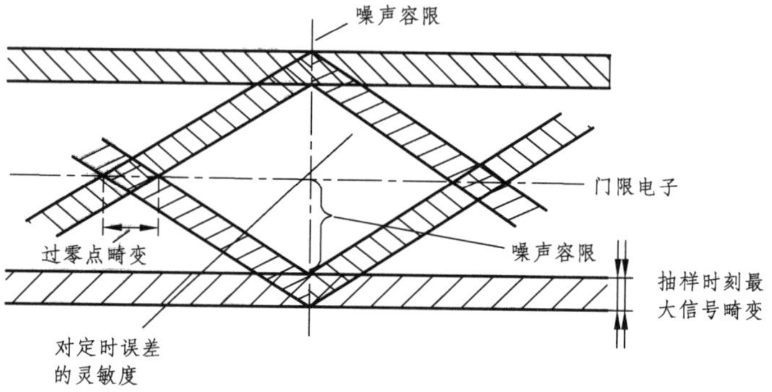

图 4-33　眼图的模型

眼图的模型表示的意义：

（1）最佳抽样时刻应选择在眼图中眼睛张开的最大处。

（2）对定时误差的灵敏度，由斜边斜率决定，斜率越大，对定时误差就越灵敏。

（3）在抽样时刻上，眼图上下两分支的垂直宽度，都表示了最大信号畸变。

（4）在抽样时刻上，上、下两分支离门限最近的一根线迹至门限的距离表示各自相应电平的噪声容限，噪声瞬时值超过它就可能发生判决差错。

（5）对于信号过零点取平均来得到定时信息的接收系统，眼图倾斜分支与横轴相交的区域的大小表示零点位置的变动范围，也称为零点畸变，这个变动范围的大小对提取定时信息有重要影响。

4.5　改善数字基带传输系统性能的措施

本节将针对实际系统介绍两种改善系统性能的措施：一是针对减小码间串扰而采用的均衡技术；二是针对提高频带利用率而采用的部分响应技术。

4.5.1　均衡技术

实际的基带传输系统不可能完全满足无码间串扰的条件，都会有一定的偏差，从而引起码间干扰，因此要尽可能地减少码间干扰所带来的影响。当串扰严重时，必须对系统的传输函数 $H(\omega)$进行校正，使其达到或接近无码间串扰要求的特性。实践表明，在接收端抽样判决器之前插入一种可调滤波器，可减少码间干扰的影响，甚至使实际系统的性能十分接近最佳系统性能。这种对系统进行校正的过程称为均衡，实现均衡的滤波器称为均衡器。

均衡分为频域均衡和时域均衡。频域均衡是指从校正系统的频率出发，利用一个可调滤波器的频率特性去补偿信道或系统的频率特性，使包括可调滤波器在内的基带系统的总特性接近无失真传输条件。而时域均衡则是指利用均衡器产生的响应波形去补偿已畸变的波形，使包括可调滤波器在内的整个系统的冲激响应满足无码间串扰条件。

频域均衡在信道特性不变，且传输低速数据时是适用的；而时域均衡可以根据信道特性的变化进行调整，能够有效减少码间串扰，故在数字传输系统尤其是高速数据传输中得以广泛应用。

4.5.2　部分响应技术

由前面的讨论可知，若基带传输系统总特性 $H(\omega)$为理想低通特性（设低通带宽 $B = f_m$），则按 $H(\omega)$带宽的两倍码元速率 $R_B = 2f_m$ 传输码元时，不仅能消除码间串扰，还能实现极限频带利用率 $\eta_{Bmax} = 2f_m/f_m = 2$（Baud/Hz）。但理想低通传输特性实际上是无法实现的，即使能实现，它的冲击响应“尾巴”振荡幅度大，收敛慢，从而对抽样判定时要求十分严格，稍有偏差就会造成码间干扰。于是又提出了余弦滚降特性，这种特性的冲击响应虽然“尾巴”振荡幅度减小，对定时也可放松要求，然而所需的频带利用率却下降了[见式（4-17）所示]，余弦滚降特性码元频带利用率小于 2Baud/Hz（$0<\alpha\leqslant 1$），这对于高速传输尤为不利。

那么，是否存在一种频带利用率既高，又使“尾巴”衰减大，收敛快的传输波形呢？

下面将给出这种波形。通常把这种波形称为部分响应波形，形成部分响应波形的技术称为部分响应技术。利用这类波形的传输系统称为部分响应系统。部分响应技术是人为地在一个以上的码元区间引入一定的码间串扰，或者说，在一个以上码元区间引入一定相关性（因为这种串扰是人为的，有规律的）。这样做能改变数字序列的频谱分布，因而达到压缩传输频带，提高频带利用率的目的。

近年来，在高速大容量传输系统中，部分响应基带传输系统得到推广与应用，它与频移键控（FSK）或相移键控（PSK）相结合，可以获得性能良好的调制。为了阐明一般部分响应波形的概念，这里用一个实例加以说明：由于冲击脉冲 $\delta(t)$的响应是图 4-25 所示的抽样函数的形式，其表达如式（4-19）所示：

$$h(t) = \frac{\sin \omega_m t}{\omega_m t} = \frac{\sin 2\pi f_m t}{2\pi f_m t} = Sa(\omega_m t) \tag{4-19}$$

由此可知，由于它随时间衰减较慢，因而使前导和后尾波动衰减慢，从而形成码间干扰。为了减小码间干扰，关键问题是如何使波形的表达式中分母项随时间很快增加。

通过观察抽样函数 $\sin x/x$ 波形，我们发现相距一个码元间隔的 2 个 $\sin x/x$ 波形“拖尾”

则好正负相反，利用这样的波形组合肯定可以构成拖尾衰减很快的脉冲波形。

根据这一思路，我们可用两个间隔为一个码元宽度 T 的 $\sin x/x$ 的合成波形来代替 $\sin x/x$，见图 4-34 所示，合成波的表达式 $S(t)$ 为

$$S(t)=\frac{\sin 2\pi f_{\mathrm{m}}\left(t+\dfrac{T}{2}\right)}{2\pi f_{\mathrm{m}}\left(t+\dfrac{T}{2}\right)}+\frac{\sin 2\pi f_{\mathrm{m}}\left(t-\dfrac{T}{2}\right)}{2\pi f_{\mathrm{m}}\left(t-\dfrac{T}{2}\right)}=\frac{4}{\pi}\left[\frac{\cos(\pi t/T)}{1-(4t^2/T^2)}\right] \tag{4-20}$$

这样，合成波的表达式在分母通分后出现 t^2 或更高次项。从而加快了整个形成波前导和后尾的衰减速率。这种系统允许存在一定的受控制的码元干扰（实际上是一种人为的，有规律的干扰），接收端可以消除它的影响而正确地判决码元。

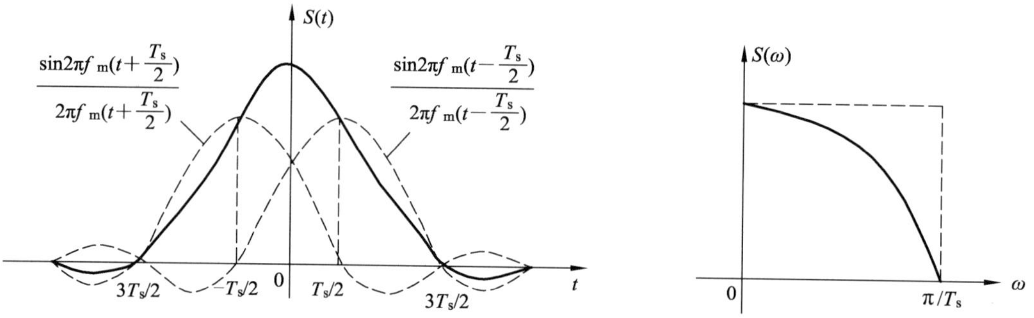

（a）信号波形　　（b）频谱（只画了其正频谱部分）

图 4-34　部分响应信号的波形和频谱

如果用上述构造的部分响应波形 $s(t)$ 作为传送信号的波形，且码元间隔为 T_s，则在抽样时刻上仅发生前一码元对本码元抽样值的干扰，而对其他码元不发生干扰[见图 4-35 所示 $s(t)$ 序列]。

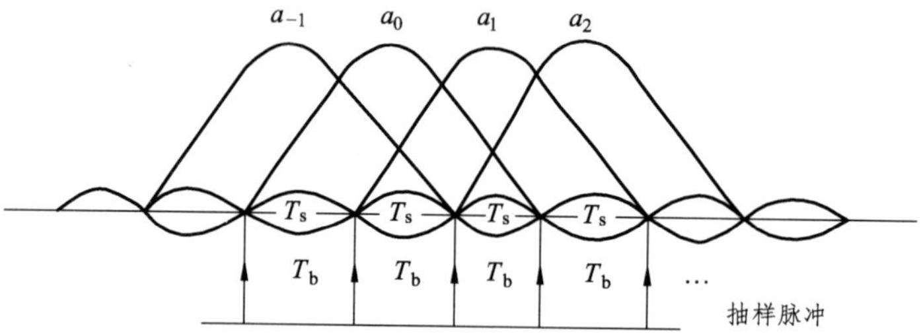

图 4-35　$s(t)$ 序列

表面上看，由于前后码元的串扰很大，似乎无法按 $1/T$ 的速率进行传送。但由于这种“串扰”是确定的，在接收端可以消除掉，故仍可按 $R_B = 1/T$ 传输速率传送码元。若对式（4-20）进行傅里叶变换，可得 $s(t)$ 的频谱函数 $S(\omega)$ 为

$$S(\omega)=\begin{cases}2T\cos\dfrac{\omega T}{2}, & |\omega|\leqslant\dfrac{\pi}{T}\\[2mm] 0, & |\omega|>\dfrac{\pi}{T}\end{cases} \tag{4-21}$$

从图 4-34（b）可知，$s(t)$ 的频谱限制在（$-\pi/T_s$　$/T_s$）内，且呈余弦波特性。这种缓变

的滚降特性是在理想矩形滤波器的带宽（即奈奎斯特带宽）范围内，其带宽为

$$B=\frac{\pi}{T_s}\frac{1}{2\pi}=\frac{1}{2T_s} \tag{4-22}$$

与理想矩形滤波器的相同，频带利用率为 2 Baud/Hz，如式（4-23）所示，达到了基带系统的理论极限值。

$$\eta=\frac{R_B}{B}=\frac{1/T_s}{1/2T_s}=2\ \text{Baud/Hz} \tag{4-23}$$

当然，在采用部分响应传输时，存在的问题是会出现差错传播现象，为了消除差错传播现象，通常将绝对码变换为相对码，而后再进行部分响应编码。前面所述是以Ⅰ类部分响应波形为例来进行说明的，而实际常见的部分响应波形按频谱特性不同分为五类。目前常用的有Ⅰ类及Ⅳ类部分响应系统，其他部分响应这里不再赘述，请读者参考有关文献。

本章小结

1. 常用数字基带信号码型

数字基带信号码型
- 基本二元码
  - 单极性NRZ码
  - 单极性RZ码
  - 双极性NRZ码
  - 双极性RZ码
  - 差分码
- 1B/2B码
  - Manchester码
  - CMI码
  - 密勒(Miller)码
- 1B/1T码
  - AMI码
  - HDB_3码

2. 无码间干扰的条件

1）时域条件

接收波形仅在本码元的抽样时刻上有最大值，而对其他码元的抽样时刻信号值无影响，即在抽样点上不存在码间串扰。接收波形 $h(kT_s)$除了在 $t=0$（$t=kT_s$）有抽样值外，在 $t=kT_s$ 的其他抽样时刻都为 0，因而不会影响其他抽样值。

即：

$$h(kT_s)=\begin{cases}C, & k=0\\ 0, & k\neq 0\end{cases}$$

当 $h(kT_s)$满足上述关系时，抽样值是无码间干扰的。$h(kT_s)$是 $h(t)$的特定值，而 $h(t)$则是基带系统形成的传输波形。

2）频域条件

频域条件表达式之一：

$$\sum_{n=-\infty}^{\infty} H(f+nf_s)=\begin{cases} C, & |f|\leqslant f_s/2 \\ 0, & \text{其他} \end{cases}$$

上式的含义是：将基带系统的频率特性 $H(\omega)$在频率轴上以 f_s 为间隔切开，然后分段沿频率轴平移到（$-f_s/2\sim f_s/2$）区间内为常数，在其他区间为 0。

频域条件表达式之二：

$$\sum_{n=-\infty}^{\infty} H(\omega+n\omega_s)=C \quad (\omega \text{ 为任意值})$$

含义：将基带系统的频率特性 $H(\omega)$沿频率轴向左右平移 ω_s 的整数倍，将它们叠加起来，其结果应当在整个频率轴上为一常数。

注：（1）上式中，f_s（码元重复频率单位为 Hz）在数值上等于码元速率（Baud/s）即 $f_s=R_B$。

（2）频域条件的表达式是 f_s 的周期函数，因此只要考虑在（$-f_s/2$，$f_s/2$）范围内是否成立即可。

3. 几种常用的无码间串扰传输特性（见表 4-1）。

表 4-1 几种常用的无码间串扰传输特性

名称和传输特性	冲击响应 $h(t)$	带宽等有关参数	频带利用率 η/（B/Hz）
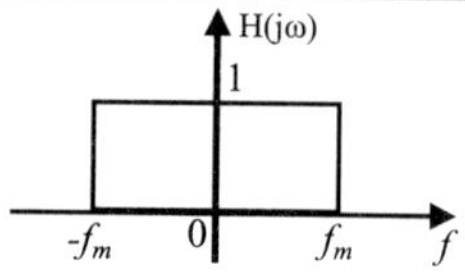 理想低通	$h(t)=2f_m\dfrac{\sin 2\pi f_m(t-t_d)}{2\pi f_m(t-t_d)}$ 特点：尾巴最大	1. 信道带宽 $B_c=f_m$ 2. 最大码元速率 $R_{B\max}=2f_m$ 3. 最小码元间隔 $T_s=1/2f_m$	$\eta=2$
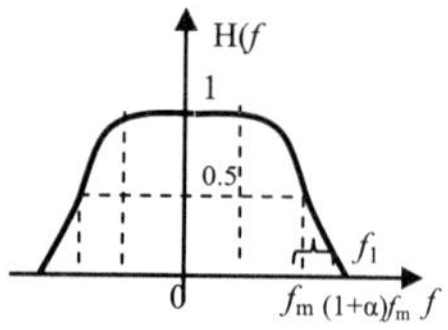 余弦滚降	$h(t)=Sa(2\pi f_m t)\dfrac{\cos(2\pi\alpha f_m t)}{1-(4\alpha f_m t)^2}$	1. 信道带宽 $B_c=$（$1+\alpha$）f_m 2. 最大码元速率 $R_{B\max}=2f_m$ 3. 滚降系数（$0<\alpha<1$）	$\eta=\dfrac{2}{1+\alpha}$
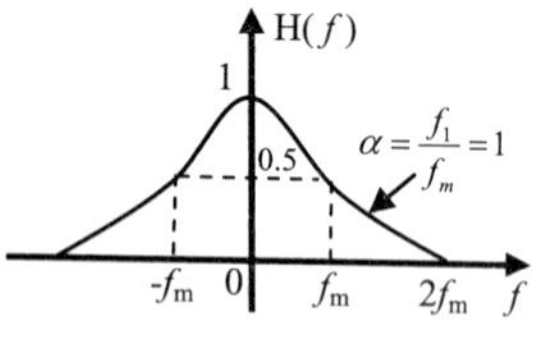 升余弦特性（$\alpha=1$）	$h(t)=\dfrac{Sa(4\pi f_m t)}{1-(4f_m t)^2}$ 特点：尾巴衰减最快	1. 信道带宽 $B_c=(1+\alpha)f_m=2f_m$（因为 $\alpha=1$） 2. 最大码元速率 $R_{B\max}=2f_m$	$\eta=\dfrac{R_b}{B}=\dfrac{2f_m}{2f_m}=1$
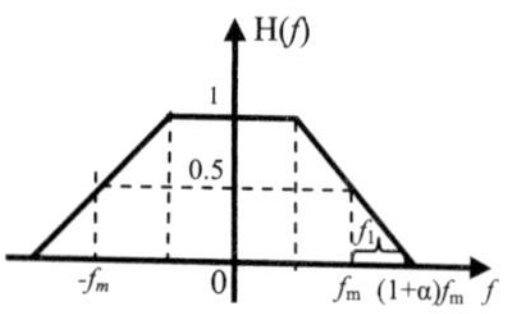 直线滚降（$\alpha\neq1$）	$h(t)=Sa(2\pi f_m t)Sa(2\pi\alpha f_m t)$	1. 信道带宽 $B_c=$（$1+\alpha$）f_m 2. 最大码元速率 $R_{B\max}=2f_m$	$\eta=\dfrac{R_B}{B}=\dfrac{2f_m}{(1+\alpha)f_m}=\dfrac{2}{1+\alpha}$

续表

名称和传输特性	冲击响应 $h(t)$	带宽等有关参数	频带利用率 η/（B/Hz）
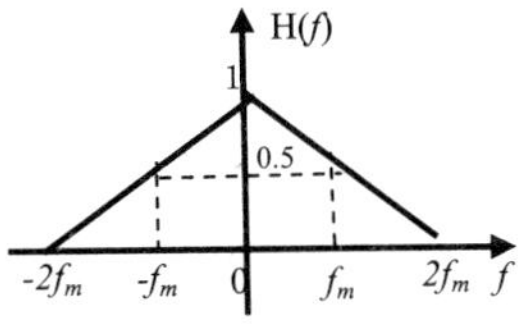 三角形特性（$\alpha=1$）	$h(t)=Sa^2(2\pi f_m t)$ 特点：尾巴最小	1. 信道带宽 $B_c=2f_m$（因为 $\alpha=1$） 2. 最大码元速率 $R_{B\max}=2f_m$	$\eta=\dfrac{R_b}{B}=\dfrac{2f_m}{2f_m}=1$

第 4 章习题

4.1　填空题

1. 单极性不归零码的频谱中含有______成分，无______成分，低频成分______，______误码检测能力。

2. 设二进制信息代码的码速率为 2000Baud，则 AMI 码的码速率为______Baud；HDB_3 码的码速率为____Baud；曼彻斯特码的码速率为____Baud；传号反转码（CMI）的码速率为______B；单极性 NRZ 码的码速率为______Baud；双极性 NRZ 码的码速率为______Baud；双极性 RZ 码的码速率为_____Baud；差分码的码速率为______Baud。

3. 设二进制信息代码的码速率为 1500Baud，则 HDB_3 码波形、单极性非归零码波形、占空比为 0.5 的双极性归零码波形、差分码波形以及传号反传码波形的谱零点带宽依次为______Hz、______Hz、_________Hz、________Hz、________Hz。

4. 传号反转（CMI）码的编码规则是将原来二进制码流中的“0”编为_____，“1”码编为______，编码后码流中最多连“0”、连“1”个数为_______个。

5. HDB_3 码的取代节有_______和______，经 HDB_3 编码后最多连零数有_______个。

6. 数字基带传输系统中，引起误码的两个主要因素是 _________ 和 ___________。

7. 无码间干扰的时域条件为__________。无码间干扰的频域条件为 ___________。

8. 数字基带系统无码间串扰的最大频带利用率的理论值是__________________Baud/Hz。

9. ____________________可以直观地评价基带传输系统的码间干扰和噪声的影响。

4.2　问答题

1. 若绝对码 a_n 为 0101100110，求相对码 b_n；相对码 b_n 为 1101100110，求绝对码 a_n，并画出相应的编解码电路图。

2. 已知信息序列为 10011010；要求：（1）假设信息序列到来前，差分码初始状态为 1，试编 NRZ（M）差分码；（2）画出双极性 NRZ、双极性 RZ、单极性 RZ、NRZ（M）和 NRZ（S）的波形。

3. 已知信息序列为 10110011，要求：

（1）编曼彻斯特码、密勒码（初始状态为“00”）、CMI 码（第一个 1 编为“00”）、AMI 码（第一个编为“－1”）；

（2）画出相应的脉冲波形。

4. 设信息序列为 01000011000001010，试编 HDB_3 码（第一个非零码编为+1），并画出波形。

5. 设基带传输系统的传输特性如图 4-36 所示，若要求以 $2/T_s$ Baud 的码速率进行数据传输。试验证图中的 $H(\omega)$是否满足消除抽样点上码间干扰的条件。

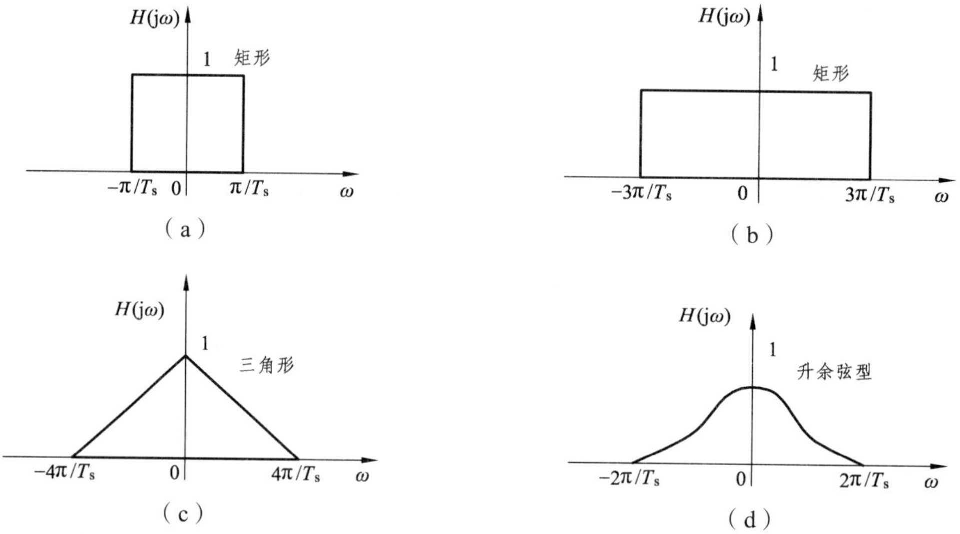

图 4-36 题 5 图

6. 已知滤波器的 $H(f)$具有如图 4-37（a）所示的传输特性（码元速率变化时特性不变），当采用以下码元速率时（假设码元经过了理想抽样才加到滤波器）：

（a）码元速率分别为 $R_B = 1500$ Baud。

（b）码元速率分别为 $R_B = 2000$ Baud。

（c）码元速率分别为 $R_B = 3000$ Baud。

（d）码元速率分别为 $R_B = 6000$ Baud。

问：（1）哪种码元速率不会产生码间干扰？

（2）哪种码元速率不能使用？

（3）哪种码元速率会引起码间干扰，但可以使用？

（4）若滤波器的 $H(f)$改为如图 4-37（b）所示的传输特性，重新回答（1）（2）（3）问题。

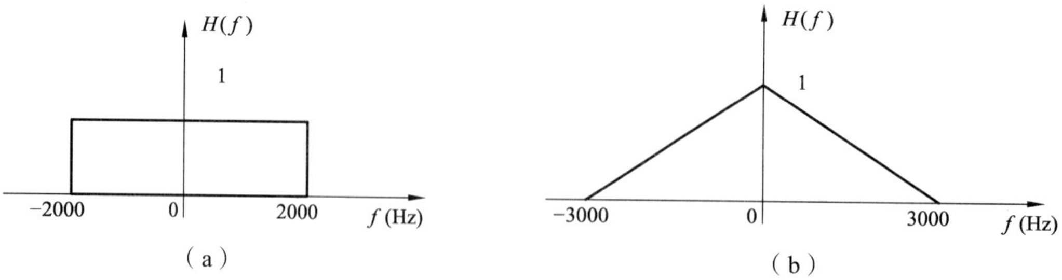

图 4-37 题 6 图

第 5 章　数字信号的频带传输

5.1　数字频带传输概述

来自数据终端的原始数据信号（如计算机输出的二进制序列）或者是来自模拟信号经数字化处理后的 PCM 码组等都是数字信号。这些信号往往包含丰富的低频分量，甚至直流分量，它们都是数字基带信号。在某些具有低通特性的有线信道中，特别是传输距离不太远的情况下，数字基带信号可以直接传输，称为数字基带传输，比如将计算机文档传输到打印机进行文档打印。

大多数信道（如各种无线信道和光信道）则是带通型的，数字基带信号必须经过载波调制，把频谱搬移到高频处才能在信道中传输，把这种传输称为数字频带（调制或载波）传输。

数字调制就是利用数字基带信号控制受控载波，使得受控载波的某一个参数随着基带信号的变化而变化。其逆过程则是数字解调，即根据调制后的频带信号特定参数的变化规律，恢复原来的基带信号的波形。

从原理上来说，受调载波的波形可以是任意的，只要已调信号适合于信道传输就可以了。但实际上，在大多数数字通信系统中，都选择正弦信号作为载波。这是因为正弦信号形式简单，便于产生和接收。和模拟调制一样，数字调制也有调幅、调频和调相三种基本形式，并可以派生出多种其他形式的数字调制信号，在二进制时有振幅键控（2ASK）、移频键控（2FSK）和移相键控（2PSK）三种基本形式。各种波形如图 5-1 所示。

根据已调信号的频谱结构特点的不同，数字调制也可以分为线性调制和非线性调制。

在线性调制中，已调信号的频谱结构与基带信号的频谱结构相同，只不过频率位置搬移了。

在非线性调制中，已调信号的频谱结构与基带信号的频谱结构不同，不是简单的频谱搬移，而是有其他新的频率成分出现。

振幅键控属于线性调制，而移频键控属于非线性调制。可见，这些特点与模拟调制时也是一样的。

本章着重讨论二进制数字调制系统的基本原理，并根据通信技术的发展，介绍各种现代数字调制技术的原理。

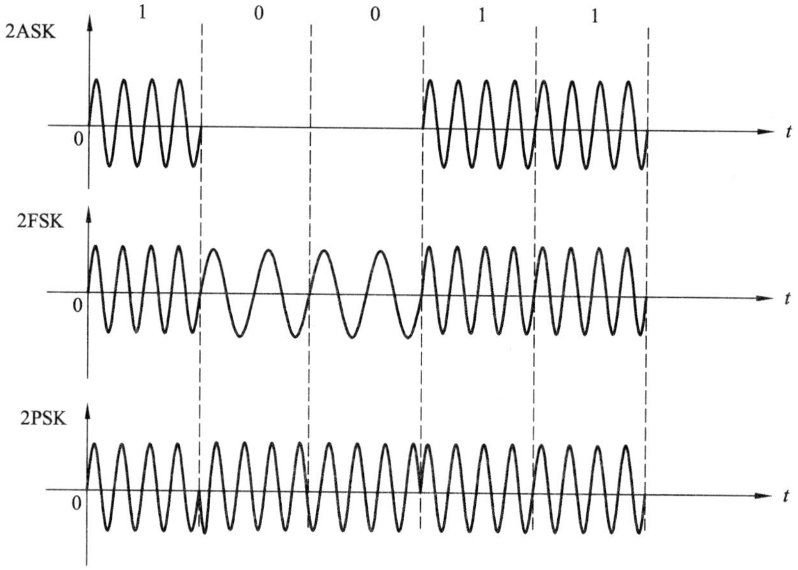

图 5-1 各种基本的二进制数字调制波形

5.2 数字振幅调制

5.2.1 一般原理与方法

设信息源发出的是由二进制符号 0、1 组成的序列，且假定 0 符号出现的概率为 P，1 符号出现的概率为 $1-P$，它们彼此独立。一般来说，一个二进制的振幅键控信号可以表示成一个单极性矩形脉冲序列与一个正弦载波的相乘，即

$$S_{2\mathrm{ASK}}(t)=\sum_n a_n g(t-nT_\mathrm{s})\cos\omega_\mathrm{c}t \tag{5-1}$$

式中，$g(t)$是持续时间为 T_s 的矩形脉冲，而 a_n 的取值服从下述关系：

$$a_n=\begin{cases}0, & 概率为P\\ 1, & 概率为1-P\end{cases} \tag{5-2}$$

现令

$$s(t)=\sum_n a_n g(t-nT_\mathrm{s}) \tag{5-3}$$

则式（5-1）变为

$$S_{2\mathrm{ASK}}(t)=s(t)\cos\omega_\mathrm{c}t \tag{5-4}$$

通常，二进制振幅键控信号的产生方法（调制方法）有两种，如图 5-2 所示。

图 5-2（a）是相乘法，$s(t)$由式（5-3）规定。

图 5-2（b）是键控法，开关电路受 $s(t)$控制，$s(t)=0$，输出为 0，$s(t)=1$，输出为正弦波。图 5-2（c）即为 $S_{2\mathrm{ASK}}(t)$的波形。

5.2.2　解调方法

如同 AM 信号的解调方法一样，2ASK 也有两种基本的解调方法：非相干解调（包络检波法）及相干解调（同步检测法）。

相应的接收系统组成方框图如图 5-3 所示。

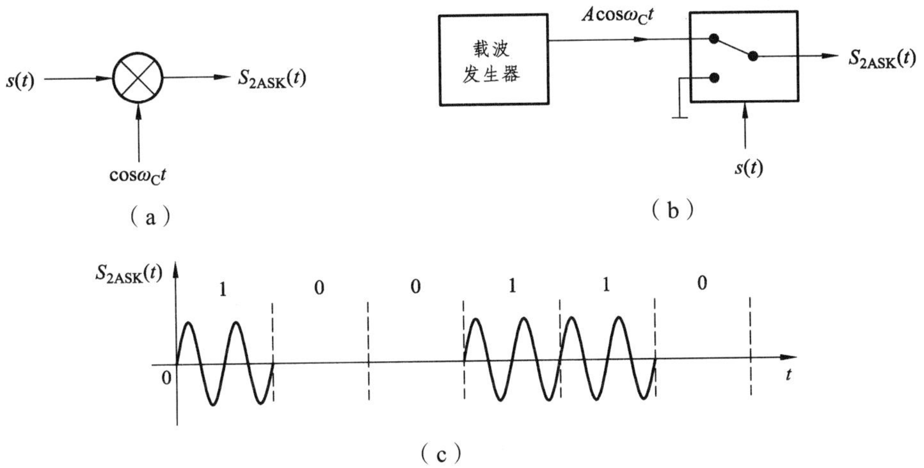

图 5-2　二进制振幅键控信号的产生及波形示例

1. 非相干解调

非相干解调框图如图 5-3（a）所示。

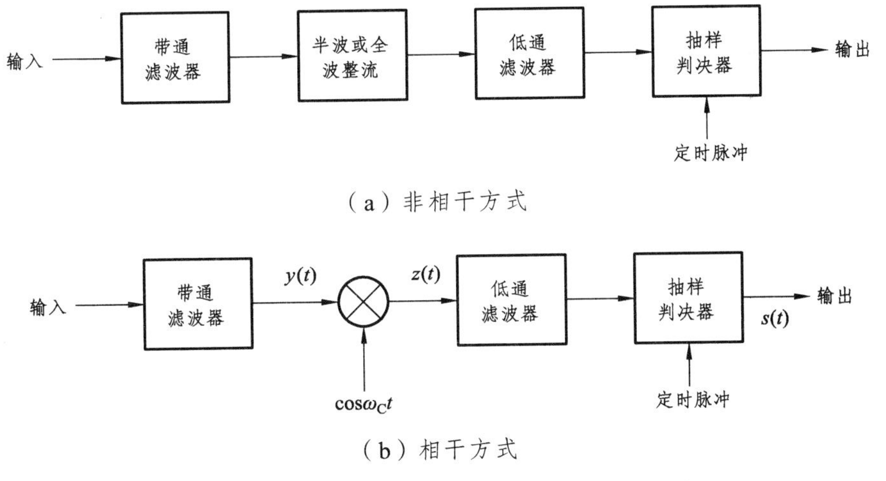

图 5-3　二进制振幅键控信号的接收系统组成方框图

接收信号到达接收端后首先经过带通滤波器滤出带外噪声，让信号完全通过。

然后通过整流和低通滤波器提取出平均分量，最后送入抽样判决器中进行判决。

抽样判决器包括抽样、判决、码元形成。

抽样脉冲是很窄的脉冲，通常位于每个码元的中间位置，其重复周期等于码元的宽度，如图 5-4 所示。

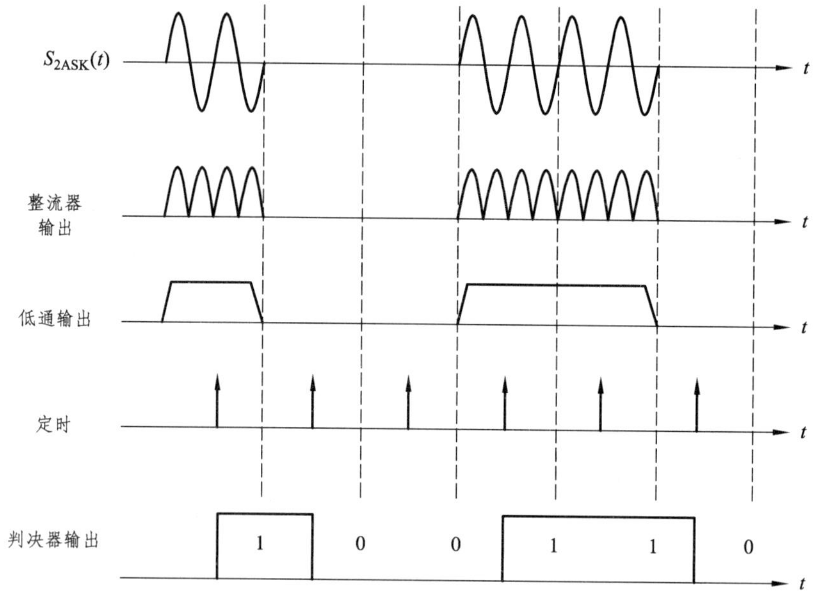

图 5-4　图 5-3（a）各点波形示意图

半波或全波整流器和低通滤波器实际上就可等效为一个包络检波器。

为便于理解非相干解调的基本原理图，图 5-4 画出了图 5-3（a）各点的波形示意图。

2. 相干解调

在相干解调方式中，接收信号到达接收端后，首先经过带通滤波器滤除带外噪声，让信号完全通过。而后与本地相干载波相乘，再经过低通滤波器去除高频分量，输出低频或直流分量，最后送入抽样判决器中进行判决。

不考虑噪声和干扰的影响，相乘器输出为

$$\begin{aligned} z(t) &= y(t)\cos\omega_c t = s(t)\cos^2\omega_c t = \frac{1}{2}s(t)(1+\cos 2\omega_c t) \\ &= \frac{1}{2}s(t)+\frac{1}{2}s(t)\cos 2\omega_c t \end{aligned} \tag{5-5}$$

式中，第一项是基带调制信号，第二项是二次谐波分量。经低通滤波器滤除二次谐波后，输出为 $\frac{1}{2}s(t)$。由于噪声影响及传输特性不理想，低通滤波器输出波形有失真，经抽样、判决、整形后再生原数字基带信号。

二进制振幅键控方式是数字调制中出现最早的，也是最简单的。这种方法最初用于电报系统，但由于它的抗噪声能力较差，故在数字通信中用得不多。不过，二进制振幅键控常常作为研究其他数字调制方式的基础。

5.2.3　2ASK 信号的功率谱及带宽

下面简单介绍 2ASK 信号的频谱特性，主要分析其功率谱密度曲线（功率谱密度：单位频带内的信号功率），获得信号的振幅信息。

前面已经得到，一个二进制的振幅键控信号可以表示成一个单极性脉冲序列 $s(t)$与一个正弦载波相乘，即

$$S_{2ASK}(t)=\sum_{n}a_n g(t-nT_s)\cos\omega_c t=s(t)\cos\omega_c t \tag{5-6}$$

假设 $S_{2ASK}(t)$ 的功率谱密度为 $P_A(f)$，$s(t)$的功率谱密度为 $P_s(f)$，则由式（5-6）可以得到

$$P_A(f)=\frac{1}{4}[P_s(f+f_c)+P_s(f-f_c)] \tag{5-7}$$

式（5-7）表明，2ASK 信号的功率谱 $P_A(f)$ 是由单极性脉冲的功率谱 $P_s(f)$ 分别向左、右两边搬移载波频率 f_c 后叠加而成的。只要知道 $P_s(f)$，则 $P_A(f)$ 也就可以确定。

单极性脉冲的功率谱密度，如图 5-5（a）所示，$P_s(f)$ 由连续谱和在零点的离散谱（直流分量）组成，带宽 f_s 在数量上与基带信号的码元速率相同。因此，2ASK 信号的功率谱 $P_A(f)$ 如图 5-5（b）所示。

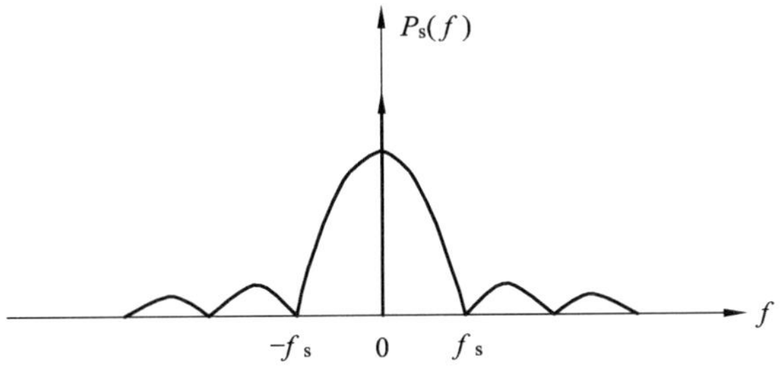

（a）

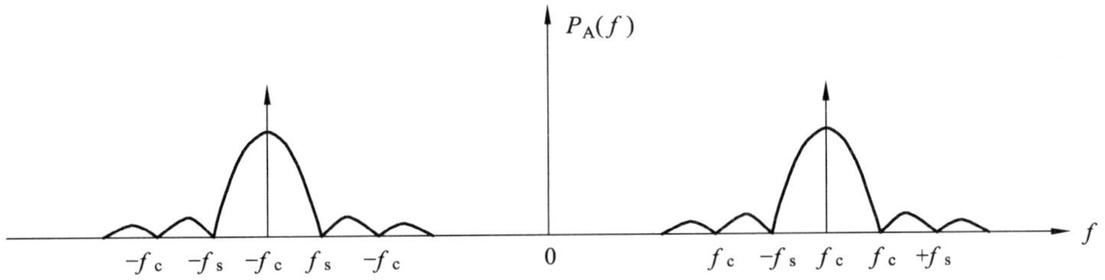

（b）

图 5-5　2ASK 信号的功率谱密度示意图

从图中可以看出：

（1）2ASK 信号的功率谱由连续谱和离散谱两部分组成。

（2）2ASK 信号的带宽 $B_{2ASK}=2f_s$，是基带脉冲波形带宽的两倍。

设基带信号的传码率为 R_B，2ASK 调制的频带利用率为

$$\eta_{2ASK}=\frac{R_B}{B}=\frac{1/T_s}{2f_s}=0.5\ (\text{Baud/Hz}) \tag{5-8}$$

5.3 数字频率调制

5.3.1 时域表达式及波形

2FSK 信号可利用一个矩形脉冲序列对一个载波进行调频而获得。

如果假设基带信号为 1 时，2FSK 信号对应于载频 ω_1 的正弦波；而基带信号为 0 时，对应于载频 ω_2 的正弦波，如图 5-6（c）所示。因此，已调信号的数学表示式也不难写出，即

$$s_{2FSK}(t)=\sum_n a_n g(t-nT_s)\cos(\omega_1 t+\varphi_n)+\sum_n \overline{a_n} g(t-nT_s)\cos(\omega_2 t+\theta_n) \quad (5\text{-}9)$$

式中，$g(t)$为单个矩形脉冲，脉宽为 T_s。

$$a_n=\begin{cases}0, & 概率为P\\1, & 概率为1-P\end{cases} \quad (5\text{-}10)$$

式中，$\overline{a_n}$ 是 a_n 的反码，即若 $a_n=0$，则 $\overline{a_n}=1$；若 $a_n=1$，则 $\overline{a_n}=0$，于是

$$\overline{a_n}=\begin{cases}1, & 概率为P\\0, & 概率为1-P\end{cases} \quad (5\text{-}11)$$

φ_n，θ_n 分别是第 n 个信号码元的初相位。

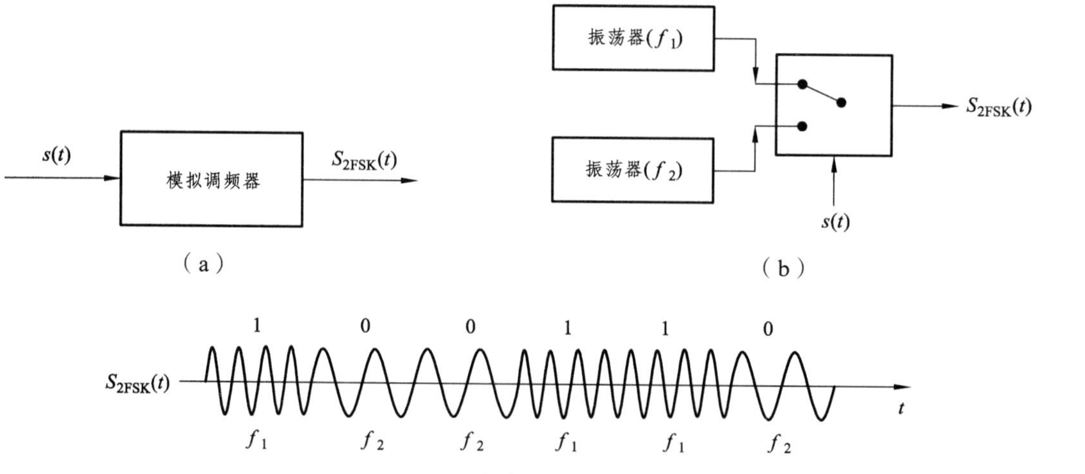

图 5-6 二进制移频键控（2FSK）信号的产生及波形示例

5.3.2 调制方法

二进制数字频率调制信号的产生方法通常有两种。

一种是利用模拟调频法实现数字调频的方法，如图 5-6（a）所示，即用数字基带矩形脉

冲控制一个振荡器的某些参数，直接改变振荡频率，使输出得到不同频率的已调信号。

用模拟调频法产生的 2FSK 信号对应着两个频率的载波，在码元转换时刻，两个载波相位能够保持连续，所以称为相位连续的 2FSK 信号，波形如图 5-6（c）所示。

2FSK 信号的另一产生方法便是采用键控法，如图 5-6（b）所示，即利用受矩形脉冲序列控制的开关电路对两个不同的独立频率源进行选通。一般说来，ω_1 与 ω_2 改变时其相位是不连续的。

5.3.3 解调方法

2FSK 信号的解调也有非相干解调和相干解调两种。图 5-7 给出了非相干 2FSK 和相干 2FSK 解调器的原理框图。

图 5-7（a）中，先用两个中心频率分别为 f_1 和 f_2 的带通滤波器分离两个不同频率的信号，并且对噪声进行滤波，输入 f_1 频率信号时，中心频率为 f_1 的带通滤波器有信号加噪声输出，而中心频率为 f_2 的带通滤波器只有噪声输出。输入 f_2 频率信号时，中心频率为 f_2 的带通滤波器有信号加噪声输出，而中心频率为 f_1 的带通滤波器只有噪声输出。

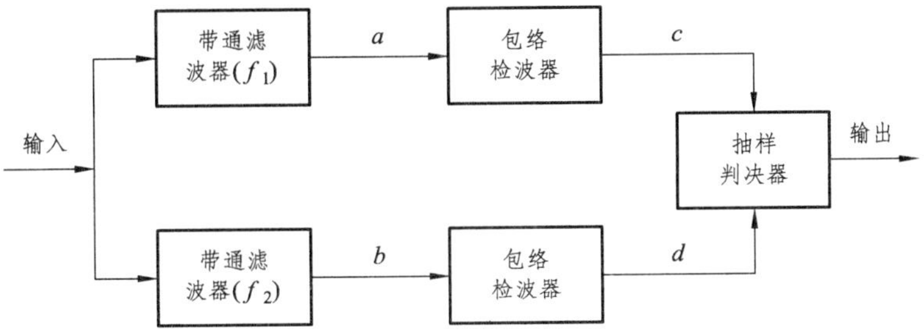

（a）非相干方式

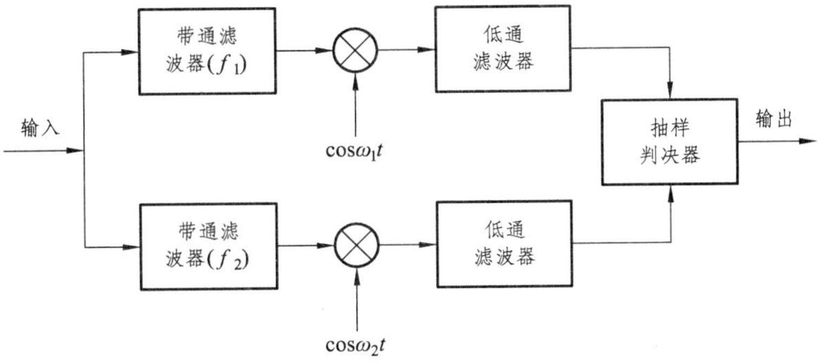

（b）相干方式

图 5-7　二进制移频键控信号常用的接收系统

两个带通滤波器的输出分别由两个包络检波器进行包络检波。

解调结果由抽样判决器进行判决，在抽样时刻：

若上支路的输出大于下支路的输出，判为“1”（收到 f_1 信号），若下支路的输出大于上支路的输出，判为“0”（收到 f_2 信号）。图 5-8 为图 5-7（a）各点波形示意图。

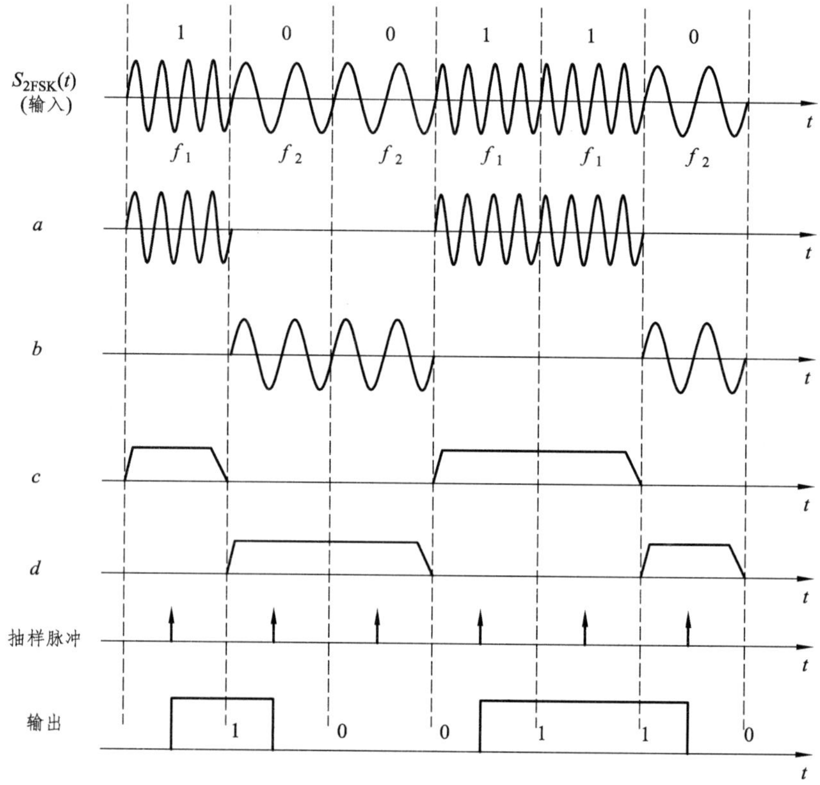

图 5-8 图 5-7（a）各点波形示意图

2FSK 信号相干解调器中，需要 2 个与发送端同频同相的本地载波，称为同步载波或相干载波。

2FSK 信号还有其他的解调方法，比如鉴频法、过零检测法及差分检波法。下面简要介绍过零检测法。

数字调频波的过零数随不同载频而异，故检出过零点数可以得到关于频率的差异。这就是过零检测法的基本思想，其原理框图如图 5-9 所示。

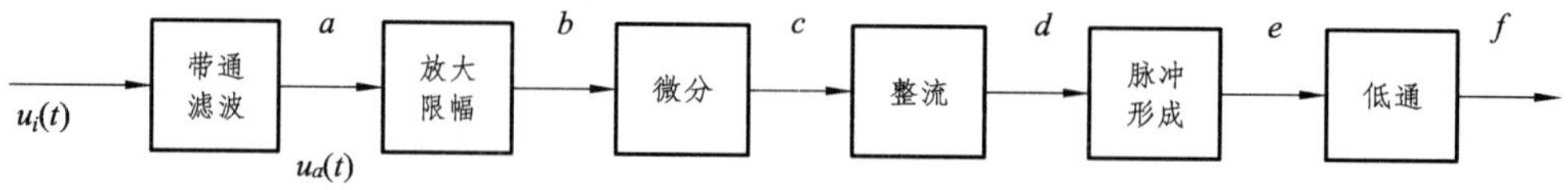

图 5-9 2FSK 信号过零点检测法原理框图

输入信号 $u_i(t)$经带通滤波器后，得到 $u_a(t)$，$u_a(t)$与 $u_i(t)$的形状基本相同，$u_a(t)$经限幅后产生矩形波序列，经微分、整流形成与频率变化相应的正触发脉冲序列，尖脉冲的数目就是调频波信号过零点的数目。

脉冲形成器输出具有一定宽度的矩形波，经低通滤波器滤除高次谐波，得到近似直流的电压。电压越高，表示调频波的频率越高，便能得到对应于原数字信号的基带脉冲信号。各点波形如图 5-10 所示。

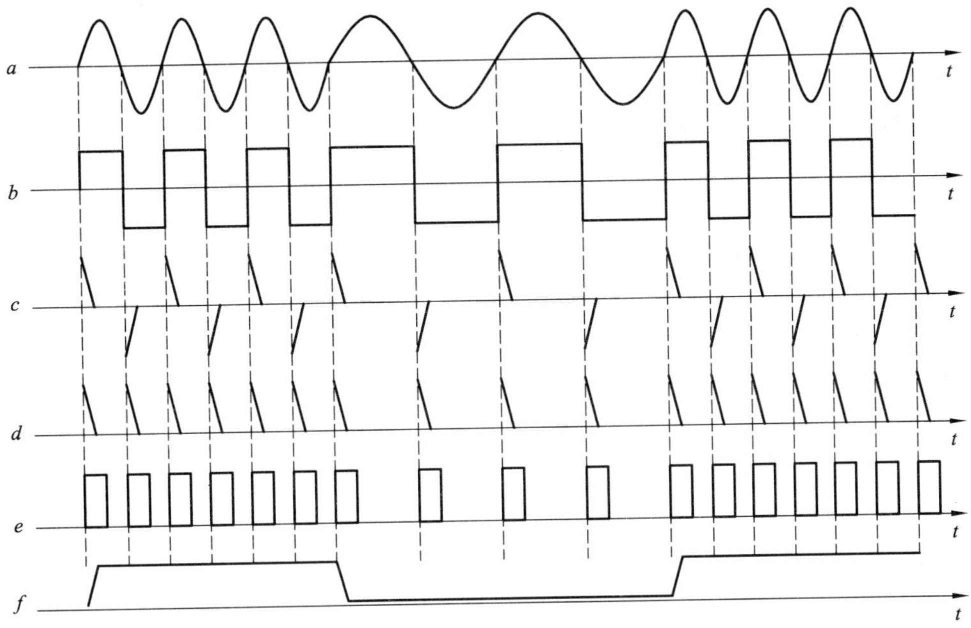

图 5-10　过零点检测法的方框图及各点波形

5.3.4　频谱特性和带宽

由于 2FSK 调制属于非线性调制，可以将相位不连续的 2FSK 看成是两个不同载波频率的 2ASK 信号之和。一个 2ASK 信号的载波频率为 f_1，而另一个 2ASK 信号的载波频率为 f_2。因此，2FSK 信号的功率谱就是载波频率分别为 f_1 和 f_2 的两个 2ASK 信号的功率谱之和，如图 5-11 所示。

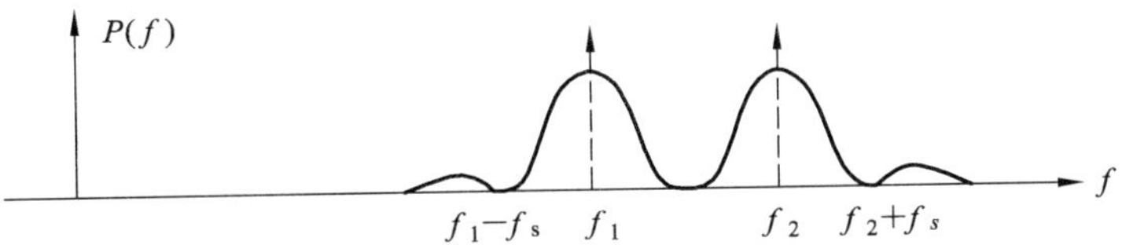

图 5-11　2FSK 信号的功率谱密度示意图（单边谱）

从图中可以看出，2FSK 信号的功率谱由连续谱和离散谱两部分组成。

其中，连续谱由两个双边带谱叠加而成；离散谱出现在两个载频分量上，左边波峰的载频为 f_1，右边波峰的载频为 f_2。

可以看出 2FSK 信号的第一零点带宽为

$$B_{2FSK}=|f_2-f_1|+2f_s \tag{5-12}$$

2FSK 调制的频带利用率为

$$\eta_{2FSK}=\frac{f_s}{B}\ (\text{Baud/Hz}) \tag{5-13}$$

5.4 数字相位调制

5.4.1 时域表达式及波形

二进制移相键控（2PSK）是用基带信号控制载波相位的一种数字调制方式。

设二进制符号及其基带波形与以前假设的一样，那么，2PSK 的信号形式一般表示为

$$s_{2PSK}(t)=\left[\sum_n a_n g(t-nT_s)\right]\cos\omega_c t \tag{5-14}$$

这里 $g(t)$是脉宽为 T_s 的单个矩形脉冲，而 a_n 统计特性为

$$a_n=\begin{cases}+1, & \text{概率为}P\\ -1, & \text{概率为}1-P\end{cases} \tag{5-15}$$

即假设发送二进制符号 0 时：a_n 取+1，S_{2PSK} 的相位为 0；

假设发送二进制符号 1 时：a_n 取 − 1，S_{2PSK} 的相位为 π。

这种以载波的不同相位直接去表示相应数字信息的相位键控,通常被称为绝对移相方式。

5.4.2 2PSK 调制、解调方法

图 5-12 所示是产生 2PSK 信号的键控法框图。

设当基带信号为 0 时，S_{2PSK} 的相位为 0。

当基带信号为 1 时，S_{2PSK} 的相位为 π。S_{2PSK} 的波形如图 5-12 所示。

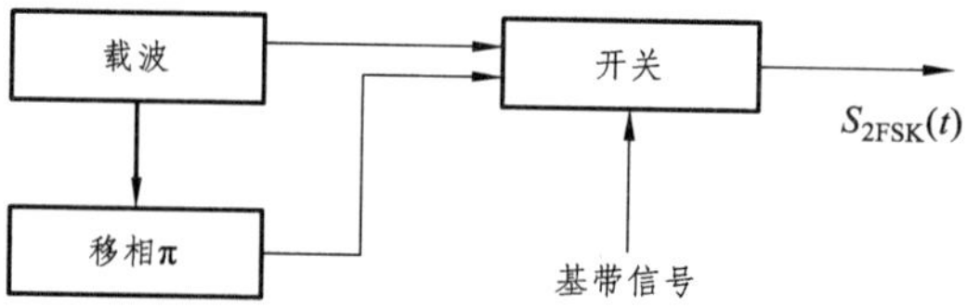

图 5-12 键控法产生 2PSK 信号

2PSK 信号相干解调的方框图如图 5-13 所示。图中的解调过程，实质上是输入已调信号与本地载波信号进行极性比较的过程，故又称为极性比较法解调。

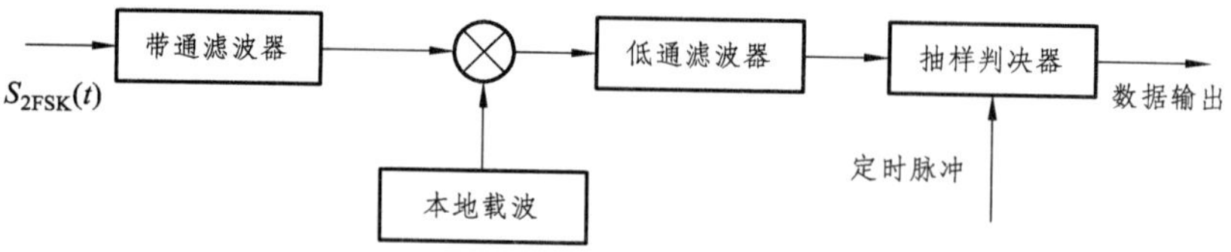

图 5-13 2PSK 信号相干解调

图 5-13 中各点的工作波形如图 5-14 所示。

在图 5-14 中，如果恢复载波为 $\cos(\omega_c t+\pi)$，即与发送载波反相，则相乘器输出极性、低通滤波器输出极性与图 5-14 相反，判决器输出数码将与图 5-14 中输出数码不同，即“1”码变为“0”码，“0”码变为“1”码，这种现象常称为 2PSK 方式的“倒π”现象或“反相工作”现象。

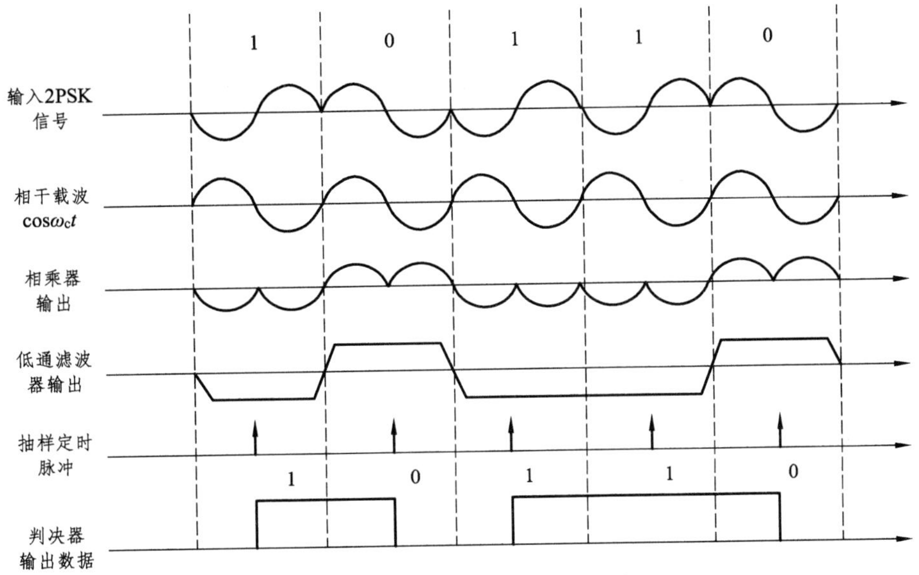

图 5-14　图 5-13 中各点的工作波形

实际中一般不采用 2PSK 方式，而采用相对（差分）移相（2DPSK）方式。

5.4.3　2DPSK 调制、解调方法

先将绝对码变为相对码，再进行 2PSK 调制，就能实现二进制差分调相（2DPSK）。

图 5-15 中，a_n 是绝对码，b_n 是相对码，相对码（差分码）是用基带信号码元的电平相对前一码元的电平有无变化来表示数字信息的。

$$b_n = a_n \oplus b_{n-1} \tag{5-16}$$

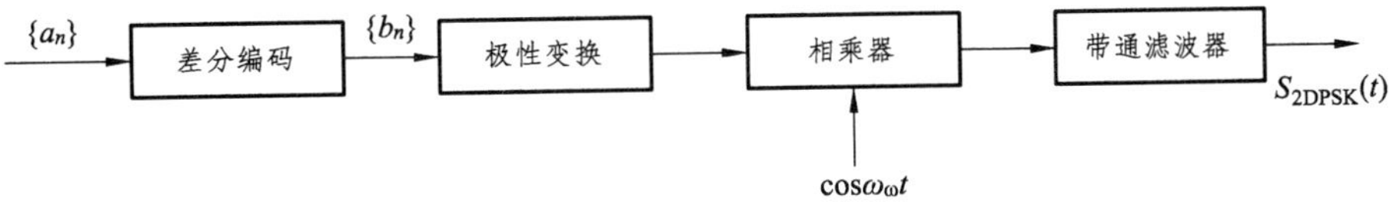

图 5-15　2DPSK 调制方法

设 $a_n = 0010111$，$b_{n-1} = 0$，则 b_n 如表 5-1 所示，表中 b_n 最左边的 0 就是 b_{n-1}。

表 5-1　求 b_n

a_n		0	0	1	0	1	1	1
b_n	0	0	0	1	1	0	1	0

设 $a_n = 0010111$，$b_{n-1} = 1$，则 b_n 如表 5-2 所示。

表 5-2　求 b_n

a_n		0	0	1	0	1	1	1
b_n	1	1	1	0	0	1	0	1

2DPSK 信号可采用极性比较-码变换法解调，但必须通过差分译码器把相对码序列（b_n，差分译码器的输入）再变换成绝对码序列（a_n，差分译码器的输出）。

极性比较-码变换法解调框图如图 5-16 所示,其中

$$a_n = b_n \oplus b_{n-1} \tag{5-17}$$

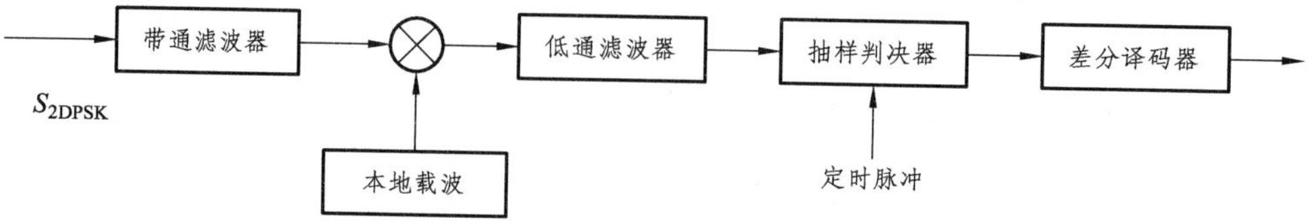

图 5-16 极性比较-码变换法解调 2DPSK 信号

不管本地载波与发端载波同相或反相，都能正确解调（见表 5-3、表 5-4）。所以，2DPSK 能有效克服 2PSK 方式的“倒π”现象或“反相工作”现象，在实际中采用 2DPSK 方式。

表 5-3 图 5-16 中本地载波与发端同相时的解调过程

发端绝对码 a_n		0	0	1	0	1	1	1
发端相对码 b_n	0	0	0	1	1	0	1	0
收端相对码 b_n（本地载波与发端同相）	0	0	0	1	1	0	1	0
收端绝对码 a_n		0	0	1	0	1	1	1

表 5-4 图 5-16 中本地载波与发端反相时的解调过程

发端绝对码 a_n		0	0	1	0	1	1	1
发端相对码 b_n	0	0	0	1	1	0	1	0
收端相对码 b_n（本地载波与发端反相）	1	1	1	0	0	1	0	1
收端绝对码 a_n		0	0	1	0	1	1	1

此外，2DPSK 信号还可采用差分相干解调的方法，即直接比较前后码元的相位差，故又称为相位比较法解调，其原理框图如图 5-17 所示。由于此时的解调已同时完成码变换作用，故无需另加码变换器，各点的波形如图 5-18 所示。

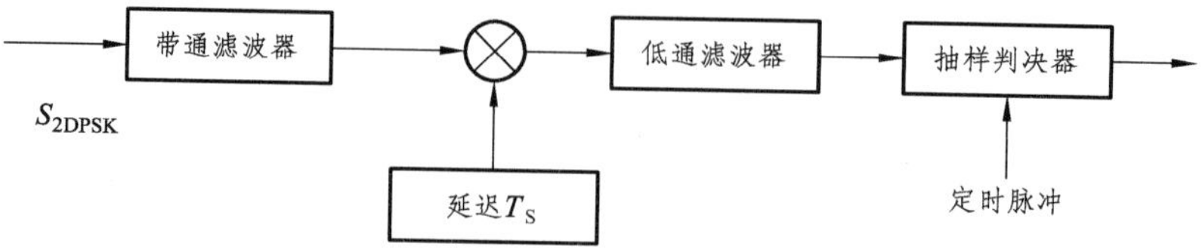

图 5-17 相位比较法解调 2DPSK 信号

相位比较法解调无需专门的相干载波。当然，它需要延迟电路（精确地延迟一个码元间隔 T_s）。

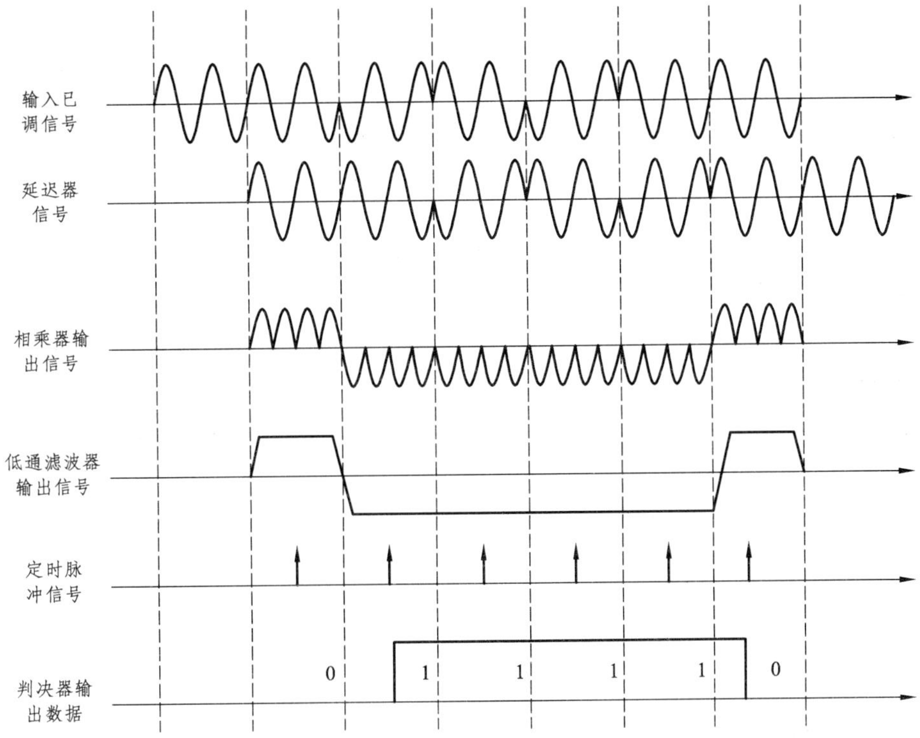

图 5-18　图 5-17 各点波形示意图

5.4.4　频谱特性和带宽

图 5-19 给出了 2PSK 信号和 2DPSK 信号的功率谱密度曲线。从图中可以看出：

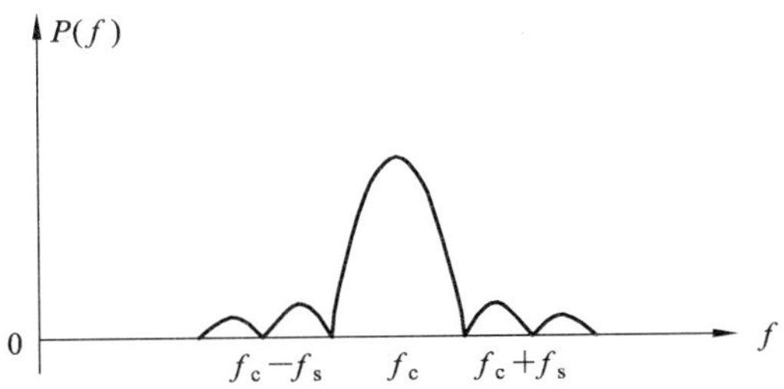

图 5-19　2PSK 信号和 2DPSK 信号的功率谱密度示意图

（1）2PSK 信号和 2DPSK 信号的功率谱密度同样由连续谱和离散谱两部分组成，但当双极性基带信号以相等的概率出现时，将不存在离散部分。

（2）2PSK 信号和 2DPSK 信号的带宽为

$$B_{2PSK}=2f_s \tag{5-18}$$

频带利用率为

$$\eta_{2PSK} = \frac{f_s}{B} = 0.5 \text{ (Baud/Hz)} \tag{5-19}$$

5.5 多进制数字调制系统

多进制数字调制是利用多进制数字基带信号去调制载波的振幅、频率或相位。因此，相应的有多进制数字振幅调制、多进制数字频率调制和多进制数字相位调制等三种基本方式。

与二进制数字调制相比，多进制数字调制具有以下两个特点：

（1）在相同的码元传输速率下，M 进制系统的信息传输速率提高到二进制系统的 $\log_2 M$ 倍。比如，四进制系统的信息传输速率是二进制系统的两倍；128 进制系统的信息传输速率是二进制系统的 7 倍。

（2）在相同的信息速率下，由于多进制码元传输速率比二进制的低，因而多进制信号码元的持续时间要比二进制的长。

显然，增大码元宽度，就会增加码元的能量，并能减小由于信道特性引起的码间干扰的影响等。

正是基于这些特点，使多进制调制方式获得了广泛的应用。下面我们就三种多进制数字调制的原理作一简要介绍。

5.5.1 多进制数字振幅调制

多进制基带数字信号对载波进行振幅调制，就得到多进制数字振幅调制信号。这种方式在原理上是 2ASK 信号的推广。

图 5-20 所示为四进制数字基带信号 $s(t)$和已调信号 $S_{MASK}(t)$的波形图。

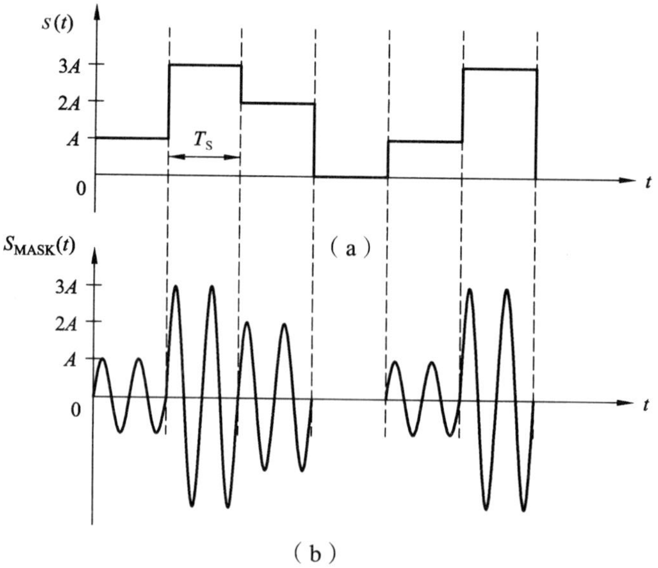

（b）

图 5-20 多进制数字幅度调制波形

不难看出，MASK 信号的波形可以看作是由时间上不重叠的 M 个不同的振幅值的 2ASK 信号的叠加。

因而，MASK 信号的功率谱便是这 M 个信号的功率谱密度之和。M 电平已调信号的带宽与二电平的相同，即

$$B_{\mathrm{MASK}}=2f_{\mathrm{s}} \tag{5-20}$$

5.5.2 多进制数字频率调制

在 MFSK 中，用 M 个不同频率的正弦脉冲表示数字消息。它是二进制数字频率键控方式的直接推广。这里仅简要介绍多进制系统的组成方框图以及它的主要特点。

图 5-21 所示是 MFSK 信号产生器框图。

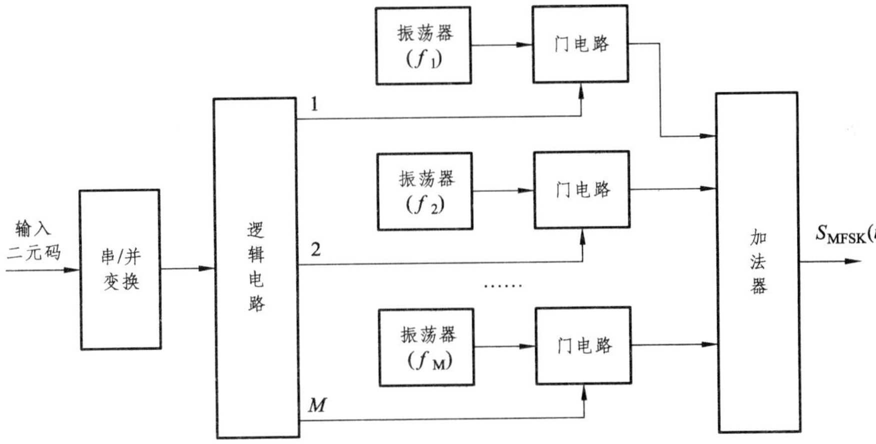

图 5-21 MFSK 信号产生器框图

通常要传送的数字消息是二元数字消息，采用多进制调制时，先要对输入二进制数字序列进行串/并变换，变换为 M 进制数字序列。

例如 $M=4$ 时，每次把 2 位二进制码编为一组，映射为四进制码组 00、01、10、11。

$M=8$ 时，每次把 3 位二进制码编为一组，映射为八进制码组 000、001、010、011、100、101、110、111，其他依此类推。

M 元码经由逻辑电路控制 M 个门电路，使在每一码元中只有选中的一个门电路打开，其他门电路关闭，使之输出相应频率信号。

采用非相干解调的框图如图 5-22 所示。

接收机中用通带中心频率分别为 $f_1,f_2,\cdots,f_M$ 的 M 个带通滤波器分离 M 个不同频率信号。

例如当某个码元的 MFSK 信号是频率为 f_1 的信号时，中心频率为 f_1 的带通滤波器输出为正弦载波加窄带噪声，除此之外的其他带通滤波器输出中仅存在窄带噪声。

抽样判决器按 M 个包络检波器中输出样值最大判决，例如当图 5-22 中最上边的包络检波器输出样值大于其他包络检波器的输出样值时，判决为收到频率为 f_1 的信号。

抽样判决器输出的 M 元数字消息经并/串变换后，变换为二元数字序列输出，一个 M 元码变换为 $\log_2 M$ 个二元码。

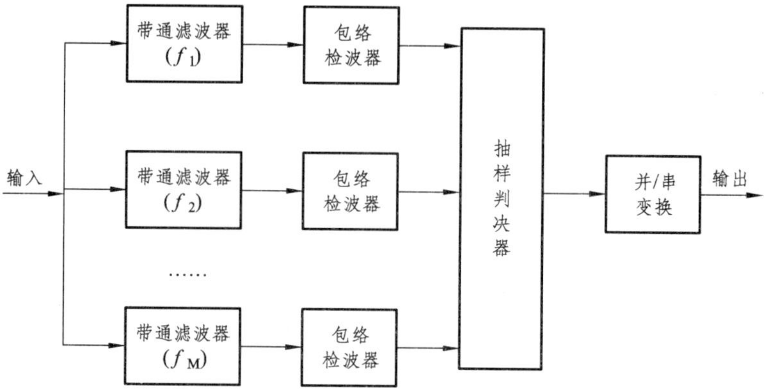

图 5-22 非相干解调 MFSK 信号框图

键控法产生的 MFSK 信号，可以看作由 M 个幅度相同、载频不同、时间上互不重叠的 2ASK 信号的叠加的结果。

设 MFSK 信号码元宽度为 T_s，即带宽 $B=f_s=1/T_s$，若假设 $f_M-f_{M-1}=f_{M-1}-f_{M-2}=\cdots=f_2-f_1=2f_s$，其中 f_M 为最高选用载频，f_1 为最低选用载频，则 MFSK 信号的频谱如图 5-23 所示。

从图 5-23 可以看出，M 频制信号的带宽为

$$B_{\text{MFSK}}=f_M-f_1+2f_s \tag{5-21}$$

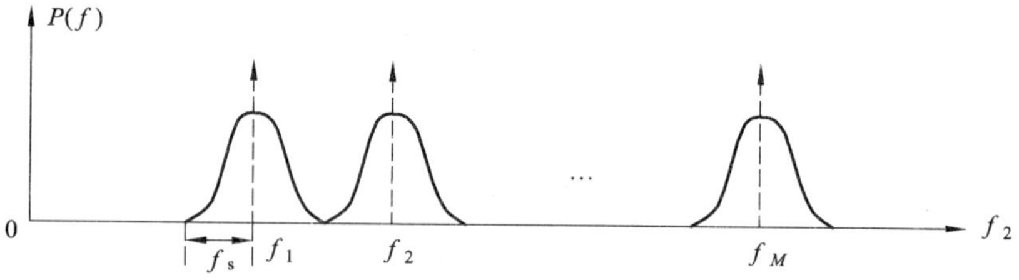

图 5-23 MFSK 信号的频谱

5.5.3 多进制数字相位调制

多进制数字相位调制又称为多相制，它是利用载波的多种不同相位（相位差）来表征数字信息的调制方式。通常，多相制中使用最广泛的四相制和八相制，即 $M=4$ 或 8。因此，下面将以四相制为例来说明多相制的原理。

四相制与二相制相似，可以分为四相绝对移相调制（亦称为四相绝对移相键控，记为 4PSK 或 QPSK）和四相相对移相调制（亦称为四相相对移相键控，记为 4DPSK 或 QDPSK）两种。

多相调制的波形可以看作是对两个正交载波进行多电平双边带调制所得信号之和。这就说明，多相调制信号的带宽与多电平双边带调制时的相同。四相相移键控具有较高的频谱利用率和较强的抗干扰性，是目前微波、卫星通信、数字蜂窝移动通信常用的一种载波传输方式。

由于 4 种不同的相位可以代表 4 种不同的数字信息，因此，对于输入的二进制数字序列应该先进行分组，将每两个比特编为一组，然后用四种不同的载波相位去表征它们。例如，若输入二进制数字信息序列为...1011010010⋯，则可将它们分成 10，11，01，00、10 等，然后用 4 种不同的相位来分别代表它们。

5.5.3.1 4PSK（QPSK）

四相绝对移相调制利用载波的四种不同相位来表征数字信息。

由于每一种载波相位代表两个比特信息，故每个四进制码元又称为双比特码元。把组成双比特码元的前一信息比特用 a 代表，后一信息比特用 b 代表。

双比特码元中两个信息比特 ab 通常按格雷码（即反射码）排列的，A 方式载波相位的关系如表 5-5 所示。

4PSK 信号的产生方法与 2PSK 信号一样，也可分为调相法和相位选择法。

1. 调相法

用调相法产生 4PSK 信号的组成方框图如图 5-24 所示。

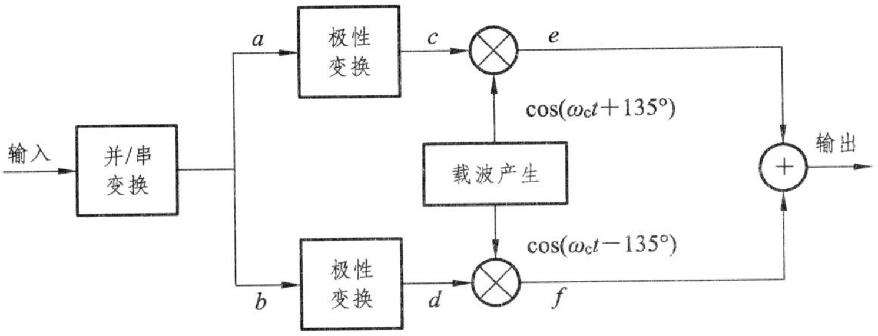

图 5-24 调相法的组成方框图（A 方式）

图中，串/并变换器将输入的二进制序列依次分为两个并行的双极性序列。

设两个序列中的二进制数字分别为 a 和 b，每一对 ab 称为一个双比特码元，经极性变换器变为双极性的 c 和 d 脉冲，通过两个平衡调制器分别对同相载波及正交载波进行调制，将两路输出叠加，即四相绝对移相调制可以看作两个正交的二相绝对移相调制的合成。

由于因相位误差造成错判至相邻相位的概率最大，所以 4PSK 采用格雷码可使总误比特率下降。A 方式的相位编码逻辑关系如表 5-5 所示。

表 5-5 4PSK 信号相位编码逻辑关系（A 方式）

ab	00	01	11	10
cd	+1，+1	+1，−1	−1，−1	−1，+1
a 路平衡调制器输出 e	$c\times\cos(\omega_c t+135°)$			
b 路平衡调制器输出 f	$d\times\cos(\omega_c t-135°)$			
S_{4PSK}	$e+f$			
合成相位	180°	90°	0°	−90°

如果调相法的组成方框图如图 5-25 所示，则 4PSK 信号相位编码逻辑关系如表 5-6 所示。

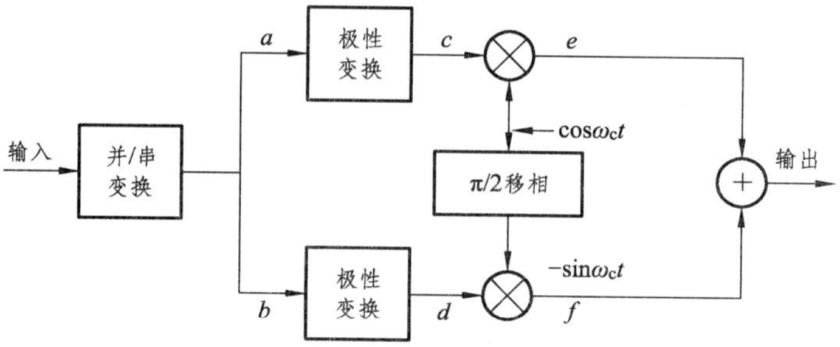

图 5-25 调相法的组成方框图（B 方式）

表 5-6 极性变换器的输出极性（B 方式）

ab	00	01	11	10
cd	+1，+1	+1，−1	−1，−1	−1，+1
a 路平衡调制器输出 e	$c\times\cos\omega_c t$			
b 路平衡调制器输出 f	$d\times(-\sin\omega_c t)$			
S_{4PSK}	$c\times\cos\omega_c t+d\times(-\sin\omega_c t)$			
合成相位	45°	−45°	−135°	135°

2. 相位选择法

用相位选择法产生 4PSK 信号的组成方框图如图 5-26 所示。图中，四相载波发生器分别送出调相所需的四种不同相位的载波。按照串/并变换器输出的双比特码元的不同，逻辑选相电路输出相应相位的载波。假如，双比特码元 ab 为 00 时，输出相位为 45°的载波；ab 为 01 时，输出相位为 −45°的载波；ab 为 11 时，输出相位为 −135°的载波；ab 为 10 时，输出相位为 135°的载波。

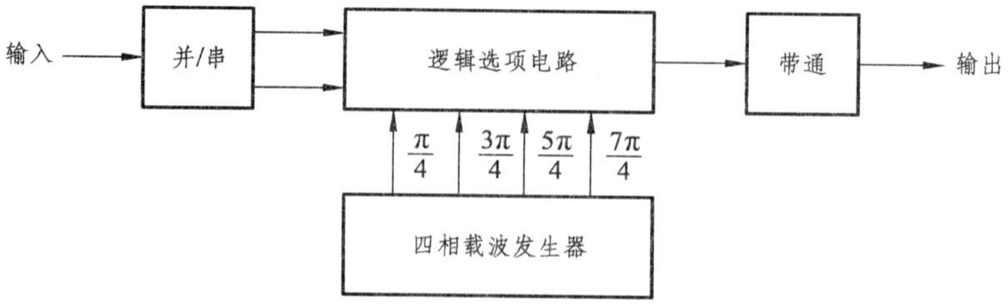

图 5-26 四相选择法组成方框图

由于四相绝对移相信号可以看作是两个正交 2PSK 信号的合成，它可以采用与 2PSK 信号类似的解调方法进行解调，即由两个 2PSK 信号相干解调器构成，其组成方框图如图 5-27 所示。图中的并/串变换器的作用与调制器中的串/并变换器相反，它是用来将上、下所得到的并行数据恢复成串行数据的。

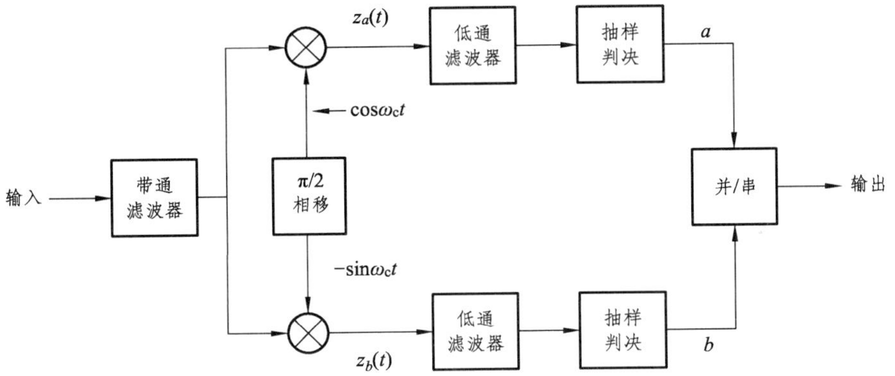

图 5-27 4PSK 信号解调方框图

5.5.3.2 四相相对移相调制（QDPSK）

在 2PSK 信号相干解调过程中会产生相位模糊。同样，对 4PSK 信号进行相干解调也会产生相位模糊问题。所以在实际中主要采用相对移相调制（QDPSK）方式。

5.6 现代数字调制技术

前面讨论了基本的数字调制方式。随着通信技术的发展，人们需要频带利用率更高，抗干扰能力更强的调制方式。

在系统带宽一定的情况下，多进制系统的频带利用率高。但是，多进制调制系统频带利用率的提高是通过牺牲抗干扰能力获得的。出现了振幅相位联合键控即正交调幅（QAM）、预调制高斯滤波的最小频移键控（GMSK）、正交频分复用（OFDM）、扩频调制等调制新技术。

5.6.1 正交调幅（QAM）

由以上对 MASK 和 MPSK 系统的分析可以看出，在系统带宽一定的条件下，多进制调制的信息传输速率比二进制的高，也就是说，多进制振幅或相位调制系统的频带利用率高。

QAM 正交振幅调制指的是用两个独立的基带波形对两个相互正交的同频载波进行抑制载波的双边带调制，利用这种已调信号在同一带宽内频谱正交的性质来实现两路并行的数字信息传输。QAM 在移动通信、数字电视等方面获得了广泛的应用。

4QAM 正交振幅调制系统的组成方框图如图 5-28（a）所示。图中串/并变换器将速率为 R_b 的二进制输入信息序列分成两路速率为 $R_b/2$ 的二进制序列，经电平转换为多进制信号 $M_I(t)$和 $M_Q(t)$，$\cos\omega_c t$ 和 $\sin\omega_c t$ 是相互正交的载波。由图可见，发送端形成的正交振幅调制信号为

$$S_{QAM}(t) = m_I(t)\cos\omega_c t + m_Q(t)\sin\omega_c t \tag{5-22}$$

式中，$\cos\omega_c t$ 项通常称为同相信号，或称为 I 信号；$\sin\omega_c t$ 项通常称为正交信号，或称为 Q 信号。

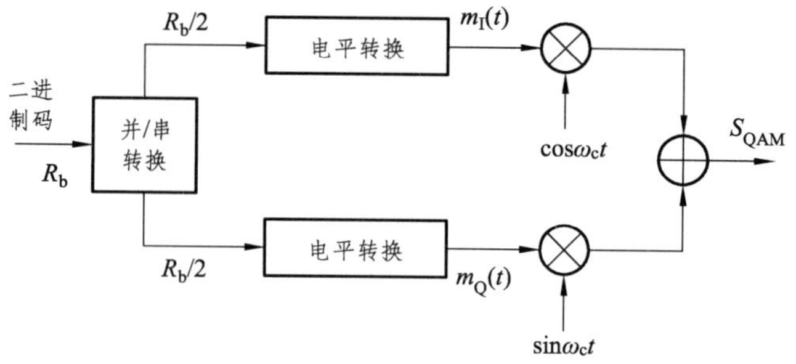

（a）QAM 调制方框图

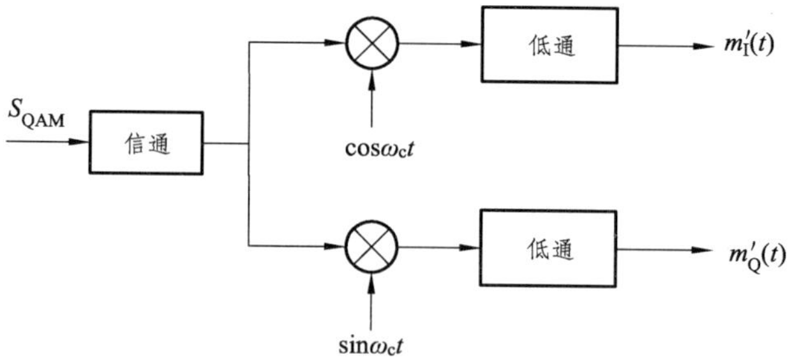

（b）QAM 解调方框图

图 5-28　QAM 调制及解调方框图

图 5-28（a）中，如果串/并变换器的上、下支路输出都为两位，则 $m_Q(t)$、$m_I(t)$都为 4 电平，构成 16QAM 系统。

图 5-28（a）中，如果串/并变换器的上、下支路输出都为 3 位，则 $m_Q(t)$、$m_I(t)$都为 8 电平，构成 64QAM 系统。

图 5-28（a）中，如果串/并变换器的上、下支路输出都为 4 位，则 $m_Q(t)$、$m_I(t)$都为 16 电平，构成 256QAM 系统。

下面讨论 16QAM 系统。

设 $m_I(t)$的取值为 -1，-3，$+1$，$+3$；$m_Q(t)$的取值也为 -1，-3，$+1$，$+3$。

当 $m_I(t) = -1$，$m_Q(t) = -1$ 时，$S_{QAM} = -\cos\omega_c t - \sin\omega_c t = \sqrt{2}\cos\ (\omega_c + 135°)$

当 $m_I(t) = -1$，$m_Q(t) = -3$ 时，$S_{QAM} = -\cos\omega_c t - 3\sin\omega_c t = \sqrt{10}\cos(\omega_c + 108.5°)$

当 $m_I(t) = -1$，$m_Q(t) = +1$ 时，$S_{QAM} = -\cos\omega_c t + \sin\omega_c t = \sqrt{2}\cos(\omega_c - 135°)$

当 $m_I(t) = -1$，$m_Q(t) = +3$ 时，$S_{QAM} = -\cos\omega_c t + 3\sin\omega_c t = \sqrt{10}\cos(\omega_c - 108°)$

其余以此类推，共有 16 种组合。

星座图：坐标系上的一个点阵。点到原点的距离是信号的振幅，点到原点的连线与水平坐标轴的夹角是信号的初相位。

16QAM 的信号星座图如图 5-29 所示，每个点代表 4 比特基带信号。其中，第 i 个信号的表达式为

$$S_i(t) = A_i\cos(\omega_c t + \varphi_i),\quad i = 1,2,\cdots,16 \tag{5-23}$$

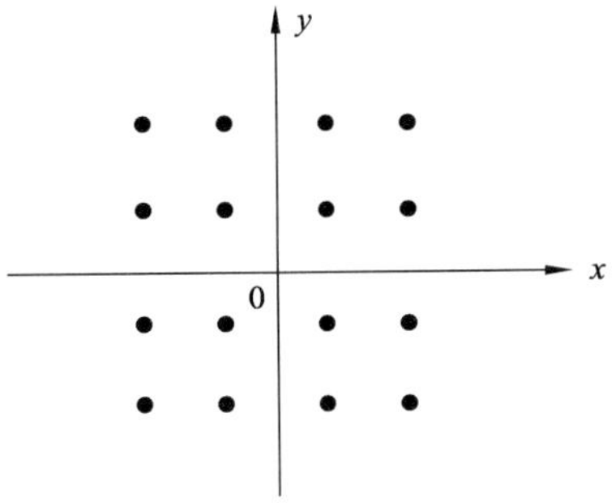

图 5-29　16QAM 的信号星座图

信号共有 3 个不同的振幅，12 个不同的初相位。

在图 5-28（b）中，若信道具有理想传输特性，则上支路相干解调器的输出为

$$m_{\mathrm{I}}'(t)=\frac{1}{2}m_{\mathrm{I}}(t) \tag{5-24}$$

下支路相干解调器的输出为

$$m_{\mathrm{Q}}'(t)=\frac{1}{2}m_{\mathrm{Q}}(t) \tag{5-25}$$

这样，便无失真地完成了波形的传输。

5.6.2　最小移频键控

对于数字频率调制和数字相位调制，由于已调信号包络恒定，有利于在非线性特性的信道中传输。由于一般频移键控信号相位不连续、频偏较大等原因，使其频谱利用率低。

本节讨论的 MSK 是二进制连续相位 FSK 的一种特殊形式。MSK（最小频移键控），有时也称为快速频移键控（FFSK）。所谓“最小”指的是这种调制方式能以最小的调制指数（0.5）获得正交信号；而“快速”则是指在给定同样的频带内，MSK 能比 2PSK 的数据传输速率更高，且在带外的频谱分量要比 2PSK 衰减得快。

MSK 是 2FSK 信号的改进型，二进制 MSK 信号的表示式可写为

$$S_{\mathrm{MSK}}(t)=\cos\left[\omega_{\mathrm{c}}t+\frac{\pi a_k}{2T_{\mathrm{s}}}t+\varphi_k\right]\quad (k-1)T_{\mathrm{s}}\leqslant t\leqslant kT_{\mathrm{s}} \tag{5-26}$$

令

$$\theta(t)=\frac{\pi a_k}{2T_{\mathrm{s}}}t+\varphi_k$$

则

$$S_{\mathrm{MSK}}(t)=\cos\left[\omega_{\mathrm{c}}t+\theta(t)\right]$$

式中　ω_{c}——载波角频率；

T_{s}——码元宽度；

a_k——第 k 个码元中的信息，其取值为 ± 1；

φ_k——第 k 个码元的相位常数，它在时间 $(k-1)T_{\mathrm{s}}\leqslant t\leqslant kT_{\mathrm{s}}$ 中保持不变。

由式（5-26）可见，当 $a_k=+1$ 时，信号的频率为

$$f_2 = \frac{1}{2\pi}\left(\omega_c + \frac{\pi}{2T_s}\right) \tag{5-27}$$

当 $a_k = -1$ 时，信号的频率为

$$f_1 = \frac{1}{2\pi}\left(\omega_c - \frac{\pi}{2T_s}\right) \tag{5-28}$$

由此可得频率间隔为

$$\Delta f = f_2 - f_1 = \frac{1}{2T_s} \tag{5-29}$$

f_c 与 f_1、f_2 的关系如图 5-30（a）所示。图 5-30（b）为某电路 a_k 为 +1、−1、−1、+1、+1、+1 时的 MSK 信号波形图。

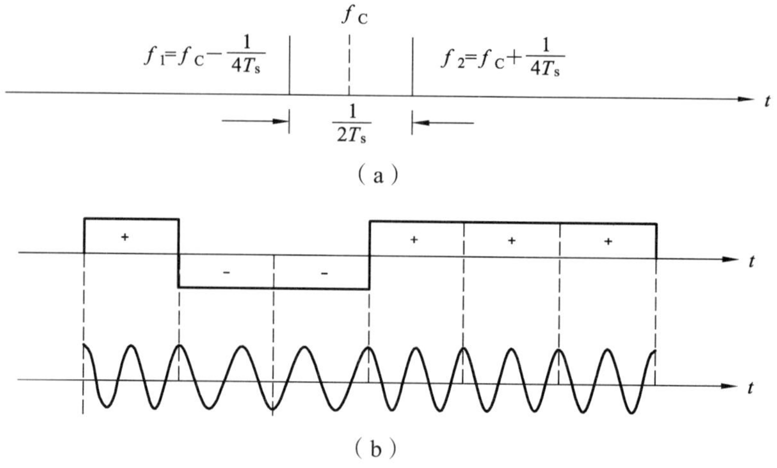

图 5-30　MSK 信号的频率间隔与波形

相位 φ_k 的选择应保证信号相位在码元转换时刻是连续的。根据这一要求，由式 $\theta(t) = \frac{\pi a_k}{2T_s}t + \varphi_k$ 可以导出以下的相位递归条件，或者称为相位约束条件，即

$$\varphi_k = \varphi_{k-1} + (a_{k-1} - a_k)\left[\frac{\pi}{2}\right](k-1) \tag{5-30}$$

当　　$a_k = a_{k-1}$，$\varphi_k = \varphi_{k-1}$

当　　$a_k \neq a_{k-1}$，$\varphi_k = \varphi_{k-1} \pm (k-1)\pi$

式（5-30）表明，MSK 信号在第 k 个码元的相位常数不仅与当前的 a_k 有关，而且与前面的 a_{k-1} 及相位常数 φ_{k-1} 有关。或者说，前后码元之间存在着相关性。

$\theta(t)$ 称为附加相位函数，它是 MSK 信号的总相位减去随时间线性增长的载波相位而得到的剩余相位。$\theta(t)$ 的表示式是一个直线方程式，其斜率为 $\frac{\pi a_k}{2T_s}$，截距是 φ_k。另外，a_k 的取值为 ±1，故 $\frac{\pi a_k}{2T_s}$ 是分阶段的相位函数（以码元宽度 T_s 为段）。在任一个码元期间内，$\theta(t)$ 的变

化量总是 $\pi/2$。$a_k=+1$ 时，增大 $\pi/2$；$a_k=-1$ 时，减小 $\pi/2$。图 5-31 所示是针对一特定数据序列画出的附加相位轨迹。

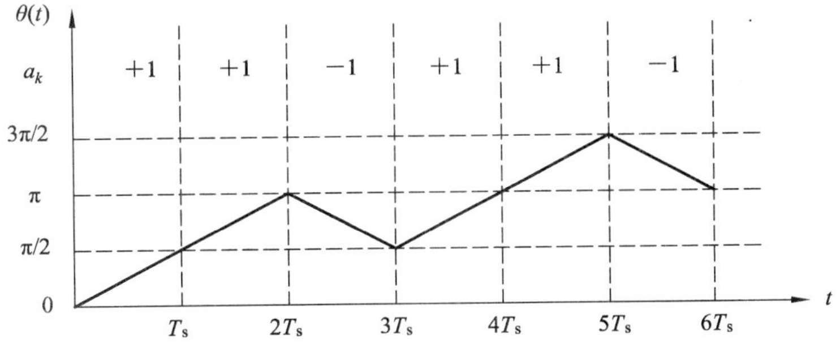

图 5-31　附加相位函数曲线

由以上讨论可知，MSK 信号具有如下特点：

（1）已调信号的振幅是恒定的；

（2）信号的频率偏移严格地等于 $\pm 1/4T_s$。

（3）以载波相位为基准的信号相位在一个码元期间内准确地线性变化 $\pm\pi/2$。

（4）在一个码元期间内，信号应包括 1/4 载波周期的整数倍。

（5）在码元转换时刻信号的相位是连续的，或者说，信号的波形没有突跳。

MSK 调制方式的突出优点是已调信号具有恒定包络，且功率谱在主瓣以外衰减较快。但是，在移动通信中，对信号带外辐射功率的限制十分严格，一般要求必须衰减 70 dB 以上。从 MSK 信号的功率谱可以看出，MSK 信号仍不能满足这样的要求。高斯最小移频键控（GMSK）就是针对上述要求提出来的。

MSK 调制方式的突出优点是已调信号具有恒定包络，且功率谱在主瓣以外衰减较快。但是，在移动通信中，对信号带外辐射功率的限制十分严格，一般要求必须衰减 70 dB 以上。从 MSK 信号的功率谱可以看出，MSK 信号仍不能满足这样的要求。高斯最小移频键控（GMSK）就是针对上述要求提出来的。

设已知信息序列为 010011，信息速率为 1 kb/s，载频为 2 kHz，试画出 MSK 信号的波形图。

$f_1=f_c-1/(4T_b)=2000-250=1750(\text{Hz})$，$f_2=f_c+1/(4T_b)=2000+250=2250(\text{Hz})$，在一个 1 码（或一个 0）的码元周期内，频率为 f_1 的信号波形周期数为 1.75 个，频率为 f_2 的信号波形周期数为 2.25 个。由此可得图 5-32 所示的 MSK 信号波形（设波形较稀处对应信息 0，频率为 1 750 Hz；波形较密处对应信息 1，频率为 2250 Hz）。

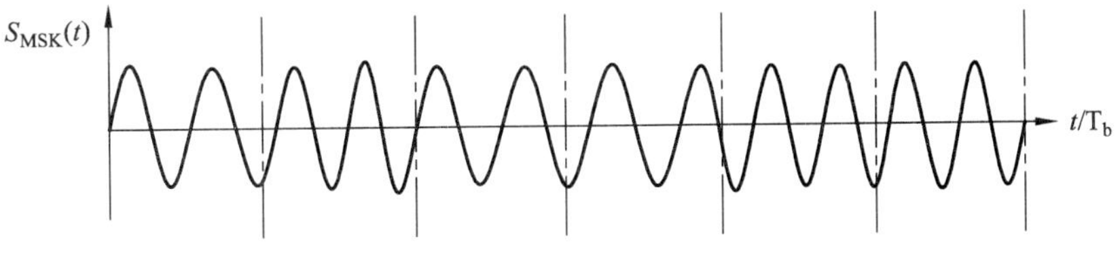

图 5-32　MSK 信号的波形图

为了压缩 MSK 信号的功率谱，可在 MSK 调制前加入预调制滤波器，对矩形波形进行滤波，得到一种新型的基带波形。GMSK（GaussianFiltered Minimum Shift Keying）调制原理图如图 5-33 所示。

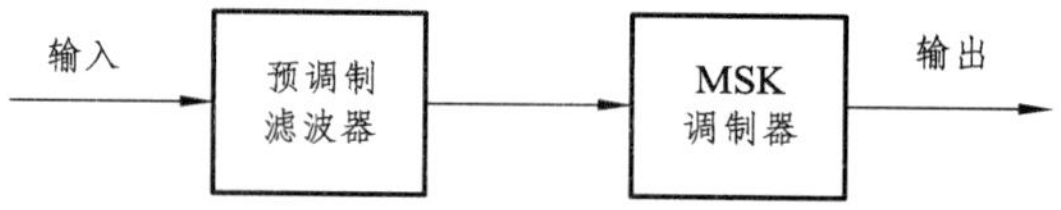

图 5-33 GMSK 调制原理图

为了有效地抑制 MSK 信号的带外功率辐射，预调制滤波器应具有以下特性：

（1）带宽窄并且具有陡峭的截止特性。

（2）脉冲响应的过冲较小。

其中条件（1）是为了抑制高频分量；条件（2）是为了防止过大的瞬时频偏。

GMSK 信号的基本特性与 MSK 信号完全相同，两者的主要差别是 GMSK 信号的相位轨迹比 MSK 信号的相位轨迹平滑。

5.6.3 正交频分复用（OFDM）

在现代通信系统中，如何高速并可靠地传输信息成为人们关注的一个焦点。虽然数据传输的理论和实践已经取得了相当大的进展，但是随着通信的发展，特别是无线通信业务的增长，可以利用的频率资源日趋紧张。OFDM 调制技术的出现为实现高效的抗干扰调制技术和提高频带利用率开辟了一条的新路径。OFDM 调制技术的应用可以追溯到 20 世纪 60 年代，主要用于军用高频通信系统，也曾考虑将其应用于高速调制解调器。

目前，OFDM 已经较广泛地应用于非对称数字用户环路（ADSL）、高清晰度电视（HDTV）信号传输、数字视频广播（DVB）、无线局域网（WLAN）等领域，并且应用于无线广域网（WWAN）和蜂窝网中。IEEE 的 5CHz 无线局域网标准 IEEE802 11a 和 2-11CHz 的标准 EEE802.16a 均采用 OFDM 作为它的物理层标准。欧洲电信标准化组织（ET_sI）的宽带射频接入网（BRAN）的局域网标准也把 OFDM 定为它的调制标准技术。

5.6.3.1 OFDM 原理

该技术的基本原理是将高速串行数据变换成多路相对低速的并行数据并对不同的载波进行调制。这种并行传输体制大大扩展了符号的脉冲宽度，提高了抗多径衰落的性能。

传统的频分复用（FDM）方法中各个子载波的频谱是互不重叠的，需要使用大量的发送滤波器和接收滤波器，这样就大大增加了系统的复杂度和成本。同时，为了减小各个子载波间的相互串扰，各子载波间必须保持足够的频率间隔，这样会降低系统的频率利用率。

OFDM 技术的主要思想就是在频域内将给定信道分成许多正交子信道，在每个子信道上使用一个子载波进行调制，并且各子载波并行传输。由于在 OFDM 系统中各个子信道的载波相互正交，它们的频谱是相互重叠的，这样不但减小了子载波间的相互干扰，同时又提高了频谱利用率（见图 5-34）。现代 OFDM 系统采用数字信号处理技术，各子载波的产生和接收都由数字信号处理算法完成，极大地简化了系统的结构。

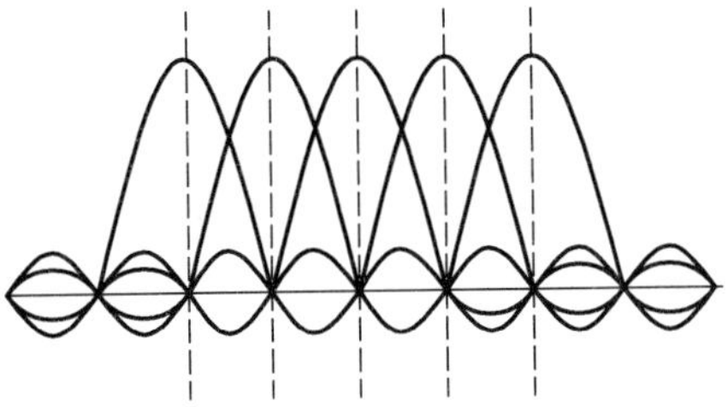

图 5-34　正交频分复用信号的频谱示意图

当传输信道中出现多径传播时，接收子载波间的正交性就会被破坏，使得每个子载波上的前后传输符号间以及各个子载波间发生相互干扰。为解决这个问题，在每个 OFDM 传输信号前面插入一个保护间隔，它是由 OFDM 信号进行周期扩展得到的。只要多径时延不超过保护间隔，子载波间的正交性就不会被破坏。

5.6.3.2　OFDM 的特点

通过各个子载波的联合编码，OFDM 具有很强的抗衰落能力，同时也有很强的抗窄带干扰能力，因为这些干扰仅仅影响到很小一部分的子信道。OFDM 系统可以有效地抗信号波形间干扰，适用于多径环境和衰落信道中的高速数据传输。OFDM 信道利用率高，这点在频谱资源有限的无线环境中尤其重要。

但是 OFDM 存在两个缺陷：对频率偏移和相位噪声比较敏感；峰值功率与平均功率比值较大，这会降低射频发射器的效率。

5.6.3.3　OFDM 的实现

若要实现 OFDM，需要利用一组正交的信号作为子载波。经调制器调制后送入信道传输。该方法所需设备非常复杂，当 M 很大时，需要大量的正弦波发生器，滤波器，调制器和解调器等设备，因此系统非常昂贵。

为了降低 OFDM 系统的复杂度和成本，用离散傅里叶变换（DFT）和反变换（IDFT）来实现上述功能。这样，大大降低了系统的复杂度，减小了系统成本，为 OFDM 的广泛应用奠定了基础。

在发送端，先对数据进行串/并变换，得到多路并行码，经 IDFT 变换得 OFDM 信号数据流各离散分量，经过 D/A 变换、上变频调制成 OFDM 信号发送（见图 5-35）。

在接收端的解调过程可自行分析（图 5-36）。

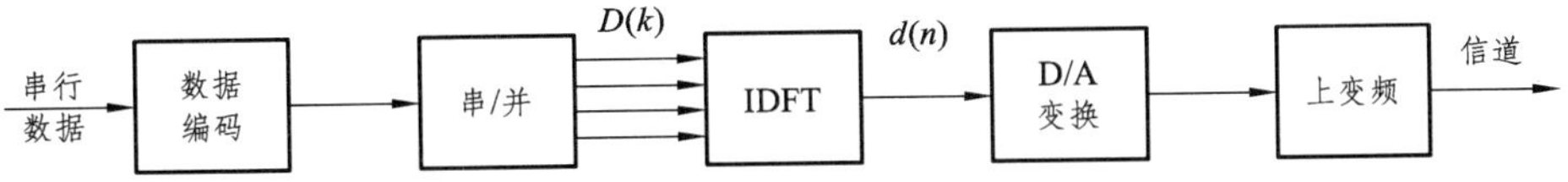

图 5-35　用离散傅里叶变换实现 OFDM 的调制器

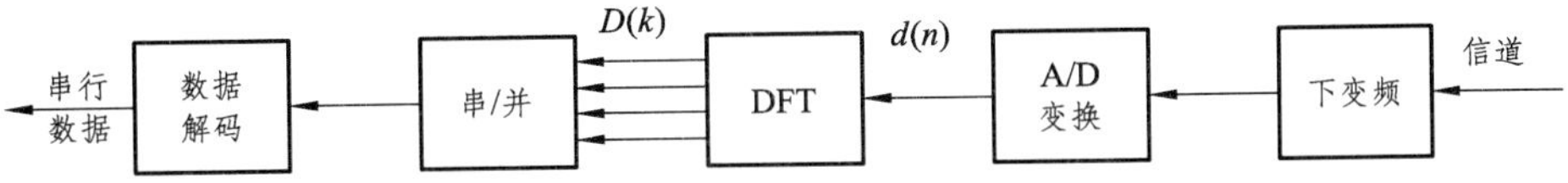

图 5-36　用离散傅里叶变换实现 OFDM 的解调器

本章小结

本章重点讨论二进制数字调制系统的原理及性能比较。简单介绍了多进制数字调制系统基本原理及相关知识，并结合实际应用简要介绍现代数字调制技术。

实际通信中大多数信道都具有带通传输特性，不能直接传输基带信号，必须借助载波调制进行频率搬移，将数字基带信号变成适于信道传输的数字频带信号。另外，提高载波频率在理论上就可以增加传输带宽，通常也就可以提供大的信息传输容量。因此，数字通信系统总是倾向于采用高频载波传输，这样便可以增加带宽或者提高信息传输容量。

根据已调信号参数改变类型的不同，数字调制可分为振幅键控（ASK）、频移键控（FSK）和相移键控（PSK）。

在二进制数字调制中，如果要求较高的频带利用率，则应选择 2DPSK，而 2FSK 最不可取；但在随参信道传输中，由于接收信号的幅度和相位受到信道传输特性的变化影响很大，2FSK 信号就显示出具有较强的抗衰落能力，故在随参信道中，常采用 2FSK 调制方式。二进制数字调制技术比较如表 5-7 所示。

表 5-7 二进制数字调制技术比较

类型	功率谱	带宽	频带利用率	产生方法	解调方法
2ASK	连续谱；离散谱	$B=2f_s$（f_s是基带带宽）	0.5	振幅键控	相干解调；非相干解调
2DPSK	连续谱	$B=2f_s$	0.5	先进行差分编码，再进行 2PSK 调制	极性比较-码变换法；相位比较法
2FSK	连续谱；离散谱	$B=\|f_2-f_1\|+2f_s$	$\frac{f_s}{B}$	移频键控	相干解调；非相干解调

各种键控信号的解调方法可以分为两大类，即相干解调和非相干解调。相干解调的误码率比非相干解调低。但是相干解调需要在接收端从信号中提取出相干载波，故设备相对较复杂。另外，在衰落信道中，若接收信号存在相位起伏，不利于提取相干载波，就不宜采用相干解调。

为了提高频带利用率，可采用多进制数字调制，包括 MASK、MFSK、MDPSK 等。多进制调制的一个码元中包含更多的信息量。但是为了得到相同的误码率，多进制信号需要占用更宽的频带或使用更大的功率作为代价。

随着数字通信的迅速发展，各种数字调制方式也在不断地改进和发展，现代通信系统中出现了很多性能良好的数字调制技术，主要有最小频移键控（MSK）、高斯型最小频移键控（GMSK）、正交幅度调制（QAM）和正交频分复用（OFDM）等。

第 5 章习题

5.1 填空题

1. 基本数字载波调制有________、________、________三种。
2. 2ASK 信号的功率谱是由________和________ 两部分组成。

3. 设信息速率 $R_b = 10^6$ b/s，2ASK 信号的带宽为 $B =$ ____________，频带利用率 $\eta =$ ____________。

4. 2FSK 信号的载波频率分别为 $f_1 = 980$ HZ、$f_2 = 2180$ Hz，码元速率为 300 Baud，2FSK 信号的带宽为 $B =$ ____________，频带利用率 $\eta =$ ____________。

5. 设信息速率 $R_b = 10^6$ b/s，4PSK 信号的带宽为 $B =$ ____________，频带利用率 $\eta =$ ____。

6. 设信息速率 $R_b = 10^6$ b/s，2DPSK 信号的带宽为 $B =$ ________，频带利用率 $\eta =$ ______。

7. 设信息速率 $R_b = 10^6$ b/s，16QAM 信号的带宽为 $B =$ ________，频带利用率 $\eta =$ ______。

8. 2ASK 相干解调中，相干载波应该与接收信号的载波________________。

9. 2DPSK 调制，能够克服 2PSK 的反__________工作现象。

10. 16QAM 调制星座图中，1 个点代表__________比特基带信号。

11. 在 2ASK 非相干解调过程中，接收信号到达接收端后首先经过__________滤波器滤出带外噪声，让信号完全通过。抽样脉冲是很窄的脉冲，通常位于每个码元的中间位置，其重复周期_________码元的宽度。

12. 在 2FSK 非相干解调过程中，设 2FSK 调制的载波频率分别为 f_1、f_2。在抽样时刻，若 f_1 支路的输出大于 f_2 支路的输出，判为“1”，表示收到 f_1 信号；若 f_2 支路的输出大于 f_1 支路的输出，判为“0”，表示收到____________信号。

5.2　画图题

1. 已知数字基带信号为 0100110，载波频率为码速率的 2 倍，试画出 2ASK 信号的波形。（设数字基带信号 =1 时，有载波输出；数字基带信号 =0 时，无载波输出。）

2. 已知数字基带信号为 0100110，载波频率为码速率的 2 倍，试画出 2PSK 信号的波形（设数字基带信号 =1 时，2PSK 信号初相为 0；数字基带信号 =0 时，2PSK 信号初相为 π）。

5.3　分析计算题

1. 在二进制相对相移键控中，先应将绝对码变为相对码。a_n 是绝对码，b_n 是相对码，根据 $b_n = a_n \oplus b_{n-1}$，写出 b_n（见表 5-8）。

表 5-8　习题 1 表

绝对码 a_n		1	0	0	1	1	0	1
相对码 b_n	0							
绝对码 a_n		1	0	0	1	1	0	1
相对码 b_n	1							

2. 采用极性比较-码变换法解调 2DPSK。

（1）画出方框图。

（2）假设本地载波与发端载波反相，写出 a_n（见表 5-9）。

表 5-9　习题 2 表

发端相对码 b_n	1	0	0	1	1	0	1	1
收端相对码 b_n（本地载波与发端反相）	0	1	1	0	0	1	0	0
收端绝对码 a_n								

3. 在 16QAM 中，结合教材的调制框图，计算表 5-10 所示情形的 S_{QAM}。

表 5-10　习题 3 表

$m_I(t)$	$m_Q(t)$	S_{QAM}
−3	−1	
	−3	
	+1	
	+3	

第三篇

通信应用篇

第 6 章 移动通信系统

当今社会已经进入了信息化时代，简单的点对点固定通信方式已不能满足要求。人们期望能随时随地、及时可靠、不受时空限制地进行各种信息的交流，而移动通信就是实现该目标的重要手段之一。移动通信和光纤通信、卫星通信一起成为了现代通信领域中的三大重要通信手段，三足鼎立、三分天下、互相融合、互为补充。移动通信几乎集中了有线和无线通信领域中的所有最新技术成就，不仅可以传送语音信息，还能够传送数据和图像，使用户能够随时随地、快速可靠地在移动中进行多种信息的交换。20 世纪 80 年代以来，移动通信发展迅猛，特别是蜂窝移动通信，从模拟通信发展到数字通信，从 1G 开始，经过 2G、3G、4G，到现在已经进入 5G 时代。移动通信和移动互联网的快速发展，给人们的生产和生活方式带来了巨大的变化，大家已经离不开移动通信了。

本章先对移动通信系统的组成、特点、工作方式等进行了简要介绍，然后分别对移动通信的蜂窝技术、多址接入、位置管理、越区切换等基本技术进行了较详细的分析，最后再介绍了蜂窝移动通信各代采用的具体技术及其特点等。

6.1 移动通信概述

6.1.1 移动通信的概念及发展史

什么是移动通信？

移动通信是指通信双方至少有一方是处在移动状态中进行信息交换的通信方式。例如，移动体与固定设备之间、移动体与移动体之间的通信，都属于移动通信，如图 6-1 所示。顾名思义，移动通信最本质的特点便是“移动”二字。移动通信解决了人们在移动中与其他任意通信对象之间进行通信的需求。

移动通信包括陆地移动通信和卫星移动通信，但卫星移动通信有其特殊性，而陆地移动通信应用最为广泛，因此一般来说，移动通信常常特指陆地移动通信。

意大利科学家马可尼于 1897 年，首次利用无线电波实现了远距离的信息传输，随后经历了一个多世纪的发展，无线通信技术已经渗透到各个领域。

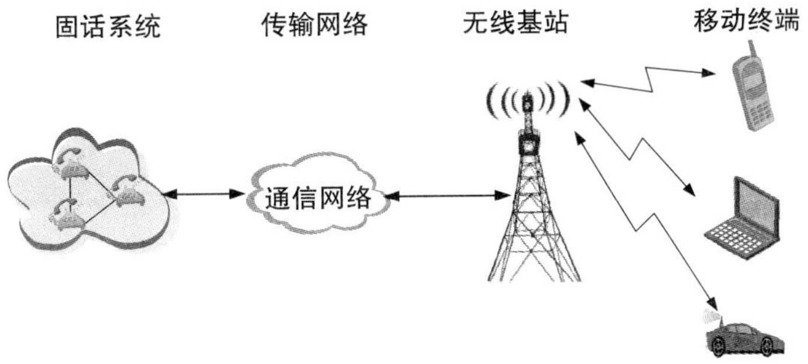

图 6-1　移动通信示意图

总的来说，移动通信大致经历了以下几个发展阶段。

（1）20 世纪 20 年代到 40 年代，这是专用移动通信的起步阶段，主要完成通信实验和电波传播的试验工作。这一阶段初期，西方国家推出了公用移动通信业务，此阶段的移动网络采用人工接续方式，网络容量较小，成本较高。

（2）20 世纪 60 年代至 70 年代中期，此阶段美国推出了改进型移动电话业务，主要是为了解决移动通信系统频谱紧缺、容量小，以及频谱利用率低等问题；美国的贝尔实验室还提出了蜂窝通信网理论，采用了大区制蜂窝移动通信技术，使得网络容量增大。

（3）20 世纪 70 年代中期至 80 年代中期，主要是以模拟通信为代表的第一代蜂窝移动通信系统（1G）蓬勃发展的阶段，即小区制蜂窝网阶段，使得蜂窝移动通信系统成为实用系统。

（4）20 世纪 80 年代中期至 90 年代末，主要是以数字移动通信为特征的第二代蜂窝移动通信系统（2G）的发展和成熟阶段。

（5）20 世纪 90 年代末，为第三代移动通信系统（3G）的发展和应用阶段，这一阶段实现了全球的无缝漫游、多媒体业务等，特别是具有 Internet 网络业务的能力。

（6）21 世纪初，3GPP 提出了一种 4G 技术的候选方案——长期演进计划（LTE），其基本思想是长期改进并增强 3G 的相关技术，以实现更高的数据速率和更大的系统容量。

（7）2013 年初，欧盟宣布将加快 5G 移动技术的发展，计划于 2020 年推出成熟的 5G 标准。

6.1.2　移动通信系统的特点

移动通信由于移动台处于不断的运动中，相对于有线通信其具有以下一些特点。

1. 无线电波传播具有多径效应

移动台常常处于建筑物、树林或别的电波障碍物之中，因此其接收到的基站无线信号一般是由直射波以及多条路径的反射波叠加而成的，如图 6-2 所示。

这些无线电波尽管都是从同一天线同时发射出来的，但由于传播的路径不同，因此到达接收点时其幅度、相位、频率以及时间都各不同，所以在不同的位置，移动台接收到的多径信号合成的强度是不相同的。这样就造成移动台在移动时接收信号的强度起伏不定，最大可相差几十分贝以上，这种现象称为多径衰落或多径效应，其严重地影响着移动通信的通话质量。因此，若要保证一定等级的通信质量，就需要在进行移动通信系统设计时，必须具有抗多径衰落的能力。

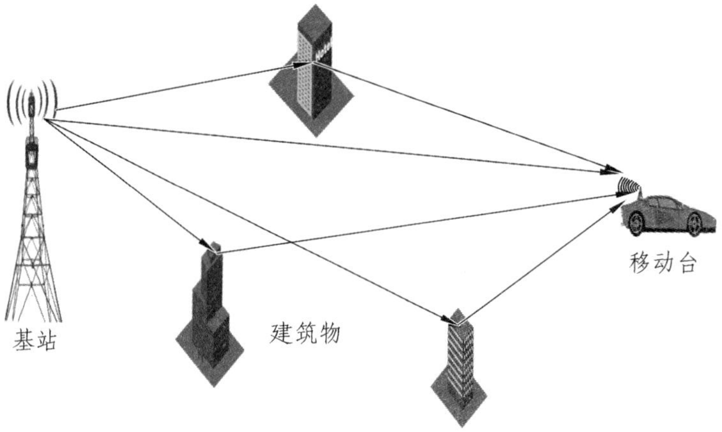

图 6-2　无线电波的多径传播

2. 移动通信系统工作在强干扰和噪声环境中

移动通信系统是一个在相同空间里多频道和多电台同时工作的通信系统。当移动台工作时，除了会受到一些外部干扰（如天电干扰、工业干扰和各种噪声干扰）外，自身还会产生各种干扰。主要的干扰有邻道干扰、同频干扰以及互调干扰等。鉴于以上各种干扰和噪声，在移动通信系统设计时，应根据不同形式的干扰和噪声，采取合适的应对措施。

3. 无线频谱资源有限

由于适合移动通信的频段主要是特高频和甚高频两段，所以实际可用的无线信道频带非常有限。如果从电波传播特性、外部噪声以及干扰等方面考虑，早期比较适合于陆地移动通信的无线电频率相对较低，但随着移动用户不断增加，用户数与可利用频道数之间的矛盾日益突出，移动通信系统不断提升技术而向 1 ~ 3 GHz 频段扩展。除了开发新频段外，为满足用户的需求，还可采用频带利用率高的技术，例如采用窄带调制技术，以缩小频道间隔；在空间域上采用频率复用技术；在时间域上采用多信道共用技术等。

频率拥挤是影响移动通信发展的主要因素之一，可以说移动通信技术的发展主要就是与有限的频谱资源作斗争。

4. 移动通信系统复杂

由于移动台在通信区域内可以随时自由运动，移动交换中心必须随时知道并跟踪各移动台的位置，因此需要采用“位置登记”等技术。其次，在小区制组网中，移动台可能在通话时从一个蜂窝小区移动到另一个蜂窝小区，为保证通话的连续性，需要进行越区切换。另外，移动台从一个蜂窝业务区移动到另一个蜂窝业务区时，被访的蜂窝网也需要能为外来用户提供服务，这种过程称为漫游。总的来说，移动通信系统是比较复杂的，它综合了各种通信技术，如无线通信技术、交换技术、计算机技术、组网技术等。

6.1.3　移动通信系统的组成

移动通信系统有很多种，但目前最常用的移动通信系统就是蜂窝移动通信系统，因此，本章将重点对其进行介绍。

典型的蜂窝移动通信系统主要由移动台（MS）、基站（BS）、移动业务交换中心（MSC）等共同组成，如图 6-3 所示。

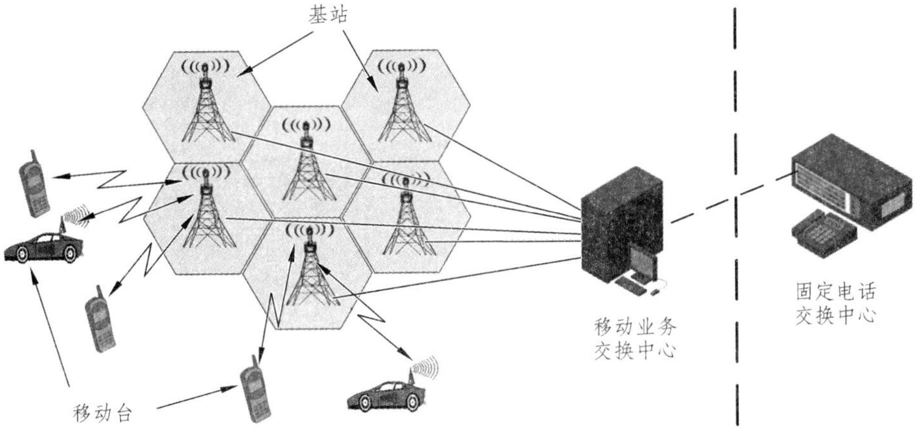

图 6-3 典型蜂窝移动通信系统

1. 移动台

移动台由移动终端和用户识别卡（SIM）组成。移动终端就是用户使用的硬件设备，它可以完成语音编码、信道编码、信息加密、信息的调制与解调以及信息的发射和接收等功能，通常有手机、车载台和便携台等 3 种形式。SIM 卡就是“身份卡”，它包含所有与用户有关的和若干无线接口的信息，其中也包括鉴权和加密信息等。移动通信系统就是通过 SIM 卡来识别不同移动电话用户的，同一张 SIM 卡可以在不同的移动台上使用，费用自动记录在 SIM 卡的账户上，这为发展灵活的个人移动通信打下了基础。

2. 基站

基站是指通过无线接口把移动台和移动通信系统进行连接的地面基础设施。根据功能的不同，基站可以分为基站收发信台（BTS）和基站控制器（BSC）两大部分。BTS 是基站系统的无线部分，由 BSC 控制，服务于某个小区的无线收发信设备，完成 BSC 与无线信道间的转换，实现 BTS 与移动台之间通过空中接口的无线传输及相关的控制功能。BTS 可以直接与 BSC 相连接，也可以通过基站接口设备采用远端控制的连接方式与 BSC 相连接。BSC 是基站的控制部分，提供移动台与移动业务交换中心间的接口管理，承担无线信道的分配、释放和越区切换管理等功能。一个 BSC 根据话务量需要可以控制数十个 BTS 和更多个无线信道。

3. 移动业务交换中心

移动业务交换中心（MSC）是整个移动通信系统的核心，提供交换功能及面向系统其他功能实体和固定网的接口功能，它对移动用户与移动用户之间的通信、移动用户与固定网络用户之间的通信起着交换、连接与集中控制管理的作用。MSC 通过相连小区的无线基站将移动台接入到通信网络中，并提供到公共交换电话网（PSTN）的连接，PSTN 可将移动用户连接到更多的其他电话网络中。

另外，移动通信系统一般还有操作维护中心（OMC）、归属位置寄存器（HLR）和访问位置寄存器（VLR）、设备识别寄存器（EIR）、鉴权中心（AUC）等。

一般蜂窝移动通信系统的基本构成模块如图 6-4 所示。

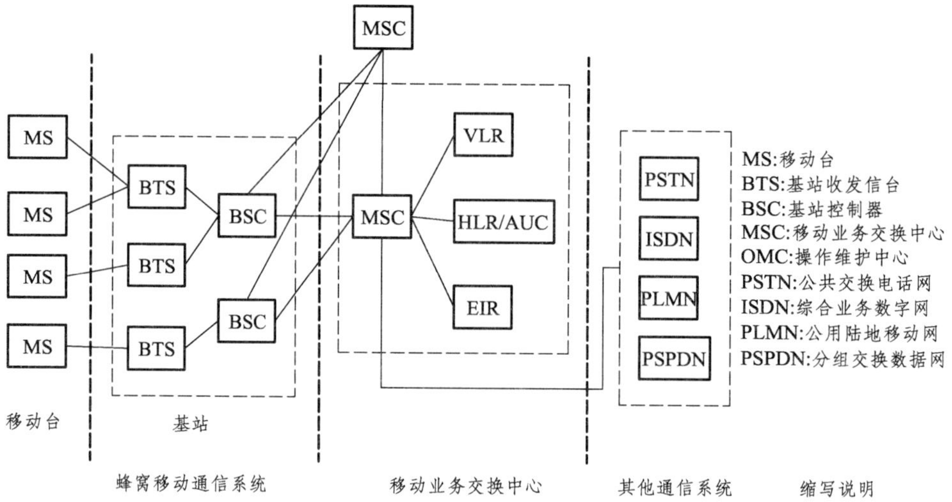

图 6-4　**蜂窝移动通信系统构成**

6.1.4　移动通信的工作方式

移动通信与有线通信类似，按照移动台通话的状态以及频率的使用方法，可分为三种工作方式：单工、半双工和全双工。在移动通信系统中，单工和半双工方式使用较少。

全双工是指通信双方的收、发信机均同时工作，任何一方（用户 A 或用户 B）在自己发话的同时，还能听到对方的话音，如图 6-5 所示。

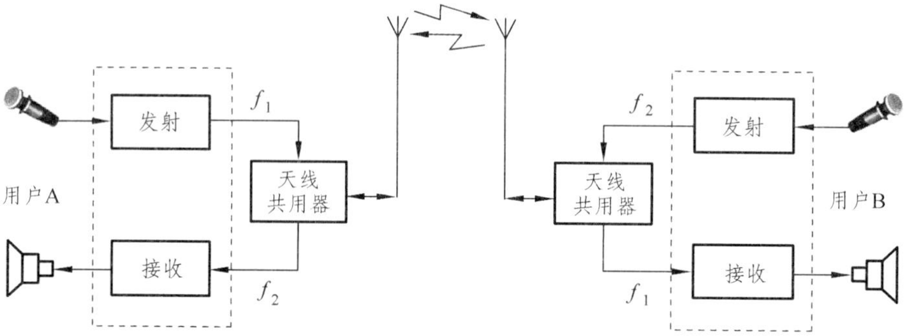

图 6-5　**全双工通信方式**

但是采用这种全双工通信方式，在使用过程中（不管是否通话），移动台的发射机总是处于工作状态，故耗电较大，这一点对使用电池供电的移动台是十分不利的。因此，在蜂窝移动通信系统中，移动台的发射机一般仅在通话时才工作，而移动电台的接收机总是时刻在工作，通常称这种系统为准双工系统，它可以和全双工系统兼容。目前，准双工工作方式在移动通信系统中得到了广泛的应用。

6.1.5　我国蜂窝移动通信系统的工作频段

电磁波的频谱虽然很宽，包括红外线、可见光、X 射线等，但作为无线电通信能使用的频谱资源却相当匮乏。由于无线电波传播特性所限，蜂窝移动通信系统的频谱一般主要工作在 3 GHz 以下。此外，尽管可以通过频率、时间、空间相互关联的三维要素进行频率的多次复用分配来提高频率利用率，但就某一频率或频段而言，在一定的区域、一定的时间、一定的条件之下，其毕竟还是有限的。而随着移动通信的语音、数据和视频等无线通信业务的出现和发展，导致通信产业对无线电频谱资源的需求不断增加，因此，我国政府出台了若干对无线电频谱进行管理和划分的文件。下面来具体看看我国蜂窝移动通信系统对有限频谱资源的使用情况。

我国模拟蜂窝移动通信系统（即 1G），采用的是频分双工和频分多址的模式，使用 890 ~ 905 MHz 作为上行频段（移动台发，基站收），935 ~ 950 MHz 作为下行频段（基站发，移动台收）的工作频段。但随着 2001 年底全国关闭模拟移动通信网络，这标志着第一代移动通信系统在我国结束运营。现该频段已经让给 GSM 数字蜂窝移动通信系统使用了。图 6-6 所示是频分双工通信方式的示意图。

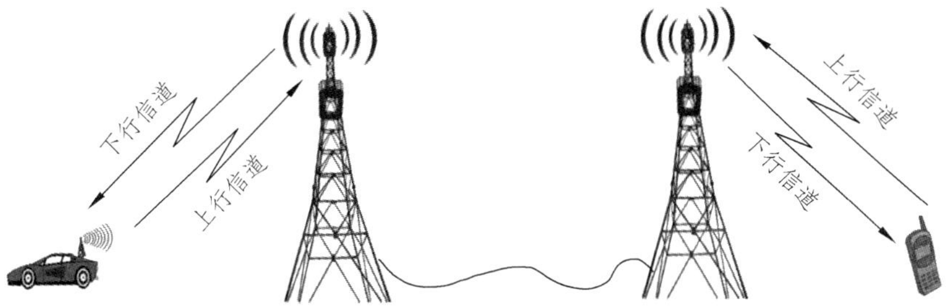

图 6-6　频分双工通信方式

6.1.5.1　第 2 代移动通信系统的频率规划

2G 蜂窝移动通信系统采用的也是频分双工模式，其总体频段分配情况如图 6-7 所示。

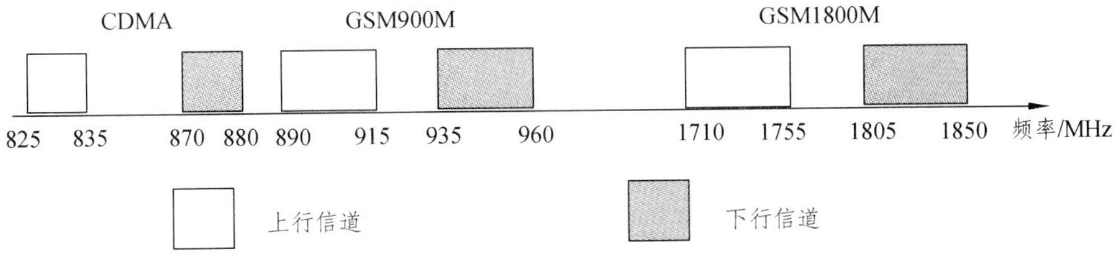

图 6-7　2G 通信系统的工作频段

2G 通信系统主要有两种技术体制，即 GSM 和 CDMA；而 GSM 分配了 900 MHz 和 1800 MHz 两个频段，CDMA 只分配了一个频段，具体分配情况如下。

1. GSM 系统频率分配

我国 GSM 900 MHz 系统可用频段规定：

· 上行频段：890 ~ 915 MHz，移动台发，基站收；

· 下行频段：935 ~ 960 MHz，移动台收、基站发。

可用频段为 25 MHz，双工间隔为 45 MHz，频道间隔为 200 kHz。

GSM 系统后来扩展到 DCS1800 系统，使用 1800 MHz 频段，实际使用频率范围：

· 上行频段：1710 ~ 1755 MHz，移动台发、基站收；

· 下行频段：1805 ~ 1850 MHz，移动台收、基站发。

可用频段为 45 MHz，双工间隔为 95 MHz，频道间隔为 200 kHz。

2. CDMA 系统频率分配

我国 CDMA 系统可用频段规定：

· 上行频段：825 ~ 835 MHz，移动台发、基站收；

· 下行频段：870 ~ 880 MHz、移动台收、基站发。

可用频段为 10MHIz，双工间隔为 45 MHz，频道间隔为 1.25 MHz。

由于我国主要的移动通信运营商有移动、联通、电信三家公司，因此所有这些无线频段，还要具体分配给各家公司使用，互相不能重叠。

6.1.5.2 第 3 代移动通信系统的频率规划

依据第三代公众移动通信系统（3G）的频率划分和技术标准，我国于 2002 年 12 月公布了 3G 蜂窝移动通信系统的频谱规划情况。

由于 3G 采用了频分双工（FDD）和时分双工（TDD）两种双工方式，因此 3G 的频段分配如下。

1. 主要工作频段

（1）FDD 方式：

· 上行频段：1920 ~ 1980 MHz;

· 下行频段：2110 ~ 2170 MHz。

（2）TDD 方式：

· 1880 ~ 1920 MHz;

· 2010 ~ 2025 MHz。

2. 补充工作频段

（1）FDD 方式上行、下行补充频段分别为 1755 ~ 1785 MHz、1850 ~ 1880 MHz。

（2）TDD 方式补充频段为 2300 ~ 2400 MHz。

补充工作频段在 3G 中几乎没有使用，主要在 4G 通信系统中才得到充分利用。

3G 移动通信系统总体频段分配如图 6-8 所示。

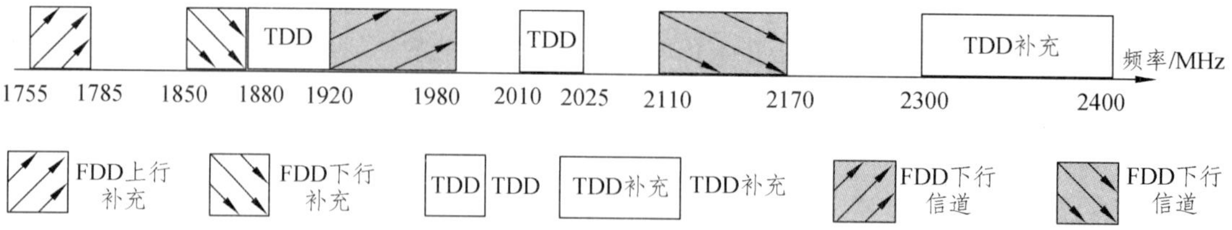

图 6-8 3G 通信系统的工作频段

3G 蜂窝移动通信主要有三种技术体制，即 WCDMA、CDMA2000、TD-SCDMA，因此上面的频段还需再结合运营商进行具体的频段划分。

总的来说，无线电频率是宝贵且有限的自然资源，在移动通信的发展过程中，无线电频谱资源短缺与宽带业务需求增长之间的矛盾将成为永恒的主题。结合各国国情，事先做好频谱规划、频谱分配与频谱管理工作，对移动通信的发展是至关重要的。

6.1.5.3　第 4 代移动通信系统的频率规划

目前的 4G 技术主要采用的是 LTE 技术，LTE 又分两种技术体制，即 TD-LTE（时分 LTE）和 FDD-LTE（频分 LTE）。中国移动、中国联通和中国电信分别获得一张 TD-LTE 牌照，中国联通与中国电信还各获得一张 FDD-LTE 牌照。4G 的频段分配相对无规律，三大运营商频段的具体划分如下：

1. TD-LTE 频谱的划分

工信部分配给三大运营商的 TD-LTE 频率资源如下：

· 中国移动获得频段为 1880 ~ 1900 MHz、2320 ~ 2370 MHz、2575 ~ 2635 MHz，总共 130 MHz；

· 中国电信获得频段为 2370 ~ 2390 MHz、2635 ~ 2655 MHz，总共 40 MHz；

· 中国联通获得频段为 2300 ~ 2320 MHz、2555 ~ 2575 MHz，总共 40 MHz。

2. FDD-LTE 频谱的划分

三家公司中，中国移动只采用了 TD-LTE 技术，因此其工作频段主要就是上述三个频段。而电信和联通采用 TD-LTE 与 FDD-LTE 混合组网的模式，其 FDD-LTE 工作频段如下：

· 中国电信，获得的 FDD-LTE 频段为：上行 1755 ~ 1785 MHz，下行 1850 ~ 1880 MHz，总共 30 MHz；

· 中国联通，获得的 FDD-LTE 频段为：上行 1955 ~ 1980 MHz，下行 2145 ~ 2170 MHz，总共 25 MHz。

6.1.5.4　第 5 代移动通信系统的频率规划

2019 年 6 月，工信部正式向中国电信、中国移动、中国联通、中国广电发放 5G 商用牌照，中国正式进入了 5G 商用元年。

按照工信部的规划，5G 频段各运营商的划分如下：

· 中国移动获得了 2515 ~ 2675 MHz 和 4800 ~ 4900 MHz 两个频段，频段号分别为 n41 和 n79，总共 260 MHz；

· 中国电信获得了 3400 ~ 3500 MHz 频段，频段号为 n78，总共 100 MHz；

· 中国联通获得了 3500 ~ 3600 MHz 频段，频段号也是 n78，总共 100 MHz。

可以看到，5G 频段的频率相对较高，而无线电波一般来说是频率越高，传播同等距离的衰减则越大，因此在相同发射功率条件下，5G 基站的覆盖范围较小。但频率越高，频谱资源越丰富，因此 5G 的频段宽度越大，从而可以提供更高的传输速率。

由于通信新技术的不断发展，各运营商逐步把以前分配给自己的频谱调整了部分出来，重新分配给了自己后来的通信系统，表 6-1 给出了目前我国蜂窝移动通信系统从 2G 至 5G 的所有频段划分情况。

表 6-1 目前三大运营商 2G/3G/4G/5G 频率划分表

运营商	上行频率/MHz	下行频率/MHz	频带宽度/MHz		技术制式	
中国移动	885 ~ 892	930 ~ 937	7	7	GSM900	2G
	1710 ~ 1725	1805 ~ 1820	15	15	GSM1800	2G
	2010 ~ 2025	2010 ~ 2025	15	15	TD-SCDMA	3G
	892 ~ 904	937 ~ 949	12	12	FDD-LTE	4G
	1880 ~ 1890	1880 ~ 1890	10	60	TD-LTE	4G
	2320 ~ 2370	2320 ~ 2370	50			
	2515 ~ 2675	2515 ~ 2675	160	260	IMT2020	5G
	4800 ~ 4900	4800 ~ 4900	100			
中国联通	1745 ~ 1755	1840 ~ 1850	10	10	GSM1800	2G
	1940 ~ 1955	2130 ~ 2145	15	15	WCDMA	3G
	904 ~ 915	949 ~ 960	11	21	FDD-LTE	4G
	1755 ~ 1765	1850 ~ 1860	10			
	2300 ~ 2320	2300 ~ 2320	20	20	TD-LTE	4G
	3500 ~ 3600	3500 ~ 3600	100	100	IMT2020	5G
中国电信	825 ~ 840	870 ~ 885	15	15	CDMA/FDD-LTE	2G/ 4G
	1920 ~ 1935	2110 ~ 2125	15	15	CDMA2000	3G
	826.7 ~ 837.7	871.7 ~ 876.7	5	5	FDD-LTE	4G
	1765 ~ 1780	1860 ~ 1875	15	15		
	2370 ~ 2390	2370 ~ 2390	20	20	TD-LTE	4G
	3400 ~ 3500	3400 ~ 3500	100	100	IMT2020	5G

6.2 移动通信系统的基本技术

移动通信系统由于其移动台具有移动特性，而移动台是通过无线电波接入通信网络的，因此其具有与有线通信系统不同的技术特点。下面将对移动通信的蜂窝技术、多址接入技术、位置管理、越区切换等技术进行介绍。

6.2.1 蜂窝技术

根据无线电波的传输特性，一个基站发射的无线电波会随着传输距离的增大而不断衰减，因此其只能在有限的距离范围内被移动台接收到，这个范围称为基站的无线覆盖区。如果基站采用全向天线，则其无线覆盖区近似为以基站为圆心的圆形区域。使用单个基站来大范围覆盖这种方式很难适应全区域的通信要求，并且这种单基站方式只能接入很少数量的移动通信用户。

由于无线覆盖范围的有限性以及无线频谱资源的稀缺性，要实现大范围内的移动信号全覆盖，需要采用无线频谱重复利用的方式，即同频复用技术。而蜂窝技术就是同频复用技术的最典型应用。蜂窝技术不是采用的大区制方法，而是将一个城市划分为若干个小的区域，每个小区有一个低功率的发射机。在不相邻的小区内可以重复使用相同的频率而不会互相干扰，这样就能实现服务范围的无限大，并且实现用户数目的大容量。小区的大小可根据用户容量和地理环境而定，一般半径为几公里，小的甚至可以只有几百米。当然在实际中，小区的覆盖不是规则的形状，要取决于地势和其他因素，但为了设计时方便，通常近似假定覆盖区为规则的多边形，这样可以获得全覆盖、无死角、重叠区域小的好处。因此，小区多设计为正多边形，如正三边形、正四边形、正六边形等。但在实际的蜂窝技术中，采用的是正六边形，主要原因是在一个给定的大区域内，采用正六边形的覆盖所需要的小区数量最少，重叠区域也最小，因此费用较少，效果最佳。

蜂窝技术就是为了提高频谱利用效率和用户容量，用空间划分的方法，在不同的空间进行频率再用。而为了降低小区间的干扰，相邻小区必须要使用不同频率组。图 6-9 所示给出了蜂窝技术在频谱分组数为 4 和 7 个小区时的覆盖示意图。

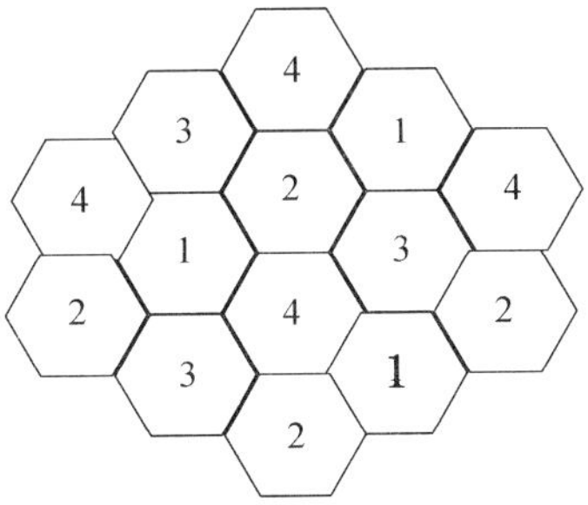

（a）$k=4$

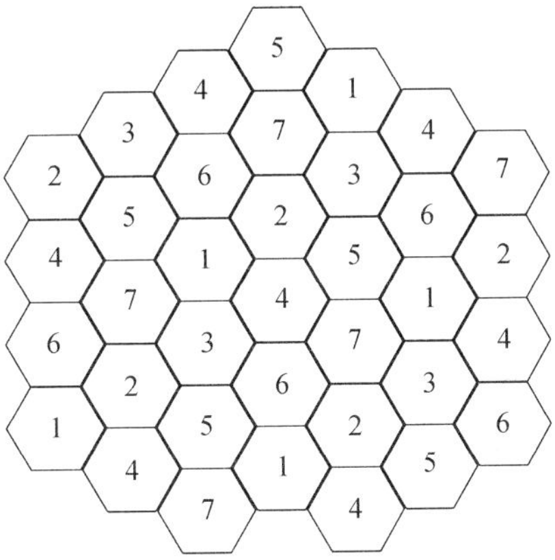

（b）$k=7$

图 6-9 $k=4$、$k=7$ 时蜂窝覆盖示意图

图中相同数字的小区表示其频率组相同，而不同数字小区中的频率组不同。可以看到，任何两个相邻小区的频率组都是不同的，因此无线电波不会发生相互干扰。

另外，当某个小区出现用户容量过多或覆盖不完全等情况时，还可采用小区分裂或小区扇形化等技术来解决。小区分裂的原理是将某个拥塞的小区分裂成多个更小的小区。分裂后的每个小区都有自己的基站，并相应地降低天线高度和发射机功率。由于小区分裂能够提高无线信道的复用次数，因而能提高系统的总用户容量。小区扇形化则是利用定向天线，将一个小区等分成若干个扇形区域，常分成 3 个或 6 个扇形。

蜂窝技术从移动通信系统开始商用以来，在各代中一直都被采用，因此移动通信系统一般都称为蜂窝移动通信系统。

6.2.2　多址接入技术

多址接入技术指的是如何把多个用户接入一个相同的通信网络，实现各用户之间互相通信的技术。由于无线信号的开放性，多个用户的信号都在同一个空间中传播，因此多址接入技术最重要的就是必须要用某种方式来区分各个不同用户。

在移动通信中，多址接入技术主要就是在发送端，使发射的多路信号的参量（如发射频率、信号发射的时间或空间、信号的码型等）有所不同，然后将多路信号在同一个空间混合传播。而在接收端，必须要有信号识别能力，能从混合信号中根据不同用户的信号参量来分离选择出不同用户的信号。目前在无线通信中应用的多址方式主要有：频分多址（FDMA）、时分多址（TDMA）、码分多址（CDMA）以及它们的混合应用方式等。另外，采用智能天线技术还可以构成空间上用户的分割，因此除了以上三种主要多址方式外，还有空分多址（SDMA）。前面三种主要的多址方式的示意如图 6-10 所示。

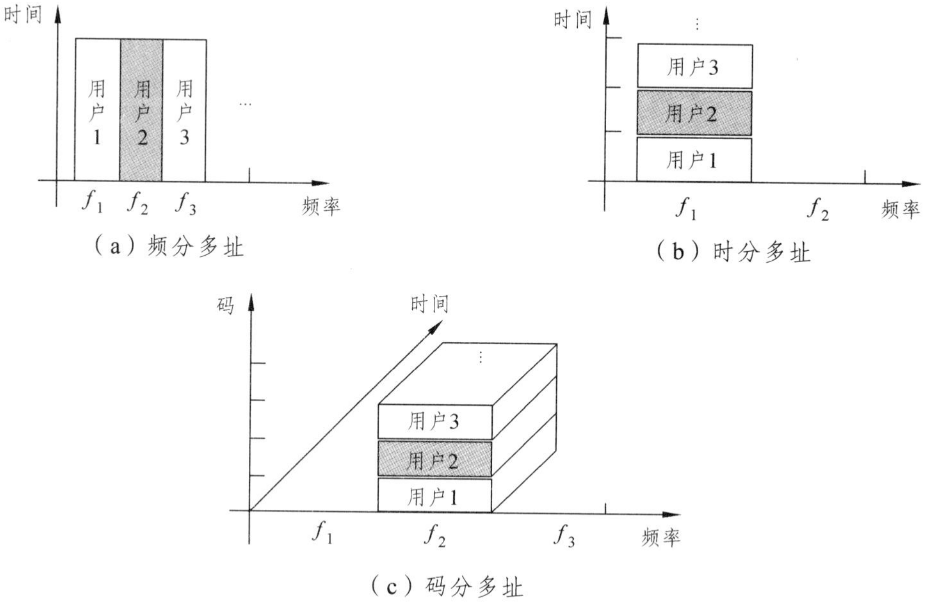

图 6-10　FDMA、TDMA、CDMA 原理示意图

1. 频分多址

频分多址（FDMA）是从频谱角度，将给定的较宽频谱资源划分为若干个不相重叠的等宽度的较小频段（也称为信道），每个信道的带宽可传输 1 路用户信息，仅供 1 个用户使用。接收方根据载波频率的不同来识别不同发射用户，即以不同频率来区分多个用户，从而完成多址接入。为了实现双工通信，FDMA 通信系统中的收、发双方都要各使用 2 个不同频率的信道，一个作为上行信道，一个作为下行信道。FDMA 技术的优点是实现简单、技术成熟。图 6-11 表示了采用频分多址技术的情况下，3 个用户的上行信道是如何实现频分接入的（下行信道类似）。

早期的模拟移动通信系统主要就采用 FDMA 技术，但 FDMA 的主要缺点是频谱利用率低，单纯采用 FDMA 作为多址接入的通信系统目前已很少见了。

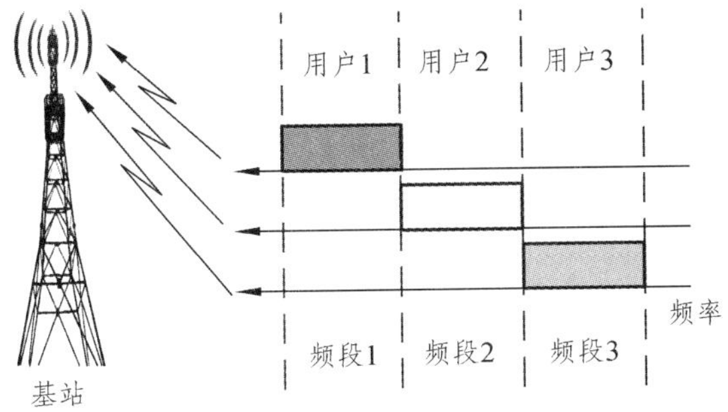

图 6-11 3 用户频分多址上行信道示意图

2. 时分多址

时分多址（TDMA）是在一个相同频率的频段上，把信号发射时间分割成周期性的帧，每一帧又分割成若干个时隙，无论帧或时隙都互不重叠。然后根据一定的时隙分配原则，使不同的用户在每帧中按指定的时隙向基站发送信号，而基站可以分别在各时隙中接收到各用户的信号而互不混扰；同时，基站向多个用户发送的信号都按规定的时隙发射，各用户在各自指定的时隙中接收，从而提取出发给自己的信息。TDMA 系统的突出优点是频谱利用率高，在同一频道可供多个用户近乎同时进行通信，抗干扰能力强，并且由于各用户工作的非连续性，所以电源效率高；缺点是需要全网设备时间同步，技术相对比较复杂。图 6-12 表示了 3 个用户的情况下，如何实现上行信道的时分接入。

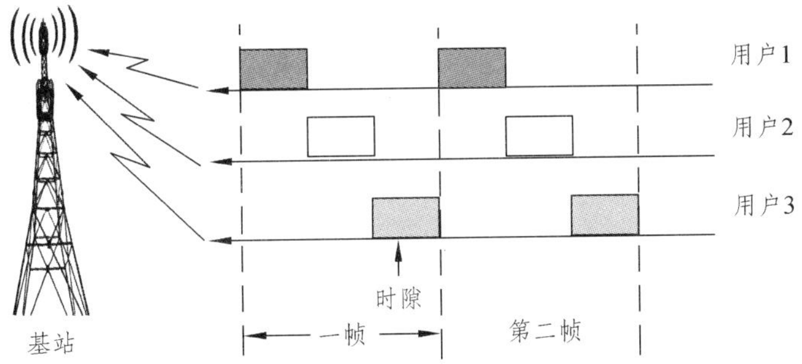

图 6-12 3 用户时分多址上行信道示意图

3. 码分多址

码分多址（CDMA）是各发送端用各不相同、相互正交的地址码调制其所发送的信号，在接收端利用地址码的正交性，通过地址识别（即相关检测），从混合信号中选出每个用户对应的信号。在 CDMA 移动通信中，各移动用户传输信息所用的信号，不是靠频率的不同或时隙的不同来区分的，而是用各自不同的编码序列（地址码）来区分。码分多址的特点是，网内所有用户使用同一载波，共同占用整个带宽，各个用户可以同时发送或接收信号，所以各用户的发射信号在时间上、频率上都可以互相重叠，编码序列的正交性越好则相互干扰越小。其优点是抗干扰性能好，抗多径衰落能力强，系统容量更大；缺点是技术相对复杂，具有远近效应问题，需要采用功率控制技术。图 6-13 表示了在 3 个用户的情况下，如何实现上行信道的码分接入。

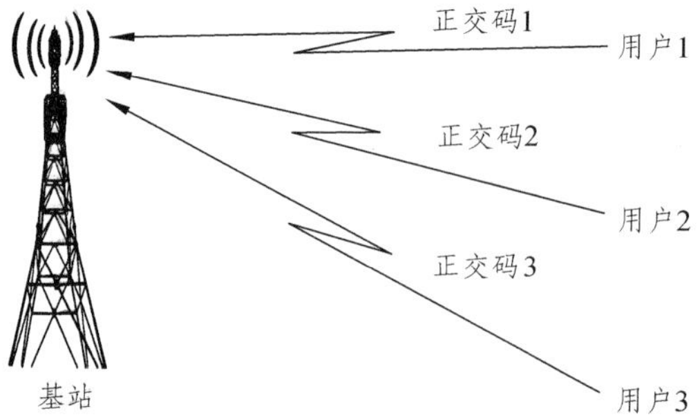

图 6-13 3 用户码分多址上行信道示意图

6.2.3 位置管理

由于在移动通信系统中，用户可以在系统覆盖范围内任意移动，所以要想准确把一个呼叫传送到某随机移动的用户，就必须有一套高效的位置管理系统来跟踪用户的位置变化。

位置管理包括两个主要的任务：位置登记和呼叫传递。位置登记的工作是在移动台实时位置信息已知的情况下，更新 MSC 的位置数据库并认证移动台，其中位置数据库包括归属位置寄存器（HLR）和访问位置寄存器（VLR）；呼叫传递是指当需要呼叫某移动台时，根据 HLR 和 VLR 中可用的位置信息来定位该移动台在哪里。与位置登记和呼叫传递紧密相关的是位置更新和寻呼。位置更新是解决移动台如何发现位置变化，以及何时报告它的当前位置的问题；寻呼是解决如何有效确定移动台当前处于哪一个（或某几个）小区的问题。

位置管理涉及移动通信网络的网络处理能力和网络通信能力。网络处理能力涉及数据库的大小、查询的频度以及响应速度等；网络通信能力涉及传输位置更新和查询信息所增加的业务量和时延等。位置管理所要追求的目标就是以尽可能小的处理能力和附加的业务量来最快地确定用户位置，以便能容纳尽可能多的用户。

6.2.4 越区切换

越区切换是指将当前正在进行通话的移动用户与基站之间的通信链路从当前小区转移到另一个小区的过程，该过程也称为自动链路转移。越区切换发生在移动用户从一个基站覆盖的小区进入另一个基站覆盖小区的情况下，为了保持通信的连续性，将移动用户与当前小区基站之间的通信链路转移到与新小区基站之间的通信链路。越区切换在任何蜂窝移动通信系统中都是一项重要的技术，切换必须顺利完成，并且尽可能少发生，同时还要让用户觉察不到。

越区切换包括 3 个方面的主要问题：

（1）越区切换的准则，也就是何时需要进行越区切换。

（2）越区切换如何控制。

（3）越区切换时的信道分配。

越区切换分为两大类：一类是硬切换，另一类是软切换。硬切换是指在新的连接建立以前，先中断旧的连接，即硬切换是“先断开，后连接”。而软切换是指维持旧的连接，又同时建立新的连接，并利用新旧链路的分集合并来改善通信质量，当与新基站建立可靠连接之后再中断旧链路，软切换时用户几乎感觉不到有越区切换发生。

在越区切换时，主要以信号链路的质量作为判断依据，可以仅以某个方向（上行或下行）的链路质量为准，也可以同时考虑双向链路的通信质量。

判断何时需要越区切换的准则如下：①相对信号强度准则：在任何时间都选择具有最强接收信号的基站；②具有门限规定的准则：仅允许移动用户在当前基站的信号足够弱（低于某一门限），且新基站的信号强于本基站的信号情况下，才可以进行越区切换；③具有滞后余量的准则：仅允许移动用户在新基站的信号强度比原基站信号强度强很多（即大于滞后余量 h）的情况下才进行越区切换；④具有滞后余量和门限规定的准则：仅允许移动用户在当前基站的信号电平低于规定的门限，并且新基站的信号强度高于当前基站一个给定滞后余量 h 时才进行越区切换。

越区切换的控制方式主要有：① 移动台控制的越区切换，这种方式中，移动台连续监测当前基站和附近几个候选的越区切换基站的信号强度和质量；② 通信网络控制的越区切换，这种方式中，基站监测来自移动台的信号强度和质量，当信号低于某个门限后，网络开始准备向其他某个基站作越区切换。③ 移动台辅助的越区切换，这种方式中，网络要求移动台测量其周围基站的信号质量并把结果报告给旧基站，网络根据测量结果决定何时进行越区切换及切换到哪一个基站。

越区切换时的信道分配是解决当呼叫转换到新小区时，新小区如何分配信道的问题，需要使得越区切换失败的概率尽量小。常用的做法是在每一个小区预留一部分信道专门用于越区切换。这种信道分配方法，因预留越区切换信道，要使得小区的可用通信信道数量减少，从而增加呼损率，但减少了通话在越区时被中断的概率，因此更符合人们的使用习惯。

6.3 蜂窝移动通信系统

6.3.1 第 2 代移动通信系统

第一代蜂窝移动通信系统（1G）是在 20 世纪 80 年代初提出的，西方国家最早于 1981 年投入运营，我国于 1987 年底首次引入 1G 系统。1G 系统是基于频分双工的模拟蜂窝通信系统，其特点是业务量小、通话质量差、安全性差、不能加密、不能提供自动漫游并且没有数据业务，直接使用模拟语音调制技术，而且是一个不同国家采用不同标准的通信系统。总的来说，1G 系统的缺点明显，因此还没普及就彻底退出了历史舞台。

第二代移动通信系统（2G）起源于 20 世纪 90 年代初期，其最终形成的主要技术标准是欧洲的 GSM 和北美的 CDMA，两种标准虽然采用的技术不同，但都是数字蜂窝移动通信系统。下面来具体了解一下这两种 2G 系统。

6.3.1.1 GSM 移动通信系统

GSM（Global System for Mobile Communication）系统是欧洲电信部门开发出来的全球数字蜂窝移动通信系统，其于 80 年代后期确定了主要的技术规范并制定出实施计划，92 年第一个 GSM 通信网络在芬兰投入使用，后陆续发展成为一种成熟的数字移动通信系统，并从此揭开了数字移动通信大发展的序幕。我国的中国移动和中国联通公司的 2G 系统就是采用的 GSM 系统。

我国 GSM 采用了频分多址和时分多址相结合的多址接入方式，即将总的通信频段等分成若干宽度为 200 kHz 的小频段，而在每个小频段上，又采用时分多址技术分为 8 个时隙，每一个时隙即为一个信道，供一个移动用户使用。GSM 最早工作在 900 MHz 频段附近，可用频段宽度为 25 MHz，双工间隔为 45 MHz，因此共有 125 个信道，其中中国移动占用 1 ~ 95 信道，中国联通占用第 96 ~ 125 信道。GSM 在 1800 MHz 频段附近实际使用频段宽度为 45 MHz，双工间隔为 95 MHz，这就使得 GSM 系统的容量大大提高。

1. GSM 的特点

GSM 系统作为一种开放式结构和面向未来设计的系统，具有下列主要特点：

（1）GSM 系统是由几个子系统组成的，并且可与各种公用通信网互连互通。各分系统之间、各分系统与各种公用通信网之间，都明确和详细定义了标准化接口规范，可以保证任何厂商提供的 GSM 系统或子系统都能互连互通。

（2）GSM 系统具有越区切换和漫游功能，特别是能提供国际自动漫游功能，即 GSM 移动用户到其他国家也能正常通信。

（3）GSM 系统除了可以开放话音业务，还可以开放各种承载业务、补充业务和与 ISDN 相关的业务。

（4）GSM 系统具有加密和鉴权功能，能确保用户信息保密和网络安全。

（5）GSM 系统具有灵活和方便的组网结构，频率重复利用率高，移动业务交换机的话务承担能力一般都很强，保证在话音和数据通信两个方面都能满足用户对大容量、高密度业务的需求。

（6）GSM 系统抗干扰能力强，覆盖区域内的通信质量高。

（7）用户终端设备随着大规模集成电路技术的发展，可以更小型、轻巧。

2. GPRS 系统

随着社会的发展，人们不单需要语音通话，还需要传送图像和数据等具有多媒体特征的移动通信业务。在 3G 还没能成为现实时，出现了介于 2G 和 3G 之间的 2.5G 过渡技术，即 GPRS 系统。

GPRS 是通用分组无线业务的简称，是一种新型分组数据承载业务。GPRS 系统与现有的 GSM 话音系统最根本的区别是,GSM 是一种电路交换系统,而 GPRS 是一种分组交换系统。GPRS 系统是 GSM 系统的改进，可在基于 GSM 系统的基础上，通过增加相应模块，升级 GSM 系统，从而实现分组交换数据业务功能，由此提供更高的数据传输速率。GPRS 的系统结构如图 6-14 所示。

GPRS 系统的主要特点：

（1）采用分组交换技术，频谱利用率高。在以前的电路交换模式中，整个连接期内用户无论是否传输数据都将独自占有无线信道。然而在实际会话期间，许多应用往往有大量的空闲时段，如浏览因特网、收发电子邮件等，因此电路交换的信道利用率不高。而对于分组交换模式来说，用户只有在发送或接收数据期间才占用资源，这就意味着多个用户可高效地共享同一无线信道，从而提高了频谱利用率。

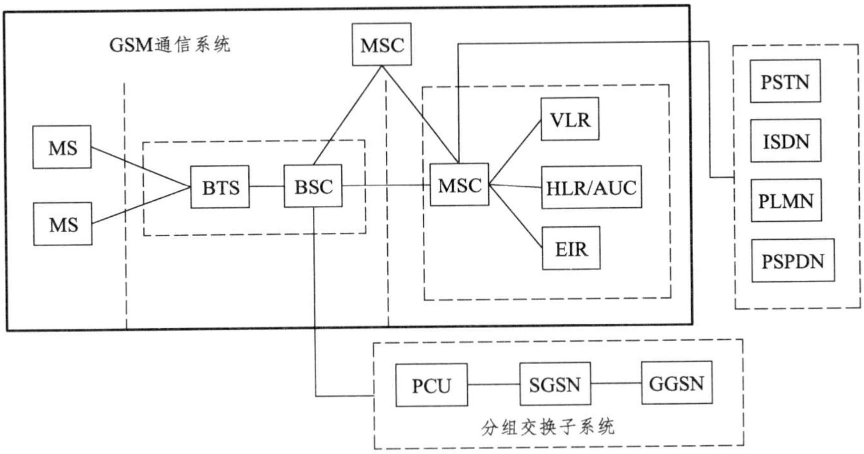

图 6-14　GPRS 通信系统结构

（2）数据传输速率高。GPRS 可提供约 115 kb/s 的传输速率（最高值为 171.2 kb/s）。

（3）以灵活的方式与 GSM 语音业务共享无线和网络资源，实现数据与语音业务共存。

（4）GPRS 可以实现基于数据流量、业务类型及服务质量等级的计费功能，计费方式更加合理，用户使用更加方便。

（5）随时在线。按流量而不是按时间计费，可以一直在线。

6.3.1.2　CDMA 移动通信系统

码分多址（CDMA）数字移动通信系统是北美的第二代移动通信系统。1993 年，美国的高通公司公布了窄带 CDMA 数字移动通信系统标准，称为 IS-95 标准。1995 年，第一个 CDMA 商用移动通信系统正式开通，但真正在全球范围内获得推广应用的是其增强型标准 IS-95A。1998 年，随着移动通信对数据业务需求的增长又推出了 IS-95B。中国电信的 2G 通信系统就是采用的 CDMA 系统。

中国电信的 CDMA 蜂窝系统采用了频分双工方式：上行频段为 825 ~ 849 MHz；下行频段为 870 ~ 894 MHz，可用频段宽度为 24 MHz，双工间隔为 45 MHz，每个小区共用一个信道，带宽为 1.25 MHz，码片速率为 1.2288Mchip/s。CDMA 系统的用户地址码由一定周期长度的 PN 码序列生成，每个信道可以容纳的用户数目巨大。另外，CDMA 系统相邻小区的频率可以相同，只需要配置不同的用户地址码即可。

1. CDMA 系统工作原理

目前移动通信中应用的多址接入方式主要有频分多址（FDMA）、时分多址（TDMA）和码分多址（CDMA）三种。FDMA 是采用频分多址技术，业务信道在不同的频段分配给不同的用户，即从频率角度区分各个用户。TDMA 是采用时分多址技术，业务信道在不同的时间分配给不同的用户，即从时间角度区分各个用户。而 CDMA 是采用扩频的码分多址技术，所有用户在同一时间、同一频段上进行通信，只是每个用户有一个特殊的编码，主要根据不同的编码来获得业务信道，即从不同地址码的角度区分各个用户。FDMA+TDMA 组合体制已被 GSM 数字移动通信系统采用，而 CDMA 体制则依靠其巨大的增容潜力和良好的抗干扰能力异军突起，发展成为前景看好的 CDMA 数字移动通信系统，并成为第 3 代移动通信系统的主流技术。

CDMA是一种以扩频通信为基础的调制和多址连接技术。其基本原理是：发送端将欲传输的具有一定带宽的窄带信息信号用一个带宽远大于该信息信号带宽的高速伪随机码进行调制，使信息信号的带宽被扩展变宽（扩频），再经载波调制后发射出去；在接收端，用相同的伪随机码与接收信号相乘，进行相关运算，将接收到的扩频信号进行解扩，即还原成原始的窄带信息信号，从而完成通信任务。由于扩频信号扩展了信号的频谱，所以它具有一系列不同于窄带信号的性能，如多址能力、抗多径干扰的能力、隐私性能、抗人为干扰的能力、抗窄带干扰的能力等。

2. CDMA 系统特点

CDMA技术是迈向未来电信网络的最佳频谱路径，并被ITU确定为第3代移动通信系统（IMT-2000）的主要技术。其具备的主要特点是：

（1）CDMA的频谱利用率高、用户容量大。CDMA系统由于本身所固有的码分扩频技术加上先进的功率控制、语音激活技术，使得其总容量远大于GSM系统。

（2）CDMA具有软容量特性。在FDMA、TDMA系统中，当小区服务的用户数达到最大信道数时，满载的系统绝对无法再增加一个信号。而在CDMA系统中，用户数目和服务质量之间可以相互折中，灵活互换。例如，可在话务量高峰期将误帧率稍微提高，从而增加可用信道数。

（3）CDMA的覆盖范围大。正常情况下，CDMA的小区半径可达60 km，在采用特殊技术手段后，半径可达200 km以上，而GSM系统单个小区半径最大不会超过35 km。覆盖范围扩大所带来的直接优点是基站数量减少，基站选址容易，在偏远地区大大降低了网络建设成本。

（4）CDMA的语音品质好，保密性强。由于CDMA采用了伪随机序列PN码进行扩频/解扩，语音品质相当好，不仅明显优于GSM，甚至可以与固网的语音品质相比拟。另外，CDMA采用的扩频通信技术使得通信具有天然的保密性，其消息在空中信道上被截获的概率较低。

（5）CDMA的掉话率低。CDMA系统采用软切换技术，“先连接再断开”，完全克服了硬切换容易掉话的缺点。

（6）可提供更高质量的数据传输业务。CDMA传送单位比特的成本比GSM低，因此更适合作为无线高速分组数据业务的接入手段，为移动通信与因特网的融合提供了更好的技术条件。

（7）CDMA手机符合环保的要求。CDMA手机的发射功率小，对人体的辐射小，还可延长手机电池的待机、通话时间。

尽管上面介绍的两种2G技术在发展中得到不断完善，但随着用户规模和网络规模的不断扩大，频率资源已接近枯竭，语音质量不能达到用户满意的标准，数据通信速率太低，无法在真正意义上满足移动多媒体业务的需求。因此，发展第3代移动通信系统势在必行。

6.3.2 第3代移动通信系统

第3代移动通信系统是国际移动通信系统（IMT-2000）的俗称，简称为3G。IMT-2000表示该系统工作在2000 MHz频段，最高业务速率可达2000 kb/s，在2000年左右投入商用的全球移动通信系统。2009 年 1 月，我国同时发放了三张 3G 牌照，即 WCDMA、CDMA200、TD-SCDMA，这标志着我国正式进入了 3G 时代。

总的来说，3G 系统具有以下特点：

（1）全球统一频段、统一制式，全球无缝漫游。

（2）能提供语音、短信息、可变速率的数据、视频、多媒体等多种业务。

（3）高频谱效率。

（4）高传输速率以支持移动多媒体业务，在室内环境支持 2 Mb/s，室外步行支持 384 kb/s，室外车速环境支持 144 kb/s。

目前，在世界范围内应用最为广泛的 3G 通信系统体制主要有宽带码分多址（WCDMA）、CDMA2000 和时分同步码分多址（TD-SCDMA）三种，它们的共同特点是都采用了 CDMA 多址方式。2007 年 10 月，ITU 又批准 WiMAX 成为第四个全球 3G 标准，但其没有用于蜂窝移动通信。

6.3.2.1 WCDMA 系统

WCDMA 系统是由欧洲和日本共同提出的一种通信技术标准。它是一种由 3GPP 具体制定，基于 GSM/GPRS 并与其具有兼容性的 3G 系统。WCDMA 标准相对来说比较成熟稳定，全球绝大多数运营商都采用了该标准。在我国 3G 网络中，中国联通公司就选择了 WCDMA 技术标准。

WCDMA 的主要技术特点：

（1）WCDMA 一般可支持 384 kb/s ~ 2 Mb/s 的数据传输速率，移动速度越低，可提供的数据传输速率越高。WCDMA 可以提供电路交换和分组交换服务，因此用户可以利用电路交换方式打接电话，同时可以利用分组交换方式访问因特网，大大提高了频谱的使用效率。

（2）WCDMA 采用了频分双工方式，单信道带宽为 5 MHz；码片速率为 3.84 Mchip/s；采用单载波直接序列扩频 CDMA 多址接入方式；帧长为 10 ms；调制方式为 QPSK（下行）和 BPSK（上行）。

（3）WCDMA 实现了与 GSM/GPRS 系统的全兼容。

（4）信道编码采用卷积码和 Turbo 码，支持 2 Mb/s 速率的数据业务。

（5）解调方式是导频辅助相干解调。

（6）WCDMA 系统的不同基站可选择同步（需 GPS）或异步（不需 GPS）两种工作方式。

（7）语音编码采用 AMR 方式，自适应多速率。

（8）采用了内环、外环功率控制，控制速率 1500 次/秒。

6.3.2.2 CDMA2000 系统

CDMA2000 是由美国高通公司为主导提出的，摩托罗拉、朗讯和韩国三星等公司都有所参与，它是从 CDMA 标准衍生来的，可以从原有的 CDMA 系统直接升级到 CDMA2000。CDMA2000 可以在 1.25 MHz 的标准载波中，同时提供话音和高速分组数据业务。在我国 3G 网络中，中国电信公司就选择了 CDMA2000 技术标准。

CDMA2000 的主要技术特点：

（1）CDMA2000 单信道带宽为 1.25 MHz。

（2）码片速率为 1.2288 Mchip/s。

（3）采用单载波直接序列扩频 CDMA 多址接入方式。

（4）帧长为 20 ms；调制方式为 QPSK（下行）和 BPSK（上行）。

（5）CDMA2000 的容量是 IS-95A 系统的两倍，可支持 2 Mb/s 以上速率的数据传输。

（6）兼容 IS-95A/B，CDMA2000 要求完全兼容 CDMA。

CDMA2000 引入了分组交换方式。在上/下行信道中，通过发送辅助信道指配消息，可以建立辅助码分信道，使数据在消息指定的时间段内，通过辅助码分信道发送给移动台或基站。如果反向链路需要的分组数据传输量很多，移动台通过发送辅助信道请求消息与基站建立相应的反向辅助码分信道，使数据在消息指定的时间段内通过反向辅助码分信道发送给基站，这使得 CDMA2000 能更灵活地支持分组业务。CDMA2000 采用开环、闭环功率控制，速率为 800 次/秒；上/下行同时采用导频辅助相干解调；网络采用全球定位系统 GPS 同步，给组网带来一定的复杂性；信道编码采用卷积码和 Turbo 码；支持软切换、频间切换及与 IS-95B 间的切换。

6.3.2.3 TD-SCDMA 系统

TD-SCDMA 即时分双工同步码分多址，是我国提出的第一个国际通信标准。TD-SCDMA 采用时分双工方式，其上行和下行链路都在同一频点的不同时隙进行双工通信，可以按上、下行链路所需的数据量动态分配传输速率。其不仅适用于对称业务（如传统的话音业务），还适用于日益增长的非对称的实时及非实时数据业务（如多媒体、互联网等业务），动态地按需分配时隙，可以使频谱资源得以最大、最优的利用。在我国 3G 网络中，中国移动公司就选择了 TD-SCDMA 技术标准。

TD-SCDMA 的主要技术特点：

（1）TD-SCDMA 系统满足 IMT-2000 的基本要求，采用不需配对频率的 TDD 双工方式以及 FDMA/TDMA/CDMA 相结合的多址接入方式。

（2）基站同步采用主从同步方式，需借助全球定位系统（GPS）。

（3）TD-SCDMA 是基于 GSM/GPRS 并与其具有兼容性的系统。

（4）信道带宽为 1.6 MHz；码片速率为 1.28 Mchip/s；单载波直接序列扩频时分多址+同步码分多址接入；帧长为 10 ms；调制方式为下行 QPSK 和上行 BPSK。

（5）内环、外环功率控制，控制速率为 200 次/秒。

上述三种 3G 技术各自的技术特征和参数不尽相同，表 6-2 给出了部分指标的比较。

表 6-2 三种 3G 技术基本指标对比

基本技术特征	WCDMA	CDMA2000	TD-SCDMA
信道间隔	5 MHz	1.25 MHz	1.6 MHz
接入方式	单载波宽带直接序列扩频 CDMA	单载波宽带直接序列扩频 CDMA	TDMA+CDMA
双工方式	FDD	FDD	TDD
码片速率	3.48 Mchip/s	1.2288 Mchip/s	1.28 Mchip/s
基站同步方式	异步（不需 GPS）	同步（需 GPS）	同步（需 GPS）

续表

帧长	10 ms	20 ms	5 ms
调制方式	QPSK（前向）/BPSK（后向）	QPSK 前向）/BPSK（后向）	QPSK
切换	软切换，频间切换，与 GSM 间的切换	软切换，频间切换，与 IS-95 的切换	硬切换或接力切换
功率控制	开环，闭环（最高 1500Hz），外环	开环，闭环（最高 800 Hz），外环	开环，闭环（最高 200 Hz），外环

6.3.3 第 4 代移动通信系统

3G 技术在 20 世纪 80 年代提出时备受关注，但其存在一些不足之处，仅仅在技术上就有很多需要改进的地方。比如 3G 系统部分采用了电路交换而没有采用纯 IP 方式；最高速率只有 2 Mb/s，无法满足用户对移动数据通信速率的要求，更无法满足对移动流媒体通信的需求；且 3G 没有形成全球统一的标准，难以实现全球无缝漫游等。这就推动了人们对下一代移动通信系统——4G 的期待和研究。

2007 年底，ITU 给第 4 代移动通信系统正式取名为 IMT-Advanced，简称为 4G。2013 年 12 月，工业和信息化部给各运营商发放了 4G 牌照，宣告我国移动通信行业进入 4G 时代。

ITU 最初共收到了 6 个技术提案作为 4G 的候选技术，其中最受关注的是 3GPP 组织提交的 LTE 提案，LTE 指的是长期演进计划，即在 3G 系统的基础上，长期改进、补充新技术，实现从 3G 向 4G 的平滑过渡。由于有大量移动运营商和设备厂商的支持，又有已经广泛布设的 2G/3G 系统作为基础，因此 LTE 成为发展得最成功的一种 4G 技术。LTE 同时支持频分双工（FDD）和时分双工（TDD）两种双工工作模式，分别对应 FDD-LTE 和 TD-LTE 两种 4G 技术，目前我国主要采用的是 TD-LTE 模式，FDD-LTE 模式所分配的频段相对较少。严格来说，LTE 只应称为 3.9G，而 LTE-Advanced 称为 4G 标准才更加确切一些，LTE-Advanced 从字面上看指的是 LTE 技术的升级版，但两种技术一脉相承，故没作严格区分。

6.3.3.1 第 4 代移动通信系统主要特点

（1）传输速率更快，容量更大。对于大范围高速移动的用户（250 km/h）数据速率为 2 Mb/s；对于中速移动用户（60 km/h）数据速率为 20 Mb/s；对于低速移动用户（室内或步行者）数据速率可达 100 Mb/s，是 3G 技术的 50 倍；4G 采用了新的网络技术，极大地提高了系统用户容量。

（2）频带更宽，频谱利用效率更高。每个 4G 信道可采用可变带宽，最大可占用 100 MHz 甚至更宽的带宽，而 3G 网络的带宽仅为 5 ~ 20 MHz；TD-LTE 系统的上下行信道带宽可以不同，并且引入了许多功能强大的突破性技术，所以 LTE 的无线频谱利用率比 2G 和 3G 有效得多。

（3）具有良好的覆盖性，是一个无缝网络。4G 系统能实现全球范围内多个移动网络和无线网络之间的无缝漫游。4G 的无缝特性应包含系统、业务和覆盖等多方面的无缝性：系统的无缝性指的是用户既能在蜂窝系统中使用，又能在其他系统中使用；业务的无缝特性指的是对语音、数据和图像的无缝性；而覆盖的无缝性则指的是 4G 系统应能在全球范围提供业务。

（4）智能化程度更高。4G 具有高度的自治性和自组织性，智能化程度高。它能自适应地进行资源分配，处理变化的业务流和适应不同的信道环境。4G 网络中的智能处理器能够处理节点故障或基站超载，4G 通信终端设备的设计和操作也能智能化。

（5）能实现更高质量的多媒体通信。4G 网络的无线多媒体通信服务包括语音、数据、影像等，大量信息通过宽频信道传送出去，让用户可以在任何时间、任何地点接入到系统中，因此 4G 也是一种实时的、宽带的、无缝覆盖的多媒体移动通信系统。

（6）兼容性更平滑。4G 系统具备真正意义上的全球漫游（包括与 3G、WLAN 和固定网络之间的无缝漫游），接口开放，能跟多种网络互连，终端多样化以及能从 2G 平稳过渡等特点。

（7）通信费用更加便宜。

6.3.3.2 第 4 代移动通信系统关键技术

4G 除了采用以前通信系统的众多技术，还引入了很多新技术，如 MIMO 技术、载波聚合技术、协作多点传输技术、无线中继技术、OFDM 技术等，下面分别对其作一个简略介绍。

1. 多输入多输出技术

多输入多输出（MIMO）技术是指在基站发射机和终端接收部分都有多个天线，这比在基站发射机有多个天线和终端接收部分只有一个天线的系统有优势。如果在发射和接收端都有多个天线，就可以利用码重用技术。码重用的峰值容量是只有一个发送天线时速率的 M 倍（M 是发射天线的数目）。利用码重用技术和低速的调制方式可以达到一些高速媒体数据速率，而不需要采用要求较高的调制方式。

对于采用多天线阵发送和接收技术的系统，在理想情况下，信道容量随着 M 线性增加，从而提供了目前其他技术无法达到的容量潜力。同时，由于多天线阵发送和接收的本质是空间分集与时间分集的结合，因此该系统具有较好的抗干扰能力。

2. 载波聚合技术

为了支持不断增长的用户需求，移动通信技术需要提供更快的通信速率和更大的系统容量。另外，无线通信经过了长期发展，现有的无线频谱资源已经被 2G、3G 和卫星通信等通信系统所大量占用，因此 IMT-Advanced 技术可用的剩余频率很可能是离散的，这就需要研究如何将现有剩余的离散频段资源进行整合后用于宽带通信的问题。LTE 在 Release10 版本开始研究载波聚合技术，通过多个单载波的聚合使用，实现更大的系统带宽，并且提供了将离散频率资源进行整合利用的功能。

载波聚合是指 LTE-Advanced 中的传输带宽可以是由两个或两个以上的载波单元聚合而成，这样 LTE-Advanced 就可以看作是 LTE 中多载波的一种扩展。在 LTE-Advanced 中，载波的聚合不仅应包含聚合相邻的载波，还应该可以聚合不相邻的载波，而且在聚合的载波单元中，至少有一个是符合 LTE 中载波的要求的，这样就可以保证与 LTE 终端的兼容性。对于其他的聚合单元，分三种情况：与 LTE 中的载波要求完全一致、与 LTE 中的载波要求部分兼容和与 LTE 中的载波要求完全不兼容。前两种情况不需要引入新的信道，而后一种情况需要引入新的信道。

3. 协作多点传输技术

协作多点传输技术可分为分布式天线系统和协作式 MIMO 两大类，分布式天线系统改变了传统蜂窝系统中集中式天线系统的风格，将天线分散安装，再用光纤或是电缆将它们连接到一个中央处理单元进行统一的收发信号处理。这使得发送功率得以降低，提高了整个系统的功率使用效率，降低了小区间的干扰，而且可以提高资源管理的灵活性、优化资源的使用、提高频谱效率等。协作 MIMO 是对传统的基于单基站的 MIMO 技术的补充，它通过基站间协作的 MIMO 传输来达到减少小区间干扰、提高系统容量、改善小区边缘的覆盖和用户数据速率的目的。各个小区的基站使用光纤或电缆连接，通过协作通信与用户形成虚拟 MIMO 系统。各基站由中央处理单元进行统一的调度或联合的信号处理。

4. 无线中继技术

无线中继技术就是采用无线信号转发的方式进行通信，通过快速、灵活地部署一些节点的方式，达到改变系统容量和改善网络覆盖的目的。以较简单的两跳中继为例，就是将一条基站-移动台链路分割为基站-中继站和中继站-移动台两条链路，从而有机会将一条质量较差的链路替换为两条质量较好的链路，以获得更高的链路容量和更好的覆盖。

中继可以分为两种基本类型：放大转发中继方式和解码转发中继方式。

放大转发中继里的中继节点只是将接收到的信号简单地进行放大然后转发，对基站和终端来说信号都是透明的。所有的无线资源管理功能、重传功能和移动性管理功能仍由基站处理。这种方式获得的增益小，但时延小，设备简单。

解码转发中继里的中继节点对接收到的信号进行解码，之后重新编码进行转发。这种方式的时延较大，但噪声和干扰信号不会被累积，增益较大，并且可以根据链路的情况引入链路自适应技术。

5. 正交频分复用技术

正交频分复用（OFDM）技术实际上是多载波调制（MCM）的一种，它是 4G 通信网的核心技术。其基本原理和特点在 5.6.3 中已经作过介绍，此处不再赘述。

从上面的分析可以看到，使用 4G 技术能够给用户带来前所未有的快速数据服务体验，特别是对于流量充足的用户来说，可以观看视频，拨打视频电话等，这是 3G 技术无法提供的优质服务。同时，随着网络的逐渐完善，运营商的 4G 资费不断降低，大大地减少了用户的经济成本。

6.3.4　第 5 代移动通信系统

2015 年 10 月，ITU 确定将第五代移动通信系统正式命名为 IMT-2020，简称为 5G。5G 作为一种新型移动通信网络，不仅要解决人与人之间的通信，为用户提供增强现实、虚拟现实、超高清视频等更加身临其境的极致业务体验，更要解决人与物、物与物之间的通信问题，满足移动医疗、车联网、智能家居、工业控制、环境监测等物联网应用需求。

总的来说，5G 通信相对于 4G 通信的最显著进步是，5G 具有连续广域覆盖、高容量、低功耗大连接、低时延高可靠性等特点。可以预测，5G 将渗透到经济社会的各行业各领域，成为支撑经济社会数字化、网络化、智能化转型的关键新型基础设施。2019 年 6 月，工信部向中国电信、中国移动、中国联通、中国广电发放了5G商用牌照，我国正式进入5G商用元年。

5G系统将以人为中心的通信扩展到以人和物为中心的通信，5G系统的主要功能是为人和物提供信息和服务。为实现这个目标，5G移动通信系统需要具备更高的灵活性和更广泛的集成能力。在ITU的5G愿景中，5G将具有支持增强的移动宽带通信（eMBB）、海量机器类通信（mMTC）和超可靠低时延通信（uRLLC）等能力。5G的主要目标参数如下：

（1）峰值速率：下行20 Gb/s，上行10 Gb/s。

（2）频谱效率：下行30 $b/s \cdot Hz^{-1}$，上行15 $b/s \cdot Hz^{-1}$。

（3）用户面时延：对uRLLC业务而言，用户面时延要求上下行都在0.5 ms内，对eMBB业务而言，用户面时延要求上、下行在4 ms以内。

（4）可靠性：对uRLLC业务，要求在1 ms时延内的误码率在10^{-5}以下。

（5）终端电池寿命：针对mMTC业务，终端应支持10年以上电池不充电的寿命。

（6）连接密度：可支持每平方功率一百万以上的海量连接。

（7）移动性支持：可支持在500 km/h的高速列车上通信。

6.3.4.1 第5代移动通信系统主要特点

1. 高速率

进入多媒体时代后，每一代新移动通信技术的出现，用户最直接的感受就是信息传输速率的提升。高速率是5G通信系统最大的一个特点，相比于4G网络，5G基站的峰值速度要求不低于20 Gb/s，5G网络中用户几秒钟就可能下载一部电影。

2. 低功耗

5G要支持大规模物联网应用，对这些设备是有功耗要求的。以前的可穿戴等小体积产品，每天甚至几个小时就需要充电，导致用户的体验较差，从而限制了其发展。如果能把设备功耗降下来，就能大大延长待机时间，促进物联网产品的快速普及。5G系统里的小区半径较小，并且采用了多种降低功耗的技术手段，因此，一般来说移动设备相对耗电少、功耗低、待机长。

3. 低时延

5G的一个新使用场景是无人驾驶、工业自动化的高可靠连接。人与人之间的信息交流有140 ms的时延是可以接受的，但是如果这个时延对于无人驾驶、工业控制自动化等就很难满足要求。5G对于时延的要求是1 ms甚至更低。

无人驾驶汽车需要中央控制中心和汽车进行互联，车与车之间也应进行互联，在高速度运动中，需要瞬间把信息送到车上并做出反应。而100 ms左右的时间，在制动时车就会冲出几十米。对于无人驾驶飞机更是如此，极小的偏差就会导致碰撞和事故。

在工业控制自动化中，对一台高速运转的数控机床发出停机的命令，这个信息如果不能及时送达，就无法保证加工零件的精度。所以低时延在今后的各行各业中应用广泛，效益显著。

4. 万物互联

在以前的通信系统中，接入的终端是非常有限的。随着社会的发展，越来越多的智能家电设备、可穿戴设备、共享汽车等不同类型的设备都需要联网。在 5G 时代，设备接入容量非常大，任何东西都可以通过网络相互连接，相互之间进行信息传递及控制，实现万物互联，真正实现完全智能化的智慧家庭。有人曾说过，4G 改变生活，5G 改变社会！

5. 泛在网

随着业务的发展，网络业务需要无所不包，广泛存在。只有无处不在的网络才能支持更加丰富的业务，才能在复杂的场景下使用。泛在网主要有广泛覆盖和纵深覆盖两个层面的含义。

广泛覆盖是指在社会生活的各个地方都需要有无线信号覆盖。覆盖了 5G 信号后，就可以大量部署传感器，进行环境、空气质量甚至地貌变化、地震的监测。

纵深覆盖是指虽然已经有网络部署，但还需要进入更高品质的深度覆盖。5G 的到来，可把以前网络品质不好的地点（如卫生间、地下停车库等）都实现高质量的 5G 网络覆盖。

一定程度上，泛在网比高速率还重要，若只是建一个覆盖少数地方、速率很高的网络，并不能保证 5G 有较好的服务与体验，泛在网才是 5G 体验的一个根本保证。

6. 重构安全

传统的互联网解决的是信息快速、无障碍地传输，而在 5G 基础上建立的是智能互联网。智能互联网不仅要实现信息传输，还要建立起一个社会和生活的新机制与新体系。智能互联网的基本精神是安全、管理、高效、方便。因此在 5G 的网络构建中，不同于传统网络，要在底层就解决安全问题，从网络建设之初，就应该加入安全机制，信息应该加密，网络并不应该是全开放的，对于特殊的服务需要建立起专门的安全机制。5G 网络若没有严格的安全体系，将会产生巨大的破坏力。

6.3.4.2　第 5 代移动通信系统关键技术

1. 大规模多天线技术

2010 年底，贝尔实验室的 Thomas 在《无线通信》中提出了适用于 5G 的大规模多天线的概念，这种技术比传统多入多出（MIMO）的天线数要多得多，传统 MIMO 基本是 2 天线、4 天线或 8 天线，而大规模多天线可能达到 64、128 甚至 256 个天线。大规模多天线技术中，在系统基站中的天线数远高于终端的天线数目，通过建立极大数目到达终端的信道，可实现信号的稳健高速传输，并通过大规模天线简化 MAC 层设计来最终实现信号的低时延传输。大规模多天线技术可以实现比现有的 MIMO 技术更高的空间分辨率，使得多个用户可以利用同一时频资源进行通信，从而在不增加基站密度的情况下大幅度提高频谱效率。另外，大规模多天线技术可以降低发送功率，可以将波束集中在很窄的范围内，从而降低干扰。

在 5G 的大规模天线场景中，宏蜂窝小区和微蜂窝小区两种小区共存，场景分为室外和室内这两种，因此大规模天线的信道可以分为宏小区基站对室外用户、室内用户，以及微小区基站对室外用户、室内用户等。同时微小区也可作为中继基站进行传输，信道也包括从宏小区基站到微小区基站，如图 6-15 所示。基站天线数可以趋于无限大，同时用户天线数目也可增大。

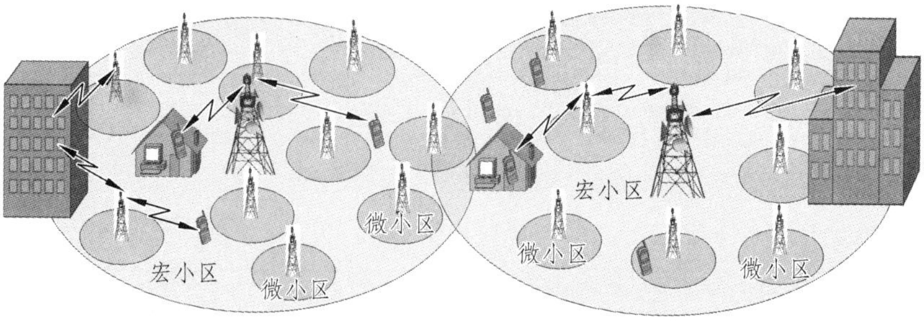

图 6-15　5G 小区应用场景

大规模多天线技术无论是在频谱效率、网络可靠性方面还是在能耗方面都具有不可比拟的优势，被认为是 5G 中的一项关键可行技术，因此在 5G 时代将会被普遍使用。

2. 新型多址接入技术

多址接入技术是现代移动通信系统的关键特征，很大程度上来说，多址技术就是每一代移动通信技术的关键特点。5G 除了支持传统的 CDMA 技术外，还将支持 NOMA、SCMA、PDMA、MUSA 等多种新型多址技术。

非正交多址接入（NOMA）是基于功率域复用的新型多址方案，以增加接收端的复杂度为代价换取更高的频谱效率。未来设备计算能力将会有大幅度提升，所以该方案具有可行性。

稀疏编码多址接入（SCMA）是一种新型基于码域复用的多址方案，该方案将 QAM 调制和签名传输过程融合，输入的比特流直接映射成一个从特定码本里选出的多维 SCMA 码字，然后再以稀疏的方式传播到物理资源元素上。

图样分割多址接入（PDMA）技术，是基于发送端和接收端联合设计的新型非正交多址接入技术。发送端，在相同的时频域资源内，将多个用户信号进行功率域、空域、编码域单独或联合地编码传输，采用易于干扰抵消接收机算法的特征图样进行区分；接收端，对多用户采用低复杂度，高性能的串行干扰抵消接收机算法进行检测，做到通信系统的整体性能最优。根据目前的研究结果，在上行系统中，PDMA 可以提升系统容量 2 ~ 3 倍，而下行通信系统的频谱效率可以提高至 1.5 倍。

多用户共享接入（MUSA）是一种基于复数域多元码的上行非正交多址接入技术，适合免调度的多用户共享接入方案，有利于实现低成本、低功耗 5G 海量连接（万物互联）。

总的来说，5G 时代的多址技术的改革和创新，将使未来移动通信的无线接入技术达到一个新的高度。

3. 同时同频全双工技术

同时同频全双工技术可以使通信终端设备在同一时间同一频段发送和接收信号，被认为是一项有效提高频谱效率的技术。它是在同一个物理信道上实现两个方向的信号传输，即通过在通信双工节点的接收机处消除自身发射机信号的干扰，在发送信号的同时，接收来自另一节点的同频信号。理想情况下，相对于传统的时分双工或频分双工而言，同时同频全双工可以将频谱效率提高一倍。同时，全双工技术能够突破 TDD 和 FDD 方式的频谱资源使用限制，使得频谱资源的使用更加灵活。因此，该技术可有效解决 5G 对频谱资源的需求。

不过，同时同频全双工技术也面临一个技术难题，就是在发送和接收信号的过程中，由于功率差非常大，会导致非常严重的自干扰，因此需要解决的问题就是消除干扰。另外，还存在着相邻小区同频干扰问题，同时同频全双工技术在多天线的环境下应用难度会更大。

4. 设备间直接通信技术

传统的移动通信系统组网方式是以基站为中心实现小区覆盖，中继站及基站不能移动，网络结构的灵活度有较大限制。未来的 5G 网络数据流量大、用户规模大，传统的以基站为中心的组网方式将无法满足业务需求。设备间直接通信技术（D2D）能够在相邻终端之间在近距离范围内通过直接链路进行数据传输，而不需要经过如基站等中间节点。D2D 技术是短距离直接通信，信道质量高，具有较高的数据速率、较低的时延和较低的功耗；通过广泛分布的终端设备，能够改善覆盖，实现频谱资源的高效利用；支持更灵活的网络架构和连接方法，提升链路灵活性和网络可靠性。

目前，D2D 正在发展更强的中继技术、多天线技术和联合编码技术等，提高通信效率和质量，它将是 5G 采用的关键技术之一。

5. 密集网络技术

5G 是一个多元化、宽带化、综合化、智能化的网络，数据流量将比 4G 高得多。要实现这个目标有两种方法：一是在宏基站处部署大规模天线来获取更高的室外空间增益；二是部署更多的密集网络来满足室内和室外的数据需求。针对未来 5G 网络的数据业务将主要分布在室内和热点地区的特点，根据在对等条件下，密集网络提升的信噪比增益不低于大规模天线带来的信噪比增益的特点，可将密集网络做为提高数据流量的关键技术进行研究。

密集网络缩短了发送端和接收端的物理距离，从而提升了终端用户的性能，改善了网络覆盖，大幅度提升了系统容量，并能对业务进行分流，使网络部署更灵活，频率复用更高效。未来，面向高频率大宽带，将采用更加密集的网络方案。

6. 自组织网络技术

在传统无线通信网络中，网络部署、配置、运营、维护等都靠人工完成，不仅占用大量的人力资源，而且效率十分低下。随着移动通信网络的快速发展，仅仅依靠人力更加难以实现良好的网络优化。为了解决运营商的网络部署、优化问题，同时降低运营商在运营、维护方面投入在总投入中的占比，使运营商能够在满足客户需求的条件下快速、便捷地部署网络，提出了自组织网络（SON）的概念。自组织网络的设计思路是在网络中引入自组织能力，包括自配置、自优化、自愈合等，实现网络的规划、部署、维护、优化和排障等环节的自动进行。

5G 将会是一个多制式的异构网络，将会有多层、多种无线接入技术共存，使得网络结构变得十分复杂，各种无线接入技术内部和各种覆盖能力的网络节点之间的关系错综复杂，网络的部署、维护、运营将成为一个极具挑战性的工作。为了降低网络部署、运营维护复杂度和成本，提高网络运营维护质量，5G 将会具有更智能的、统一的自组织网络功能。

本章小结

本章主要对移动通信系统进行了简要介绍，重点内容如下：

（1）移动通信的定义：通信双方至少有一方是处在移动状态中进行信息交换的通信方式。

（2）移动通信的特点：多径传播、强干扰和噪声、无线频谱资源有限、通信系统复杂、通信的安全性和保密性。

（3）移动通信系统：主要由移动台、基站、移动业务交换中心等共同组成。

（4）移动通信的工作方式：单工、半双工和全双工，以及准双工系统。

（5）我国蜂窝移动通信系统的工作频段分配。

（6）移动通信系统的基本技术：蜂窝技术、多址接入技术、位置管理、越区切换等。

蜂窝技术重点是正六边形的小区覆盖、小区分裂、小区扇形化。多址接入重点是：频分多址、时分多址、码分多址。位置管理的重点是位置登记、位置更新、寻呼。越区切换的重点是越区切换的判断准则、越区切换如何控制、越区切换时信道分配。

（7）各代蜂窝移动通信系统的特点和关键技术介绍。

2G 网络重点介绍了 GSM、GPRS、CDMA 系统的基本原理，以及各自的特点和相关技术。

3G 网络介绍了 WCDMA、CDMA2000、TD-SCDMA 系统的基本原理，以及各自的特点和相关技术。

4G 网络的关键技术，如 MIMO 技术、干扰抑制技术、载波聚合技术、无线中继技术、OFDM 技术等。

5G 网络的关键技术，如大规模多天线技术、新型多址接入技术、同时同频全双工技术、设备间直接通信技术、密集网络技术、自组织网络技术等。

第 6 章习题

6.1 填空题

1. 蜂窝移动通信系统主要由________、________、________组成。
2. 蜂窝小区主要采用的是________形。
3. 移动通信系统常用的多址通信方式为________、________、________。
4. 2G 通信系统的两种主要技术是________、________；3G 通信系统的三种主要技术是________、________、________。
5. 我国 GSM 系统的工作频段是________MHz 和________MHz。
6. GPRS 是________业务的简称，是一种新型________业务。
7. WCDMA、CDMA2000、TD-SCDMA 三种 3G 技术的码片速率分别是________、________、________Mchip/s。
8. LTE 从双工模式分为的两种技术体制是________、________。
9. 第 5 代移动通信系统的主要特点有______、______、______、______、______、______。

6.2 简答题

1. 简述移动通信系统的基本技术。
2. 简述 5G 的几种关键技术。

6.3 分析题

1. 分析越区切换的准则。
2. 阐述三种主要多址技术的原理及特点。

第 7 章　光纤通信系统

随着通信技术的快速发展，世界正走向信息化时代。人们需要更高速、大容量、长距离的通信方式，并希望这种通信方式的传输成本不断降低。光纤通信就是实现这一目标的最理想手段。这是由于光波具有极高的频率，因而其具有很宽的带宽，可以容纳巨大的通信信息量；另外光纤对光信号的衰减可以很低，从而实现长距离的通信。经过多年的发展，光纤通信已成为信息化时代有线传输网的主要通信方式。

本章主要讲述光纤通信的基本理论和概念，并进一步介绍光纤的结构、光纤通信系统的构成，以及光纤通信系统中的关键技术等。

7.1　光纤通信概述

7.1.1　光纤通信的概念及发展简史

光纤是光导纤维的简称。光纤通信就是以光波作为信息的载体，以光纤作为传输媒介的一种通信方式。光纤通信中传输的是光信号而不再是电信号。

光纤通信中有两个关键设备：一个是性能良好的光源；另一个是低损耗的用于传输光波的传输媒介。目前光源一般多采用激光，传输媒介多采用石英光纤。

光纤通信最早始于人类对光通信的认识。早在 1880 年，美国科学家贝尔就发明了光电话，这标志着光通信发展的起源。但当时没有合适的光源及传输媒介，因此光通信没能获得比较好的发展。

利用光导纤维作为光的传输介质的光纤通信只有几十年的历史。1960 年，美国人梅曼发明了第一台红宝石激光器，为光通信奠定了光源基础。1966 年，英籍华人高锟博士提出利用石英玻璃（二氧化硅）制成低损耗光纤的设想，并从理论上分析和证明了用光纤作为传输媒介实现光通信的可能性，还设计了通信用光纤的结构。更重要的是，他科学地预言了制造通信用的超低损耗光纤的可能性，即如果能够减少玻璃中的杂质含量，就可以制造出损耗低于 20 dB/km 的光纤。而当时世界上只能制造用于工业、医学方面的光纤，其损耗多在 1 000 dB/km

以上，制造损耗在 20 dB/km 以下的光纤，被认为是可望而不可及的。后来的发展证明了高锟博士文章的正确性。所以这篇文章被誉为光纤通信的里程碑，高锟博士被誉为“世界光纤之父”，并于 2009 年获得诺贝尔物理学奖。

1970 年，美国康宁公司首先研制出衰减为 20 dB/km 的单模光纤，取得重大突破。同年，美国研制出能够在室温下连续运转的半导体激光器，为光纤通信找到了合适的光源，光纤通信从此开始飞速发展。此后，世界各国纷纷开展光纤通信研究，出现了石英玻璃光纤，塑料光纤、液芯光纤等多种光纤类型，其中利用全反射原理导光的石英光纤被广泛采用。

1976 年，美国在亚特兰大进行了世界上第一次实用光纤通信系统的现场试验，信息速率为 45 Mb/s，中继距离为 10 km。1980 年，140 Mb/s 光纤通信系统投入商业应用。1983 年，敷设了纵贯日本南北的光缆长途干线。随后，由美、日、英、法发起的第一条横跨大西洋海底的光缆通信系统于 1988 年建成。第一条横跨太平洋海底的光缆通信系统于 1989 年建成。1990 年，565 Mb/s 的光纤通信系统进入商用化阶段，并开始进行波分复用（WDM）的现场实验，还陆续制定了同步数字系列（SDH）的技术标准。1993 年，速率在 622 Mb/s 以下的 SDH 产品开始商用化。1995 年，速率为 2.5 Gb/s 的 SDH 产品开始商用化。1996 年，10 Gb/s 的 SDH 产品开始商用化。1997 年，用于波分复用技术的 20 Gb/s 和 40 Gb/s 的 SDH 产品试验取得重大突破。近年来，密集型波分复用（DWDM）技术取得了较大的进展，美国 AT&T 实验室等机构已成功地研制了速率为 Tb/s 数量级的传输系统。

光纤通信是我国高新技术中与国际差距较小的领域之一。全国通信网传输的光纤化水平基本达到国际同类水平，自主开发的光纤通信产品也接近国际同类产品水平，但实验室的研究水平还有一定的差距。

我国的光通信研究从 20 世纪 70 年代开始。1977 年，我国第一根光纤问世。2005 年，3.2 Tb/s 超大容量的光纤通信系统在上海至杭州开通，这是当时世界最大容量的实用光纤线路。在光纤研制方面，我国已基本掌握了常规单模和多模光纤的生产技术，并已研制出了各种可满足特殊要求的光纤，而且能达到生产水平。我国现已有了一定规模的光纤通信产业，能生产光纤、光缆等多种光纤通信设备，并占据了一定的国际市场。

7.1.2 光纤通信的特点

光纤通信能成为通信中最主要的传输技术，是由于它与其他通信传输系统相比，具有以下优点。

1. 传输频带宽，通信容量大

信息论指出，一般来说，载波频率越高，通信容量就越大。目前光纤通信使用的光载波频率为 $10^{14} \sim 10^{15}$ Hz 数量级，比常用的微波频率高 $10^4 \sim 10^5$ 倍。用一根普通光纤可至少同时传输 24 万个话路，比传统的同轴电缆等要高出几十倍甚至上千倍。

2. 传输损耗小，中继距离长

目前通信中实用的光纤主要为石英玻璃光纤，要减少光纤的损耗，主要靠提高玻璃纤维的纯度来达到，而目前制造的石英玻璃介质的纯净度极高，所以光纤的损耗极低。在光波长 1.55 μm 附近，衰减有最低点，可低至 0.19 dB/km，已接近理论极限值。由于光纤的损耗低，中继距离可以很长，从而可减少中继站的数量，降低了成本且提高了通信质量。传统电缆的中继距离为 1.5 km 左右，微波的中继距离为 50 km，光纤的中继距离可以达到几百千米。

3. 抗电磁干扰能力强

光纤的材料石英是绝缘介质，是不导电的，传输信息的是光波而不是电波，因此光纤通信不怕任何电磁干扰，并且外界的光信号也不能对其形成干扰。这是电通信所不能比拟的，因此光纤通信在许多特殊通信环境中得到了广泛的应用。

4. 体积小，重量轻，便于运输和施工

国际上规定通信裸光纤的直径为 125 μm，仅约为头发丝的一半。当然，裸光纤外面还要有保护层，并且实际中还要将若干光纤制成光缆。光缆与电缆相比，尺寸小得多，仅为其 1/6；重量轻得多，仅为其 1/20。由于光缆线径细，重量轻，可以节约地下管道建设投资，而且便于敷设、运输和施工。

5. 原材料丰富，节约有色金属

制造通信用光纤的原材料是石英，其主要成分是 SiO_2，与沙子和玻璃的主要成分一样，因此原材料极其丰富，成本较低，可以节省电缆的铜线或铝线等有色金属。

当然，光纤本身也有缺点：比如光纤质地脆，机械强度低；光纤的切断和接续需要一定的工具设备和技术；光信号的分路、耦合比较麻烦；光纤的弯曲半径不能过小等。但这些问题随着技术的不断发展，都是可以解决的。

7.1.3　光纤通信的工作波长

光纤通信传输的信号是光波信号，光波是人们熟悉的电磁波中的一种，其波长为微米级，频率为 1014 ~ 1015 Hz 数量级。根据电磁波谱可知，紫外光、可见光、红外光均属于光波的范畴，目前光纤通信使用的波长范围是在近红外区，即波长为 0.8 ~ 1.8 μm，如图 7-1 所示。通过研究发现，在这个波长范围内，有三个光波的低损耗窗口，也就是光纤通信常常使用的工作窗口，分别是 0.85 μm、1.31 μm 和 1.55 μm 波段。

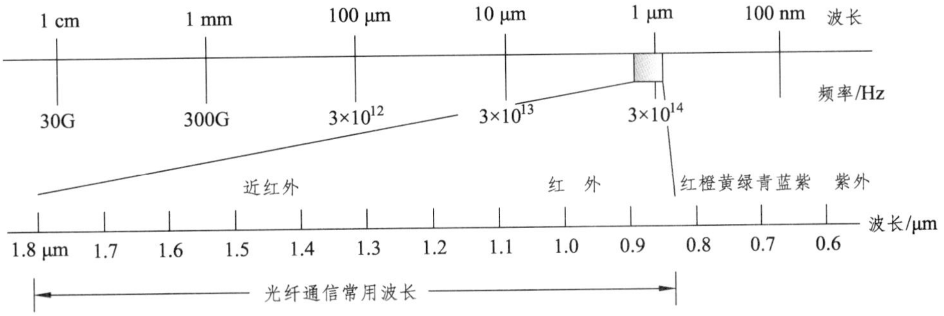

图 7-1　光纤通信所使用的电磁频谱

7.2 光纤与光缆

7.2.1 光纤的结构

为了进一步学习光纤通信，先对光纤的结构作一个简单介绍。

石英光纤通常是多层同轴的圆柱体，主要由自内向外的纤芯、包层、涂覆层组成，如图 7-2 所示，光纤的横截面结构如图 7-3 所示。

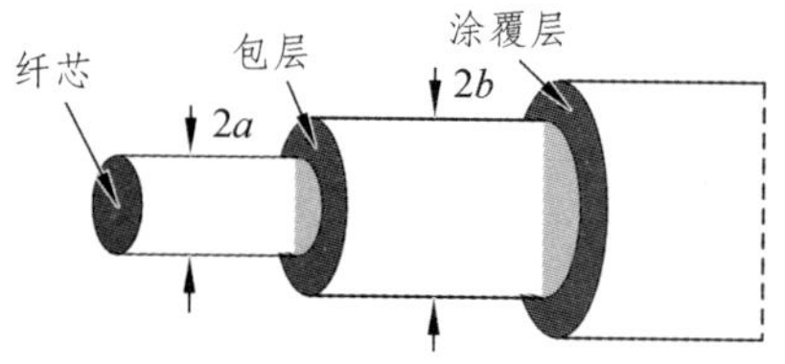

图 7-2 **光纤的结构**

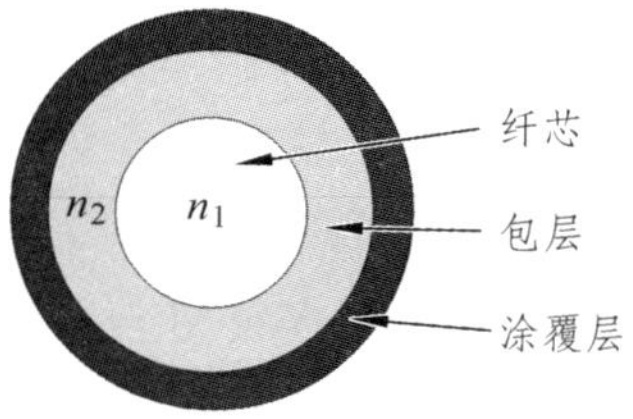

图 7-3 **光纤横截面结构图**

光纤的核心部分是中间的纤芯与包层这两层，它们的主要成分都是可以导光的高纯度石英玻璃，但是它们的折射率不同，通常用掺杂的办法可调节两者的折射率，一般纤芯的折射率比包层的折射率要大才行。纤芯位于光纤的中心，其作用是传输携带信息的光波。而包层包裹于纤芯的外层，其作用是将光波全反射回纤芯中去，从而减少光波的损耗。只有纤芯和包层的光纤称为裸光纤，由于石英玻璃质地脆、易断裂，为保护光纤不受损害，提高抗拉度，一般需要在裸光纤外面经过两次涂覆。一次涂覆层是为了保护裸纤而在其表面涂上的聚氨基甲酸乙酯或硅酮树脂层，二次涂覆层多采用聚乙烯塑料或聚丙烯塑料、尼龙等材料。光纤常常在最外边再加一层套层，一般为塑料或有机材料的包覆层，主要起保护作用。

7.2.2 光纤的分类

光纤的种类很多，根据不同的分类方法和标准，同一根光纤将会有不同的名称。常用的分类方法有下面几种。

1. 按光纤的制造材料分类

按照制造光纤所用的材料可分为石英系列光纤、塑料光纤和液体光纤。石英系列光纤一般是由石英纤芯和包层构成的光纤。这种光纤具有很好的传输特性，目前通信常用光纤绝大部分为石英系列光纤。塑料光纤是用高度透明的聚苯乙烯或聚甲基丙烯酸甲酯（有机玻璃）制成的。塑料光纤具有纤芯粗、制造成本低、与光源耦合效率高等优点，但同时具有传输损耗大、接续困难等缺点，这种光纤只适用于短距离较低速率通信。液体光纤是一种特殊的光纤形式，其主要特点是可以随意弯曲。

2. 按光纤的传输模式分类

根据光纤传输模式的数量，石英光纤可分为多模光纤和单模光纤。

多模光纤的纤芯较粗（例如 50 μm 或 62.5 μm），可传多种模式的光。但其模间色散较大，这就限制了传输数字信号的速率，而且随着距离的增加会更加严重。因此，多模光纤传输的距离相对比较短。

单模光纤的纤芯很细（一般为 9 μm 或 10 μm），同时只传一种模式的光。因此，其色散很小，适用于大容量、长距离通信。

不管单模光纤还是多模光纤，其包层直径均为 125 μm。

3. 按光纤的折射率分布分类

按照光纤折射率分布的不同，光纤可分为阶跃型光纤和渐变型光纤。

阶跃型光纤的纤芯和包层的折射率呈均匀分布，包层的折射率稍小一些，光纤纤芯到包层的折射率是突变的，所以称为阶跃型折射率光纤，简称阶跃光纤，也称突变光纤，如图 7-4 所示。

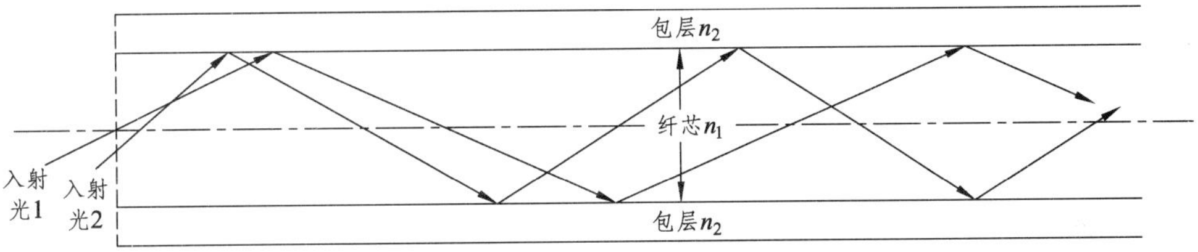

图 7-4　阶跃型光纤导光原理

渐变型光纤纤芯折射率呈非均匀分布，在纤芯轴心处最大为 n_1，而在光纤横截面内从轴心沿半径往外方向逐渐减小，在纤芯与包层的交界面上降至包层的折射率 n_2，渐变光纤的包层折射率分布与阶跃光纤一样，都是均匀的，如图 7-5 所示。渐变型光纤具有如同透镜那样的“自聚焦”作用，对光脉冲的展宽要小得多，提高了光纤带宽，多模光纤常采用这种折射率分布。

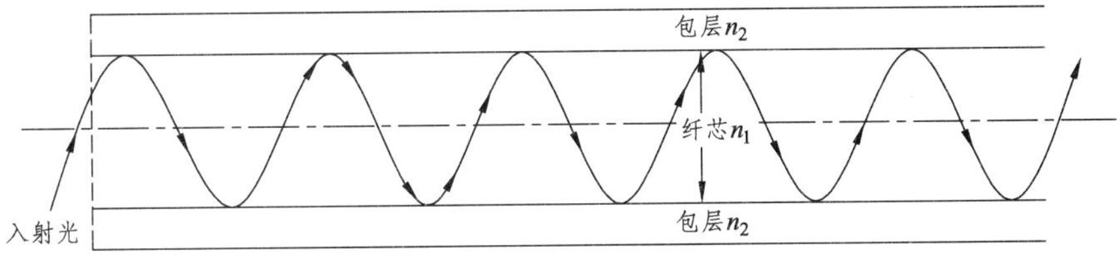

图 7-5　渐变型光纤导光原理

4. 按工作波长分类

按光纤的工作波长可分为短波长光纤、长波长光纤和超长波长光纤。短波长光纤是指工作波长为 0.8 ~ 0.9 μm 的光纤；长波长光纤是指工作波长为 1.0 ~ 1.7 μm 的光纤；而超长波长光纤则是工作波长 2 μm 以上的光纤。

5. 按 ITU-T 建议标准分类

对于实用化的通信光纤，ITU-T 有一系列的标准和建议。

（1）G.651 渐变多模光纤。工作波长为 1.31 μm 和 1.55 μm，主要用于计算机局域网或接入网等中短距离的传输。

（2）G.652 标准单模光纤。也称为非色散位移光纤或常规单模光纤，其性能特点是：在波长 1.31 μm 处的色散为零，在波长 1.55 μm 附近衰减系数最小，约为 0.22 dB/km，但在波长 1.55 μm 附近具有较大色散系数。这种光纤工作波长既可选在 1.31 μm，又可选在 1.55 μm 波长区域，最佳工作波长在 1.31 μm 区域，是当前使用较为广泛的光纤。

（3）G.653 色散位移单模光纤。这种光纤通过改变结构参数和折射率分布形状，力求加大波导色散，从而将零色散点从 1.31 μm 位移到 1.55 μm，实现 1.55 μm 处最低衰减与零色散波长一致的目的。它非常适合于长距离、单信道光纤通信系统。

（4）G.654 光纤为最佳性能的单模光纤。又称为负色散光纤，在波长 1.55 μm 处具有极低损耗（约为 0.15 dB/km），弯曲性能好，适合远距离传输。其缺点是制造困难，价格昂贵。

（5）G.655 非零色散位移单模光纤。这种光纤综合了标准光纤和色散位移光纤最好的传输特性，特别适合于密集波分复用传输，能提供大容量传输，是新一代光纤通信系统的最佳传输介质。

目前，G.652 和 G.655 两类光纤是国内最常用的单模光纤。

另外，还有一种全波光纤，这种光纤消除了常规光纤在波长 1.385 μm 附近的损耗峰，使光纤在波长 1.31 ~ 1.6 μm 的损耗都趋于平坦，光纤可利用的波长增加了 0.1 μm 左右。全波光纤的损耗特性好，但它在色散和非线性方面表现不突出。

7.2.3 光纤的传输特性

7.2.3.1 光纤的损耗特性

光信号在光纤内传播，随着距离的增大，能量会越来越弱，其中一部分能量在光纤内部被吸收，一部分可能突破光纤纤芯的束缚，辐射到了光纤外部，这叫作光纤的传输损耗（或传输衰减）。

损耗系数是光纤的一个很重要的传输参量，是光纤传输系统中限制光信号中继传输距离的重要因素之一。光纤本身损耗的原因，大致可以分为吸收损耗、散射损耗和其他损耗。

1. 吸收损耗

吸收损耗是指光波通过光纤材料时，有一部分光能变成热能，造成光功率的损失。吸收损耗可以分为本征吸收和杂质吸收两类。由于光纤材料本身吸收光能量产生的损耗叫本征吸收损耗，主要存在红外波段的分子振动吸收和紫外波段的电子跃迁吸收。杂质吸收损耗主要是由于光纤中含有的各种过渡金属离子和氢氧根（OH）离子在光的激励下产生振动，吸收光能量造成的。

2. 散射损耗

散射损耗是由于光纤的材料、形状、折射率分布等的缺陷或不均匀，使光纤中传输的光发生散射，从而使一部分光不能到达接收端所产生的损耗。主要包含瑞利散射损耗、非线性散射损耗和波导效应散射损耗。

瑞利散射损耗是由于光纤材料折射率分布尺寸的随机不均匀性所引起的本征损耗。瑞利散射损耗与波长的四次方成反比，即波长越短，损耗越大。因此对短波长窗口影响较大。

非线性散射损耗是当光强度大到一定程度时，输入光信号的能量部分转移到新的频率成分上而形成的损耗。因此，非线性散射损耗是随光波频率变化的。在常规光纤中由于半导体激光器发送光功率较小，该损耗可忽略。

波导效应散射损耗是由于光纤波导结构缺陷引起的损耗，与波长无关。光纤波导结构缺陷主要由熔炼和拉丝工艺不完善造成。

3. 其他损耗

其他损耗主要是连接损耗、弯曲损耗和微弯损耗。

连接损耗是由于进行光纤接续时端面不平整或光纤位置未对准等原因造成的接头处出现的损耗，其大小与光纤连接使用的工具和操作者技能有密切关系。

弯曲损耗是由于光纤中部分传导模在弯曲部位变为辐射模而形成的损耗。它与弯曲半径成负指数关系，弯曲半径越大，弯曲损耗越小。

微弯损耗是由于成缆时产生不均匀的侧压力，导致纤芯与包层的交界面出现局部凹凸引起的损耗。

光纤损耗的大小与波长有密切的关系，损耗与波长的关系曲线叫作光纤的损耗谱。在谱线上，损耗值比较高的地方，叫作光纤的吸收峰；较低的损耗所对应的波长叫作光纤的工作波长（或工作窗口），石英光纤的损耗谱如图 7-6 所示。根据该图可知，光纤通信常用的工作窗口主要有 3 个波长，即 $\lambda_1 = 0.85\ \mu m$，$\lambda_2 = 1.31\ \mu m$，$\lambda_3 = 1.55\ \mu m$。

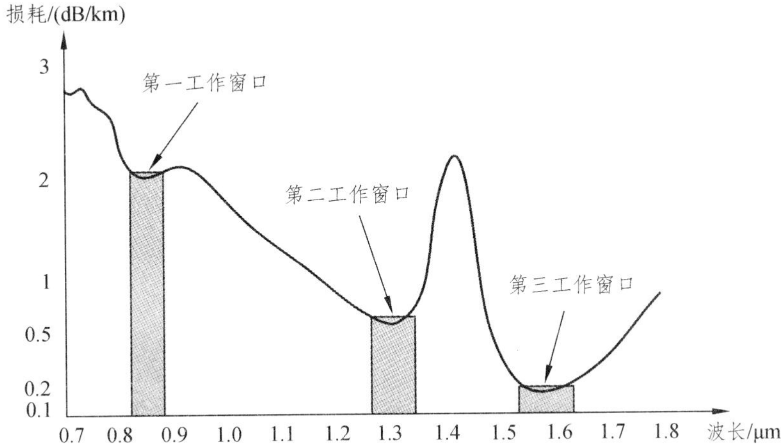

图 7-6　光纤的损耗谱曲线

7.2.3.2　光纤的色散特性

光纤的色散是指光纤中传输的光信号在传输一定距离后，由于不同成分的光波传输时延不同所引起脉冲展宽的物理效应。色散主要影响光纤通信系统的传输速度，也对中继距离有影响。色散的大小常用时延差表示，时延差是指光脉冲中不同模式或不同波长成分传输同样距离而产生的时间差。简单地说，光纤的色散是指光纤中不同成分的光信号在光纤中传输时，由于速度的不同而使得传播时间不同，造成光信号到达光纤终端有先有后，形成码元时间的展宽，从而产生波形畸变的这种现象。色散的大小通常用色散系数表示，即光信号每传输 1 km 的脉冲展宽值。从光纤色散产生的机理来看，它主要包括模式色散、材料色散、波导色散。

1. 模式色散

模式色散是指即使同一波长的光，若其模式不同，则传播速率也不相同，从而引起色散，又称为模间色散，模式色散只存在于多模光纤中。如图 7-7 所示的阶跃型光纤中，若每条光线代表一种模式，不同入射角的光线代表不同的模式，不同入射角的光线在光纤中的传播路径不同，因此不同路径的光线到达输出端的时延不同，从而产生脉冲展宽，形成模式色散，模式色散主要取决于光纤折射率的分布形式。

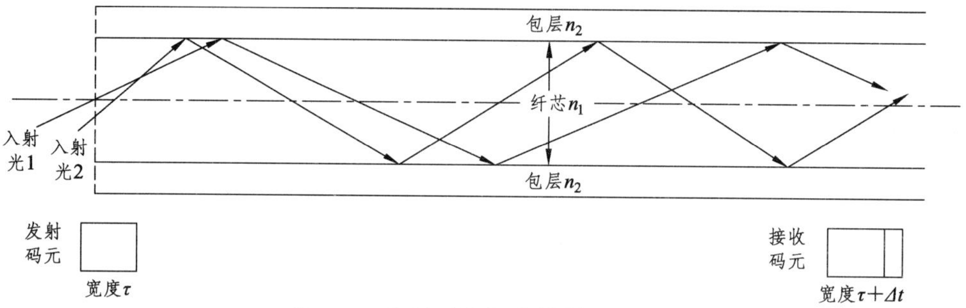

图 7-7　阶跃型光纤中的模式色散

2. 材料色散

材料色散是由于光纤的折射率随波长变化而使不同波长的光波传输时延不同而产生的色散。材料色散是由光纤材料自身特性造成的色散。严格地说，石英玻璃的折射率并不是固定的，对不同的传输波长有不同的折射率。而光纤通信实际应用的光源，并不是只有理想的单一波长，而是有一定的频谱宽度的光波。当光在折射率为 n 的媒质中传播时，其速度 v 与真空中的光速 c 之间的关系为 $v=c/n$。由于光的波长不同，光纤的折射率 n 就不同，从而光传输的速度 v 也不同。当把具有一定光谱宽度的光源发出的光脉冲射入光纤内传输时，光的传输速度将随光波长的不同而改变，到达终端时将产生时延差，从而引起脉冲波形展宽。材料色散主要取决于制造光纤的二氧化硅母料和掺杂剂的分散性。

3. 波导色散

由于光纤中的光波导结构参数与波长有关而引起的色散，叫作波导色散。因为光纤的纤芯与包层的折射率相差较小，因此在交界面产生全反射时，就可能有一部分光进入包层之内。这部分光在包层内传输一定距离后，又可能回到纤芯中继续传输。进入包层内的这部分光强的大小与光波长有关，这就相当于光传输路径长度随光波波长的不同而不同。把有一定波谱宽度的光源发出的光脉冲射入光纤后，由于不同波长的光传输路径不完全相同，到达终点的时间也不相同，从而出现脉冲展宽。具体来说，入射光的波长越长，进入包层中的光强比例就越大，这部分光走过的距离就越长。

材料色散与波导色散都与波长有关，所以又统称为波长色散或色度色散。波导色散比材料色散小很多，通常可以忽略。对于单模光纤来说，在某一波长附近，材料色散和波导色散相互抵消，没有脉冲展宽，通常称这个波长为零色散波长，石英单模光纤的零色散波长在 1.31 μm 附近。

7.2.4　光缆

前面所述的光纤称为裸光纤，它完全由石英玻璃制成，强度差，不能满足工程安装的要求。因此，在实际通信线路中，都将光纤制成不同结构形式的光缆，使其具备一定的机械强度，以承受敷设时所施加的张力，并能在各种环境条件下使用，保证传输性能的稳定及可靠。光缆的结构繁多，制造工艺也比较复杂，为了满足通信的要求，任何一种通信光缆都必须满足下列的性能和质量要求。

（1）保证光纤传输特性的优良、稳定、可靠。

（2）保证光缆具有足够的机械强度和环境温度性能。

（3）确保光缆的防潮能力，使光缆具有足够的使用寿命。

（4）有利于降低生产成本，使光缆的价格低廉。

1. 光缆的结构

根据不同的用途和不同的环境条件，光缆的种类很多，但不论光缆的具体结构形式如何，都是由缆芯、护套和加强件组成。缆芯是光缆结构的主体，为保护光纤的正常工作，对缆芯有一定的要求，即光纤在缆芯内排列的位置要合理，保证在光缆受到外力作用时，光纤不受影响。缆芯由光纤的芯线决定，可分为单芯型和多芯型两种。另外，与电缆一样，光缆的外面还有一层保护层，它使光纤能适应在各种场地敷设，如架空、管道、直埋、室内、过河和海底等环境，并不受外界环境因素的影响。保护层分为内护层和外护层。内护层多用聚乙烯或聚氯乙烯，外护层多用铝带和聚乙烯组成的外护套加钢丝铠装等。

由于光纤材料比较脆，容易断裂，为了使光缆便于承受敷设安装时所加的外力等，在光缆内中心或四周要加一根或多根加强件。加强件的材料可用钢丝或非金属的高强度塑料等。

2. 光缆的种类

通信网中经常使用的光缆有层绞式光缆、单位式光缆、骨架式光缆和带状式光缆。

层绞式光缆是将若干根光纤芯线，以加强件为中心绞合在一起的一种结构，如图 7-8（a）所示。这种光缆的制造方法和电缆较相似，所以可采用电缆的成缆设备，因而成本较低。这种光缆的光纤芯线数一般不超过 10 根。

单位式光缆是将几根至十几根光纤芯线集合成一个单位，再把多个单位以加强件为中心绞合成缆，如图 7-8（b）所示。这种光缆的芯线数一般可达几十根。

骨架式光缆的结构是将单根或多根光纤芯线放入骨架的螺旋槽内，骨架的中心是加强件，骨架的沟槽可以是 V 形、U 形或凹形，如图 7-8（c）所示。由于光纤在骨架沟槽内，具有较大空间，因此当光纤受到张力时，可在槽内作一定的位移，从而减少了光纤芯线的应力应变和微变。这种光缆具有耐压、抗弯曲、抗拉的特点。

带状式光缆是将 4 ~ 12 根光纤芯线排列成行后，构成带状光纤单元，再将多个带状单元按一定方式排列成缆，如图 7-8（d）所示。这种光缆的结构紧凑，采用此种结构可做成上千芯线的高密度用户光缆。

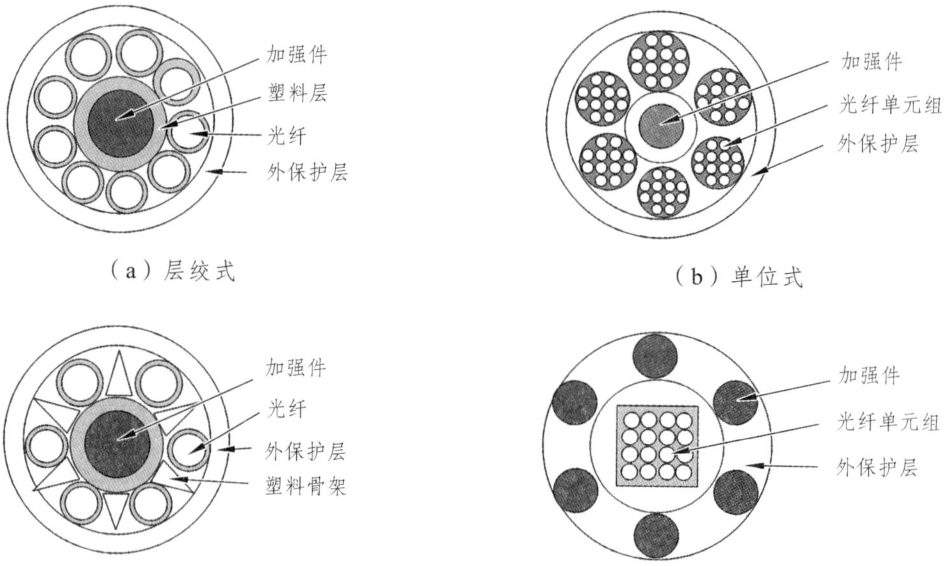

（a）层绞式　（b）单位式　（c）骨架式　（d）带状式

图 7-8　各种光缆的结构

7.3　光纤通信系统的基本组成

光纤通信系统是以光波为载波，利用纯度极高的玻璃拉制成的极细光导纤维作为传输媒介，经过电/光变换，用光来传输信息的通信系统。

光纤通信的基本实现原理是：用户发出的信源通过电发射机调制处理后转换为电信号进行输出，然后通过光发射机把电信号转换为光信号，并耦合进光纤传输线路的输入端进行传输。光接收机把从光纤线路输出端接收到的光信号转换为电信号，并输出到电接收机，电接收机通过对接收到的电信号进行解调处理，转化为用户所欲接收的信息。

光纤通信系统的基本组成如图 7-9 所示，它包括了信源/信宿，电收/发端机，光收/发端机，光缆线路、中继器等。下面对框图中的各个部分做进一步简单叙述。

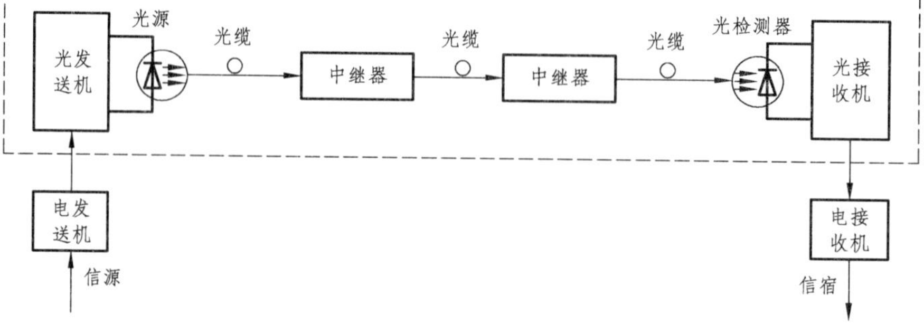

图 7-9　光纤通信系统的基本组成

1. 信　源

信源可以有多种物理形式，最常见的是一个将非电信号转换成电信号的变换器，例如用于将声波转换成电流信号的麦克风，以及将图像转换成电信号的视频摄像机等。在现代通信中，无论是电通信还是光通信，信息在传输之前都必定是电形态的。

2. 电发射机

通信中传送的许多信号（如语音、图像信号等）都是模拟信号。电发射机的任务，就是把模拟信号转换为数字信号（A/D 转换），常用 PCM 编码技术，按照时分复用的方式把多路低速信号合路并复接成高次群，从而输出高比特率的数字电信号。

3. 光发射机

光发射机的作用就是利用电发射机发出的电信号，对光发射机中的光源信号进行调制，实现电/光转换，即把电信号转换为携带有信息的光脉冲信号，并把转换成的光脉冲信号耦合进光纤中进行传输。电发射机的输出信号，通过光发射机的输入接口进入光发射机。输入接口不仅保证电、光端机间信号的幅度、阻抗适配，而且要进行适当的码型变换，以适合光发射机的要求。例如，PDH 的一、二、三次群 PCM 复接设备的输出码型是 HDB_3 码，4 次群复接设备的输出码型是 CMI 码，在光发射机中，需要先变换成 NRZ 码。这些变换由输入接口来完成。

电/光转换电路用经过编码的数字信号来调制发光器件的发光强度，把电信号转变为光信号，送入光纤线路进行传输。对于光发射机，电信号对光的调制实现方式有直接调制和间接调制两种。

（1）直接调制：用电信号直接调制半导体激光器或发光二极管的驱动电流，使输出光随电信号变化来实现。这种方案技术简单，成本较低，容易实现，但调制器速率受激光器的频率特性限制。

（2）间接调制：也叫外调制，是把激光的产生和调制分开，用独立的调制器调制激光的输出光来实现。外调制的优点是调制速率高，缺点是技术复杂，成本较高，因此只在大容量的波分复用和相干光通信系统中使用。

4. 光纤传输线路

光纤传输线路由光纤（或光缆）和光放大器（或光中继器）组成。光放大器的主要作用是在长距离光纤通信中，把来自光发射机的光信号进行放大，以尽可能小的畸变（失真）和衰减传输到光接收机。

光纤传输线路中，中继器的传统实现方式是采用光-电-光（O-E-O）的转换方式，即先将接收到的弱光信号经过光-电（O-E）转换变为电信号、在电域进行放大和再生后恢复出原来的数字脉冲电信号，再由此电信号对光源进行调制（E-O）变为光信号，并耦合进光纤中继续传输。由于这种中继器结构复杂、价格昂贵、且只能用在数字通信系统中，因此 20 世纪 80 年代末，掺饵光纤放大器（EDFA）的问世及快速实用化，使光放大器开始代替 O-E-O 式中继器。光放大器对模拟和数字光信号均可适用，但光放大器只能补偿信号强度的衰减，而没有整形和再生的功能，噪声会不断积累。在采用多级光放大器级联的长距离光通信系统中，光放大器往往会和中继器联合使用。

5. 光接收机

光接收机用于将光纤线路输出的、产生畸变和衰减的弱光信号转换为电信号，再经放大、再生，恢复出原来传输的电信号，送给电接收机。光接收机的主要器件是光探测器。光探测器的作用是利用光电二极管将光发射机经光纤传输过来的光信号转换为电信号。但光探测器输出的电流十分微弱，必须经多级放大器进行放大，使判决电路能正常工作，经判决电路判决后的码流再经过解码、解扰、编码后就恢复成了电信号。

6. 电接收机

电接收机的任务是将高速数字信号时分解复用，然后再还原成模拟信号，送给用户。光电接收机之间，经过输出接口实现码型、电平和阻抗的匹配。

7. 信宿

对于电接收机输出的电信号，信宿就是将其转换成声波或可视图像等信息信号。

7.4 光纤通信技术

7.4.1 SDH 传输技术

1. SDH 产生的背景

最早的高速数字复接技术采用的是准同步数字复接系列（PDH），PDH 主要有两大类：北美和日本等国采用的 PCM24 路系统，即以 1.544 Mb/s 作为一次群的数字速率系列；欧洲和中国等国家采用的 PCM30/32 路系统，即以 2.048 Mb/s 作为一次群的数字速率系列。然后以一次群为基础，采用 4 路一次群复接成一路较高速的二次群，再逐级采用不同的复接基数，构成更高速率的三次群、四次群等。PDH 数字复接等级如表 7-1 所示。

表 7-1 PDH 数字复接等级

群号	欧洲、中国		北美		日本	
	速率(Mb/s)	话路数	速率(Mb/s)	话路数	速率(Mb/s)	话路数
一次群	2.048	30	1.544	24	1.544	24
二次群	8.448	30×4=120	6.312	24×4=96	6.312	24×4=96
三次群	34.368	120×4=480	44.736	96×7=672	32.064	96×5=480
四次群	139.264	480×4=1920	274.176	672×6 = 4032	97.728	480×3=1440

PDH 由于各支路信号流大部分来自不同地方，因此各支路信号的瞬时数码率不可能完全相同，因此 PDH 在数字复接时采用的是异步时钟复接，所以叫准同步复接。复接前首先要解决的问题就是使被复接的、速率有较小差异的各低次群信号在复接前有相同的数码率，即必须进行码速调整。如我国采用将一次群速率 2.048 Mb/s 统一调整到 2.112 Mb/s，再复接成二

次群。由于是在原低速支路信号中填充空闲比特的方法将其速率调整到同一个数值上，然后再进行复接，所以在高次群中想直接分出低速支路信号是很困难的。

同步数字系列（SDH）的研究工作始于 1986 年，其主要目的是建立光纤通信的通用标准。美国贝尔实验室最先提出了光同步传输网的概念，并称之为同步光网络（SONET）。CCITT 于 1988 年接受了 SONET 的概念，重新命名为同步数字系列（SDH），从而建立了世界性的统一标准。

2. SDH 的主要特点

（1）把北美/日本的 1.5 Mb/s 和欧洲/中国的 2 Mb/s 这两种数字传输体制融合在统一的标准之中，即在 STM-1 等级上得到统一，第一次真正实现了数字传输体制上的全球性标准。

（2）采用同步复用方式和灵活的复用映射结构，使低阶信号和高阶信号的复用/解复用一次到位，即在高阶信号中，可以不用层层解复用就可以直接获得低价信号，大大简化了设备的处理过程。

（3）能与现有的 PDH 网络实现完全兼容，同时还可以容纳各种新的数字业务信号。

（4）具有全世界统一的网络节点接口，并对各网络单元的光接口提出了严格的规范要求，从而使得任何网络单元在光路上得以互联互通，实现了横向兼容性。

（5）帧结构中安排了丰富的开销比特，使网络的运行、管理、维护与指配能力大大加强，促进了先进的网络管理系统和智能化设备的发展。

（6）采用先进的光纤传输设备，使组网能力和网络自愈能力大大增强，同时也降低了网络的维护管理费用。

3. SDH 的传输速率

SDH 的帧结构为块状帧，每帧传输时间为 125 μs，每秒传输 8000 帧，对 STM-1 而言，其每帧有 9 行 270 列个字节，因此一帧比特数为 8（比特/字节）×（9×270×1）字节 = 19440 比特，因此 STM-1 的传输速率为 19440×8000 = 155.520 Mb/s。SDH 系统以 STM-1 为基本速率，并将其整数倍 STM-N（即 155.52 Mb/s×N）作为传输速率，其中 N = 1、4、16、64、256 等。SDH 信号标准模块速率如表 7-2 所示。

表 7-2　SDH 等级和速率标准

SDH 等级	速率/（Mb/s）	SDH 等级	速率/（Mb/s）
STM-1	155.52	STM-64	995.328
STM-4	622.08	STM-256	3981.312
STM-16	2488.32	STM-1024	3981.312×4

SDH 传输技术是利用了光纤的高速传输特性，采用 SDH 设备将低速数据复接成高速数据进行传输，以提高传输速率。光纤通信经过 30 多年的发展，单信道实用化系统的传输速率从 1976 年的 45 Mb/s 发展到了 40 Gb/s，线路的利用率得到了很大提高。

SDH 技术的采用虽然使单信道传输速率有了很大提高，但与光纤巨大的带宽潜力相比，这点速率还微不足道。为了适应通信网传输容量的不断增长的要求，在 SDH 技术的基础上，又出现了光波分复用（WDM）技术，WDM 与 SDH 技术的结合使光纤传输速率可提高到 Tb/s 数量级。

7.4.2 光波分复用技术及密集波分复用技术

7.4.2.1 波分复用的基本概念

光波分复用技术是指在一根光纤中同时传输多路波长光信号的一项技术。其基本原理是在发送端将多路不同波长的光信号叠加起来，并耦合到同一根光纤中进行传输；在接收端，利用特殊设备，将叠加波长的光信号分开成多路信号，并做进一步处理，恢复出原信号后送入不同的终端。图 7-10 给出了波分复用系统的基本结构。

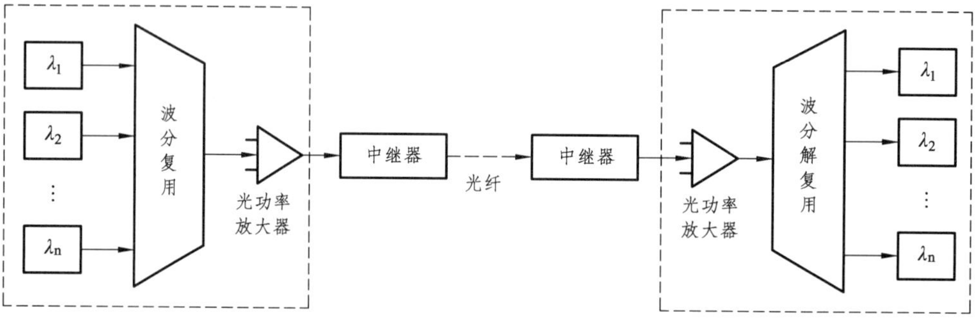

图 7-10 波分复用系统结构图

人们通常把光信道间隔较大（甚至在不同损耗窗口上）的复用称为 WDM，而把在同一窗口中信道间隔较小的光波分复用称为密集光波分复用（DWDM）。DWDM 可以实现波长间隔为零点几个纳米级的复用，DWDM 和 WDM 在本质上没有多大区别，只是在器件的技术要求上更加严格。目前的在电信行业应用几乎都采用 DWDM 技术，而且经常用 WDM 这个更广义的名称来代替 DWDM。

目前波分复用光纤通信系统多是在 1.55 μm 波长区段内，同时用 8、16 或更多个波长在一对光纤上（也可采用单光纤）构成光纤通信系统，其中各个波长之间的间隔为 1.6 nm、0.8 nm 或更低，约对应于 200 GHz、100 GHz 或更窄的带宽。

7.4.2.2 波分复用的特点

1. 充分利用光纤的巨大带宽资源

光纤的低损耗波段具有巨大的带宽资源，WDM 技术使一根光纤的传输容量比单波长传输增加了几倍、几十倍甚至几百倍，从而增加了光纤的传输容量，降低了成本，具有很大的经济价值。

2. 同时传输多种不同类型的信号

由于 WDM 技术使用的各波长的信道相互独立，因而可以传输特性和速率完全不同的信号，完成各种电信业务信号的综合传输，如 PDH 信号和 SDH 信号、数字信号和模拟信号、多种业务（音频、视频、数据等）的混合传输等。

3. 节省线路投资

采用 WDM 技术可使 *N* 个波长复用起来在单根光纤中传输，也可实现单根光纤双向传输，在长途大容量传输时可以节约大量光纤。另外，该技术方便对已建成的光纤通信系统进行扩容，只要原系统的功率余量较大，就可进一步增容而不必对原系统作大的改动。

4. 降低器件的超高速要求

随着传输速率的不断提高，许多光电器件的响应速度已明显不足，使用 WDM 技术可降低对一些器件在性能上的较高速率要求，同时又可实现大容量传输。

5. 高度的组网灵活性、经济性和可靠性

WDM 技术有很多应用形式，如长途干线网、广播分配网、多路多址局域网等。可以利用 WDM 技术选择路由，实现网络交换和故障恢复，从而实现未来的透明、灵活、经济且具有高度生存性的光网络。

7.5　全光网络

7.5.1　全光网的基本概念

在以光复用技术为基础的现有通信网中，网络的各个节点还需要完成光/电/光的转换，仍以电信号处理信息的速度进行交换，而其中的电子器件在适应高速、大容量的需求上，存在着诸如带宽限制、时钟偏移、严重串话、高功耗等缺点，由此产生了通信网中的“电子瓶颈”现象。为了解决这个问题，人们提出了全光网（AON）的概念。所谓全光网，是指信号只在进出网络时才进行电/光和光/电转换，而在网络传输和交换的过程中信号始终以光的形式存在。在全光网络中，由于没有光/电转换的障碍，所以允许存在各种不同的协议和编码形式，信息传输具有透明性，且无需面对电子器件处理信息速率难以提高的困难。

7.5.2　全光网的特点

基于波分复用的全光通信网可使通信网具备更强的可管理性、灵活性、透明性。它与以往通信系统相比，具有以下优点：

（1）省掉了大量电子器件。全光网中光信号的流动不再有光/电转换的障碍，克服传输过程中由于电子器件处理信号速率难以提高的困难，大大提高了传输速率。

（2）提供支持多种协议的业务。全光网采用波分复用技术，以波长选择路由，可方便地提供不同节点灵活地上、下不同波长的信道。

（3）组网灵活性高。全光网组网极具灵活性，在任何节点利用光波长分播复用器可实现在不同节点灵活地上、下不同波长的信道业务。

（4）可靠性高。由于传输过程中没有变换和存储，全光网中许多光器件都是无源的，因而可靠性高。

可以说，全光网络是未来光纤通信发展的必然趋势。

本章小结

本章主要对光纤通信系统进行了简要介绍，重点内容如下：

（1）光纤通信的概念：光纤通信就是以光波作为信息的载体，以光纤作为传输媒介的一种通信方式。

（2）光纤通信的特点：传输频带宽，通信容量大；传输损耗小，中继距离长；抗电磁干扰能力强；体积小，重量轻，便于运输和施工；原材料丰富，节约有色金属。

（3）光纤通信的工作波长，3 个光波的低损耗窗口，分别为 0.85 μm、1.31 μm 和 1.55 μm 波段。

（4）光纤的结构：纤芯、包层、涂覆层。

（5）光纤的分类：按材料分、按传输模式分、按折射率分布分、按工作波长分、按 ITU-T 建议标准分等。

（6）光纤的传输特性：光纤的损耗特性、光纤的色散特性。

（7）光缆的结构及种类。

（8）光纤通信系统的基本组成，包括了信源/信宿，电收/发端机，光收/发端机，光缆线路、中继器等。

（9）光纤通信技术，在介绍了 PDH 技术的基础上，重点介绍了光纤中常用的 SDH 技术。

（10）光波分复用（WDM）技术及密集波分复用（DWDM）技术。

（11）全光网络的基本概念及特点。

第 7 章习题

7.1 填空题

1. 光纤通信是以________为传输媒质，以____信号为信息载体的通信方式。
2. 目前光纤通信中常用的 3 个低损耗窗口的波长为________、________、________。
3. 裸光纤由________、________、________3 层组成。
4. 纤芯的折射率比包层的折射率要________。
5. 石英光纤包层的直径为________。
6. 光纤按折射率分布分成__________光纤和__________光纤。
7. 光纤的传输特性主要是指__________特性和__________特性。
8. 光纤通信的中继器，常采用的实现方式为__________和___________两种。
9. PDH 一次群的传输速率为________，SDH 中 STM-1 的传输速率为________。

7.2　简答题

1. 光纤损耗大致可分为哪三类?
2. 光纤的色散主要包括哪几种?
3. 列举石英光纤纤芯和包层的直径规格。

7.3　分析题

1. 画出光纤通信系统的组成图，并简述各部分的作用及特点。
2. 对比分析 PDH 和 SDH 的特点及速率等级。

第 8 章　物联网技术及其应用

所谓物联网，是指通过信息传感设备，按照约定的协议，把任何物体与互联网连接起来，进行信息交换和通信，以实现智能化识别、定位、跟踪、监控和管理的一种网络。简单来说，物联网实际上就是“物与物相连的互联网”。它包含两层含义：第一，物联网是互联网的延伸和扩展，其核心和基础仍然是互联网；第二，物联网的用户端不仅包括人，还包括物品，物联网实现了人与物品及物品之间信息的交换和通信。

本章首先分析了物联网的起源与技术背景，在此基础上对物联网的基本概念、国内外发展现状、定义与技术特征、体系架构与关键技术，以及物联网的相关应用对我国经济与社会发展的影响等问题进行了系统的讨论，帮助读者建立较为全面的物联网认识，激发学习物联网技术的兴趣。

8.1　物联网起源与发展

“物联网”一词最初是由 Peter T. Lewis 于 1985 年 9 月在华盛顿特区的国会黑人议员第十五届立法协会上的演讲中将其概念化。原话大致翻译如下：通过将交通信号控制箱、加油站油箱和家用冰箱等设备连接到监控系统、调制解调器、自动拨号器和手机。我们可以将这些设备的状态传输到蜂窝基站，然后通过互联网传输这些数据，并将其发送给需要这些信息的人。我们预测，不仅人类、机器或者还是其他东西都将会通过互联网进行互动交流。物联网把人、过程和技术与可连接设备和传感器相结合，以实现对此类设备的远程监控、状态、操作和趋势评估。当所有这些技术和大量的物体连接在一起时，即设备机器、监控控制器、蜂窝和互联网，没有什么物体是我们无法连接和通信的，所以说物联网的影响将会是深远的。

物联网首次概念化之后，关于物联网的相关话题和应用就逐渐多了起来。对于物联网的起源，业界有很多不同说法，其中一种说法是：现代物联网起源于 1990 年施乐公司推出的一种在线可乐售卖机——Networked Coke Machine。20 世纪 80 年代，卡内基美隆大学的一群程序设计师希望每次下楼买可乐时总能够买到有货且冰的可乐，因此他们把可乐贩卖机接上网络，并编写程序监视可乐机内的可乐数量和冰冻情况。该机运用的就是早期基于普适计算理念的物联网技术，是物联网最早的实践。

1995 年比尔·盖茨在《未来之路》一书中提及物联网这个词，但未引起广泛重视。文中描述了物联网的应用场景：凭借你佩戴的电子饰品，房子可以识别你的身份，判断你所处的位置，并为你提供合适的服务；在同一房间里的不同人会听到不同的音乐；当有人打来电话时，整个房子里只有距离人最近的话机才会响起……

1999 年美国麻省理工学院（MIT）的 Kevin Ash-*ton* 教授首次明确提出物联网的概念，即“万物皆可通过网络相互联接”。他阐明了物联网的基本含义，并且在麻省理工成立了“自动识别中心（Auto-ID）”，从此物联网有了早期的基本雏形。

2005 年 11 月 17 日，在突尼斯举行的信息社会世界峰会上，国际电信联盟（ITU）发布了《ITU 互联网报告 2005：物联网》的报告，指出无所不在的“物联网”通信时代即将来临。世界上所有的物体从轮胎到牙刷，从房屋到纸巾都可以通过因特网主动进行交换。射频识别技术、传感器技术、纳米技术、通信技术和智能嵌入技术等将得到更加广泛的应用。

随后物联网开始在欧美国家得到重视，一直到 2008 年美国 IBM 公司提出智慧地球概念之后，物联网才真正地进入公众视野。

8.1.1　物联网的基本概念

物联网（Internet of Things，IoT）被称为继计算机、互联网之后世界信息产业第三次浪潮，它并非是一个全新的技术领域，而是现代信息技术发展到一定阶段后出现的一种聚合性应用与技术提升，是随着传感网、通信网、互联网的成熟与积淀，人类生产、生活方式的变化应运而生的。

在百度里面，物联网是指通过射频识别、红外感应器、全球定位系统、激光扫描器等信息传感设备，按约定的通信协议，把任何物品与互联网连接起来，进行信息交换和传输，以实现智能识别、定位、跟踪、监控和管理的一种网络。

在 ITU 里面，物联网是指在日常用品中通过嵌入到一个额外的小工具和广泛的短距离的移动收发器，使人与人之间、人与事物之间以及事物与事物之间形成信息沟通形式。任何时间、任何地点、任何人，都能够实现相关连接。

在维基百科里面，物联网是指把所有物品通过射频识别等信息传感设备和互联网连接起来，实现智能化识别和管理，实现人类社会与物理系统的整合。

最为准确全面的定义是，物联网是一个基于互联网、传统电信网等信息承载体，让所有能够被独立寻址的普通物理对象实现互联互通的网络。它具有普通对象设备化、自治终端互联化和普适服务智能化 3 个重要特征。能够实现所有物品通过射频识别等信息传感设备实现在任何时间、任何地点、与任何物体之间的连接，达到智能化识别和管理。

8.1.2　物联网的发展概况

8.1.2.1　国外物联网发展概况

2008 年国际金融危机爆发后，美、欧、日、韩等主要发达国家纷纷把发展物联网等新兴产业作为应对危机和占领未来竞争制高点的重要举措，制定出台战略规划和扶持政策。随着全球范围内物联网核心技术持续发展，标准和产业体系逐步建立，初步形成了传感器与无线射频识别等感知制造业，网络设备与通信模块、机器到机器（M2M）终端与运营服务以及基础设施服务、软件与集成服务等产业链。发达国家凭借信息技术和社会信息化方面的优势，在物联网应用及产业发展上具有较强竞争力。目前，随着 RFID 技术、传感器技术、近距离通信以及大数据、云计算技术等发展，物联网开始拓展到环境监测、生物医疗、智能基础设施等应用领域。

1. 美国：IBM 智慧地球、智能电网、智能医疗

2009 年 1 月 7 日，IBM 与美国智库机构信息技术与创新基金会（ITIF）共同向奥巴马政府提交了《数字化复苏之路》的报告，提出通过信息通信技术（ICT）投资可在短期内创造就业机会。美国政府只要新增 300 亿美元的 ICT 投资（包括智能电网、智能医疗、宽带网络三个领域），便可以为民众创造出 94.9 万个就业机会。1 月 28 日，在奥巴马就任美国总统后，与美国工商业领袖举行了一次“圆桌会议”，IBM 首席执行官彭明盛首次提出“智慧地球”这一概念。即把传感器放到电网、铁路、桥梁和公路等物体中，通过功能强大的计算机群，对整个网络内部人员和物体实施管理和控制。这样，人们可以更加精确地利用动态信息，管理生产活动和生活方式，达到“智慧”状态。

“智慧地球”的提议得到了奥巴马总统的积极回应，他说“经济刺激资金将会投入宽带网络等新兴技术中去”，并迅速将其上升为美国国家战略。随后出台的总额 7870 亿美元的《经济复苏和再投资法》中提出，从能源、科技、医疗、教育等方面着手，通过政府投资、减税等措施来改善经济、增加就业机会，推动美国长期发展。投资约 500 亿美元在能源方面，以信息技术改善能源效率；投资约 72 亿美元在宽带方面，以改善网络基础设施实现网络的普及；投资约 190 亿美元在医疗方面，以加速健康信息技术的推广。

奥巴马将物联网作为振兴经济的两大武器之一，投入巨资深入研究物联网相关技术。无论基础设施、技术水平还是产业链发展程度，美国都走在世界各国的前列，已经趋于完善的通信互联网络为物联网的发展创造了良好的先机。

2. 欧盟：欧盟物联网行动计划

2009 年 5 月 7 日—5 月 8 日，欧洲各国的官员、企业领袖和科学家在布鲁塞尔就物联网进行专题讨论，并作为振兴欧洲经济的思路。欧盟委员会信息社会与媒体中心主任鲁道夫·施特曼迈尔说：“物联网及其技术是我们的未来”。2009 年 6 月，欧盟发布了新时期下物联网的行动计划，围绕物联网技术和应用做了不少创新性工作。2009 年 11 月，在全球物联网会议上，欧盟专家介绍了《欧盟物联网行动计划》，描绘了物联网技术应用的前景，并提出要加强欧盟政府对物联网的管理，消除物联网发展的障碍。行动方案提出以下政策建议：

（1）加强物联网管理。包括：制定一系列物联网的管理规则；建立一个有效的分布式管理架构，使全球管理机构可以公开、公平、尽责地履行管理职能。

（2）完善隐私和个人数据保护。包括：持续监测隐私和个人数据保护问题，修订相关立法，加强相关方对话等；执委会将针对个人可以随时断开联网环境开展技术、法律层面的辩论。

（3）提高物联网的可信度、接受度和安全性。

（4）推广标准化。执委会将评估现有物联网相关标准并推动制定新的标准，持续监测欧洲标准组织、国际标准组织以及其他标准组织对物联网标准的制定进度，确保物联网标准的制定是在各相关方的积极参与下，以一种开放、透明、协商一致的方式达成。

（5）加强相关研发。包括：通过欧盟第 7 期科研框架计划项目支持物联网相关技术研发，如非硅基组件、能量收集技术、无所不在的定位、无线通信智能系统网、基于设计层面的隐私和安全保护等以及其他创新应用。通过公私伙伴模式（PPP）支持包括未来互联网等在内项目建设，并将其作为刺激欧洲经济复苏措施的一部分。

（6）建立开放式的创新环境。通过欧盟竞争力和创新框架计划利用一些有助于提升社会福利的先导项目推动物联网部署，这些先导项目主要包括应对气候变迁、消除社会数字鸿沟等。

（7）增强机构间协调。定期向等欧洲议会、欧盟理事会、欧洲经济与社会委员会、欧洲地区委员会、数据保护法案 29 工作组等相关机构通报物联网发展状况。

（8）加强国际对话。加强欧盟与国际伙伴在物联网相关领域的对话，推动相关的联合行动、分享最佳实践经验。

（9）推广物联网标签、传感器在废物循环利用方面的应用。

（10）加强对物联网发展的监测和统计，包括对发展物联网所需的无线频谱的管理、对电磁影响等管理。

欧盟希望借助国际化的研究互助，让欧洲成为物联网的研究重镇，进而能够让欧洲各国的经济发展提升，并能够制订出统一标准的物联网法规与协议，通过这样的政策来与美国竞争物联网的龙头地位。

3. 日本：信息化战略演进

20 世纪 90 年代中期以来，日本政府相继制定了“e-Japan”“u-Japan”和“i-Japan”等多项国家信息技术发展战略，从大规模开展信息基础设施建设入手，稳步推进、不断拓展和深化信息技术的应用，以此带动本国社会、经济发展。其中“u-Japan”“i-Japan”战略与当前提出的物联网概念有许多共通之处。

1）“e-Japan”战略

为推进 IT 革命，日本政府于 2000 年 7 月召开了 IT 战略会议并创立了 IT 战略总部，作为政府的集中研究组织。在 2001 年 1 月宣布了以“在 5 年内把日本建设成为世界最先进的 IT 国家”为目标的“e-Japan 战略”，3 月制订了作为具体行动计划的“e-Japan 重点计划”，使日本政府在推进 IT 革命的道路上迈出了新的一步。

e-Japan 战略，旨在使日本成为世界最先进的 IT 国家、提高国际竞争力的日本国家战略，目标是能 2005 年在全日本建成 3 000 万家庭可以宽带上网及 1 000 万家庭可以超宽带（30 ~ 100 Mb/s）上网的环境，而此项目标在 2003 年已提前实现，第一期 IT 革命宣告结束，并正式进入第二期 IT 革命。

2）“u-Japan”战略

面对高龄化、少子化的社会现实和国际竞争的加剧，为了确保在 2006 年以后一直成为世界 IT 的领跑者和开拓者，日本转向了 IT 立国战略的新阶段。2004 年 3 月，日本总务省召开了“实现泛在网络（Ubiquitous）社会政策座谈会”，并于 5 月正式提出了以发展泛在网络社会为目标的“u-Japan”构想。即第一次提出由“电子日本（e-Japan）”向“随时随地连接的日本”（u-Japan）”过渡的信息技术发展方向。

此战略将以基础设施建设和利用为核心，在三个方面展开。一是泛在社会网络的基础建设，希望实现从有线到无线、从网络到终端、包括认证、数据交换在内的无缝链接泛在网络环境，100%的国民可以利用高速或超高速网络；二是 ICT 的高度化应用，希望通过 ICT 的高度有效应用，促进社会系统的改革，解决高龄少子化社会的医疗福利、环境能源、防灾治安、教育人才、劳动就业等 21 世纪的问题；三是与泛在社会网络基础建设、ICT 应用高度化相关联的安心、安全的“利用环境整备”。

3）“i-Japan”战略

2009 年 7 月，日本 IT 战略本部颁布了日本新一代的信息化战略——“i-Japan”战略。为了让数字信息技术融入每一个角落，首先将政策目标聚焦在三大公共事业：电子化政府治理、医疗健康信息服务、教育与人才培育。提出到 2015 年，透过数字技术达到“新的行政改革”，使行政流程简化、效率化、标准化、透明化，同时推动电子病历、远程医疗、远程教育等应用的发展。

4. 韩国：泛在网战略和应用结合 u-Korea 战略

与日本类似，韩国也将物联网这一技术的发展纳入了信息产业的范畴。从 1997 年推动互联网普及的“Cyber-Korea 21”计划到 2011 年对 RFID、云计算等技术发展的明确部署规划。14 年来，韩国政府先后出台了多达 8 项国家信息化建设计划。其中，2006 年提出的“u-Korea”战略是推动物联网普及应用的主要策略，其目标是“在全球最优的泛在基础设施上，将韩国建设成全球第一个泛在社会”。主要涉及“平衡全球领导地位”“生态工业”“现代化社会”“透明化技术”4 项关键建设和“亲民政府”“智慧科技园区”“再生经济”“安全社会环境”“u 生活定制化服务”5 大应用领域的建设。

2009 年韩国通信委员会出台了《物联网基础设施构建基本规划》，将物联网市场确定为新增长动力，提出到 2012 年实现“通过构建世界最先进的物联网基础实施，打造未来广播通信融合领域超一流信息通信技术强国”的目标，并确定了构建物联网基础设施、发展物联网服务、研发物联网技术、营造物联网扩散环境等 4 大领域、12 项详细课题。

2014 年 5 月，韩国发布《物联网基本规划》，提出成为“超联数字革命领先国家”的战略愿景。计划提升相关软件、设备、零件、传感器等技术竞争力，并培育一批能主导服务及产品创新的中坚企业。同时，通过物联网产品及服务的开发，打造安全、活跃的物联网发展平台，并推进政府内部及官民合作等。

自 2015 年起，韩国未来科学创造部和产业通商资源部将投资 370 亿韩元用于物联网核心技术以及 MEMS 传感器芯片、宽带传感设备的研发。2016 年，韩国两大电信运营商 SK 电信和韩国电信争先部署物联网，目的是第一时间实现物联网商用。2016 年，韩国成为世界上物联网普及率最高的国家之一。

8.1.2.2 国内物联网发展概况

在世界各国和地区对物联网给予高度关注的同时，我国政府也积极谋划布局物联网发展。早在 1999 年，中科院就启动了传感网研究，先后投入数亿元，在无线智能传感器网络通信技术、微型传感器、传感器终端机、移动基站等方面取得重大进展。目前已拥有从材料、技术、器件、系统到网络的完整产业链。在世界传感网领域，中国与德国、美国、韩国一起，成为国际标准制定的主导国之一。

2009 年 8 月，时任国务院总理温家宝在无锡考察调研时，对微纳传感器研发中心予以高度关注，提出了把传感网络中心设在无锡、辐射全国的想法。温总理指出“在传感网发展中，要早一点谋划未来，早一点攻破核心技术”，“在国家重大科技专项中，加快推进传感网发展”，“尽快建立中国的传感信息中心，或者叫‘感知中国’中心”。

2009 年 10 月 24 日，在第四届中国民营科技企业博览会上，西安优势微电子公司宣布：我国的第一颗物联网的中国芯——“唐芯一号”芯片研制成功，我国已经攻克了物联网的核心技术。“唐芯一号”芯片是一颗 2.4 GHz 超低功耗射频可编程片上系统（PSoC），可以满足各种条件下无线传感网、无线局域网、有源 RFID 等物联网应用的特殊需要，为我国的物联网产业的发展奠定了基础。

2010 年 6 月 8 日，中国物联网标准联合工作组在北京成立，以推进物联网技术的研究和标准的制定。联合工作组由全国 11 个部门及下属的工业和信息化部电子标签标准工作组、全国信标委传感器网络标准工作组、全国智标委等 19 家相关标准化组织联合组成。联合工作组在成立倡议书中表示，要倾全国之力，联合推进中国的物联网标准体系建设。

2010 年 10 月 18 日，《国务院关于加快培育和发展战略性新兴产业的决定》出台，在这一决定中，物联网作为新一代信息技术的重要内容被列其中，成为国家首批加快培育的七个战略性新兴产业。这标志着物联网被列入国家发展战略，对我国物联网的发展具有里程碑的重要意义。

2012 年 2 月 14 日，工业和信息化部发布《“十二五”物联网发展规划》。规划提出：到 2015 年，中国要在物联网核心技术研发与产业化、关键标准研究与制定、产业链条建立与完善、重大应用示范与推广等方面取得显著成效，初步形成创新驱动、应用牵引、协同发展、安全可控的物联网发展格局。

2013 年 3 月 4 日，国务院办公厅发布《国家重大科技基础设施建设中长期规划（2012—2030 年）》，指出三网融合、云计算和物联网发展对现有互联网提出了巨大挑战，基于 TCP/IP 协议的互联网依靠增加带宽和渐进式改进已经无法满足未来发展的需求。建设未来网络试验设施，主要包括：原创性网络设备系统，资源监控管理系统，涵盖云计算服务、物联网应用、空间信息网络仿真、网络信息安全、高性能集成电路验证以及量子通信网络等开放式网络试验系统。该设施建成后，网络覆盖规模超过 10 个城市。

2015 年 10 月，十八届五中全会通过了《中共中央关于制定国民经济和社会发展第十三个五年规划的建议》。“十三五”规划将全面落地，助力物联网行业加速发展。物联网智能化已经不再局限于小型设备阶段，而是进入完整的智能工业化领域，一同发展的还有起到支撑作用的大数据、云计算、虚拟现实等多方位技术，它们共同支撑着整个大生态环境物联网化的变革。

2021 年 3 月，十三届全国人大四次会议表决通过了《中华人民共和国国民经济和社会发展第十四个五年规划和 2035 年远景目标纲要》。《目标纲要》内容中 5 次提到对物联网及其相关产业的发展要求和重点。第 1 次出现在第三篇第十一章的第一节：推动物联网全面发展，打造支持固移融合、宽窄结合的物联接入能力。第 2 次、第 3 次出现在第五篇第十六章的第二节：分级分类推进新型智慧城市建设，将物联网感知设施、通信系统等纳入公共基础设施统一规划建设，推进市政公用设施、建筑等物联网应用和智能化改造。第 4 次、第 5 次出现在专栏 8 数字经济重点产业中：推动传感器、网络切片、高精度定位等技术创新，协同发展云服务与边缘计算服务，培育车联网、医疗物联网、家居物联网产业。

物联网作为新一代信息技术的高度集成和综合运用，具有渗透性强、带动作用大、综合效益好的特点，是继计算机、互联网、移动通信网之后信息产业发展的又一推动者。物联网的应用和发展，有利于促进生产生活和社会管理方式向智能化、精细化、网络化方向转变，极大提高社会管理和公共服务水平，催生大量新技术、新产品、新应用、新模式，推动传统产业升级和经济发展方式转变，并将成为未来经济发展的增长点。

8.2 物联网层级体系架构

物联网有别于互联网，互联网的主要目的是构建一个全球性的信息通信网络，而物联网则侧重信息服务，即利用互联网、无线通信等进行业务信息的传送，服务对象由人转变为包括人在内的所有物品。物联网作为互联网的延伸，通过将智能物件整合到数字世界，面向用户提供个性化和私有化服务。目前主流的物联网分层体系架构均包含感知层、网络层和应用层三个层次，如图 8-1 所示。各层之间，信息不是单向传递的，而是交互或控制的，三个层次所涉及的诸多关键技术是典型的跨学科技术。为了系统地分析物联网技术体系架构，我们将详细介绍每一层的功能和核心技术。

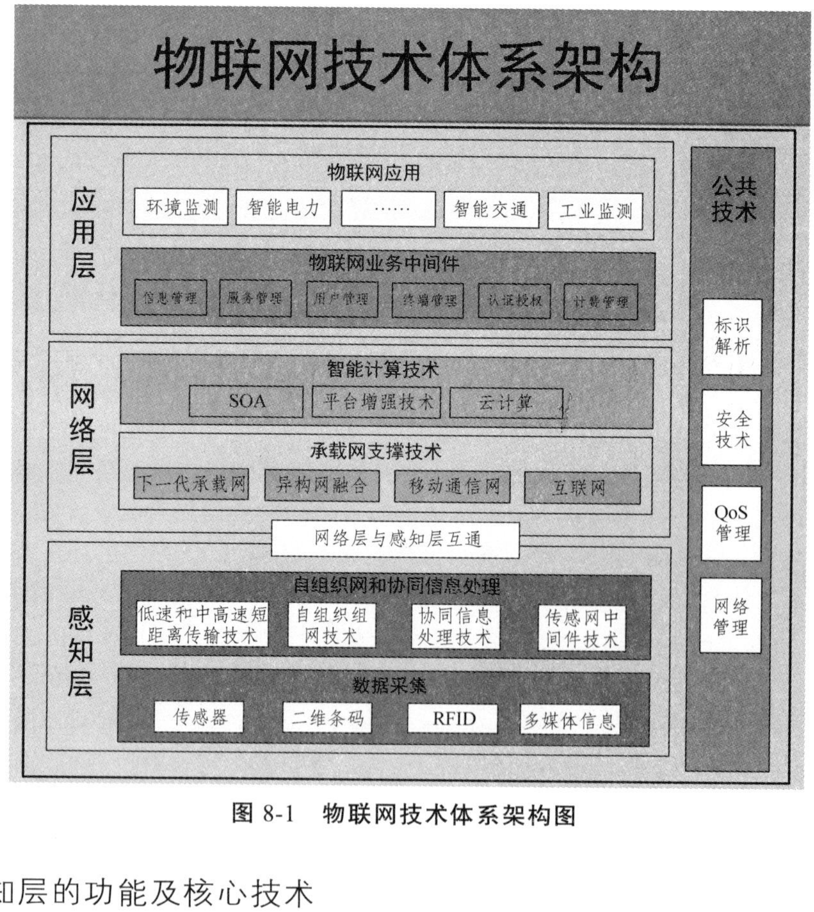

图 8-1 物联网技术体系架构图

8.2.1 感知层的功能及核心技术

感知层是物联网的核心，是信息采集的关键部分。感知层位于物联网三层结构中的最底层，其功能为“感知”，即通过传感网络获取环境信息。感知层由基本的感应器件（例如 RFID 标签和读写器、各类传感器、摄像头、GPS 终端设备、智能家用电器、智能测控设备等基本标识和传感器件组成）以及感应器组成的网络（如 RFID 网络、传感器网络等）两大部分组成。该层的核心技术包括传感器技术、射频识别技术、条形码技术、位置信息感知技术等，涉及的核心产品包括传感器、电子标签、传感器节点、识读器等。

8.2.1.1 传感器技术

传感器技术可以感知周围环境或者特殊物质，如气体感知、光线感知、温湿度感知、人体感知等，把模拟信号转化成数字信号，给中央处理器处理。最终结果形成气体浓度参数、光线强度参数、范围内是否有人探测、温度湿度数据等显示出来，供人们或人工智能分析和利用。

传感器一般由敏感元件、转换元件和信号调理转换电路三部分组成，有时还需外加辅助电源提供转换能量。敏感元件是指传感器中能直接感受或响应被测量的部分。转换元件是指传感器中能将敏感元件感受或响应的被测量转换成适合于传输或测量的电信号的部分。由于传感器输出信号一般都很微弱，因此传感器输出的信号一般需要进行信号调理与转换、放大、运算与调制之后才能进行显示和参与控制。常见的传感器包括温度、湿度、压力、光电传感器等，如图 8-2 所示。

图 8-2 常见的传感器

8.2.1.2 射频识别技术

射频识别技术（Radio Frequency Identification，RFID）又叫作无线射频识别，是自动识别技术的一种。通过无线射频方式进行非接触双向数据通信，利用无线电讯号识别特定目标并读写相关数据，从而达到数据交换的目的。射频识别技术被认为是 21 世纪最具发展潜力的信息技术之一，完整的 RFID 系统由识读器（Reader）、电子标签（Tag）和数据管理系统三部分组成，如图 8-3 所示。

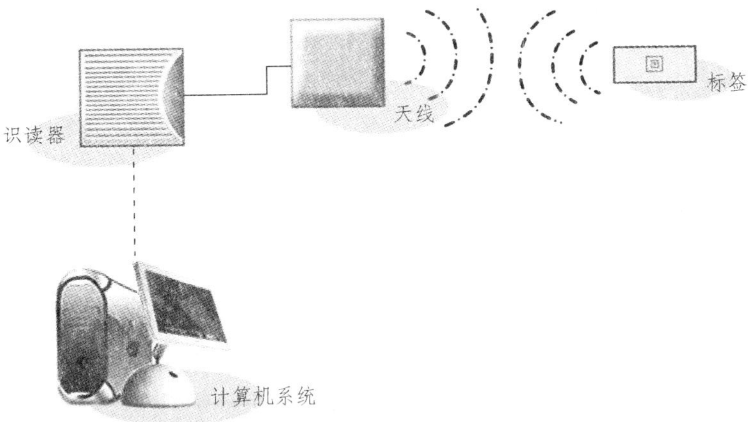

图 8-3 RFID 系统组成

RFID 技术的基本工作原理并不复杂：标签进入阅读器后，接收阅读器发出的射频信号，凭借感应电流所获得的能量发送出存储在芯片中的产品信息（Passive Tag，无源标签或被动标签），或者由标签主动发送某一频率的信号（Active Tag，有源标签或主动标签），阅读器读取信息并解码后，送至中央信息系统进行有关数据处理。时至今日，RFID 的技术理论得到了进一步的丰富和发展。单芯片电子标签、多电子标签识读、无线可读可写、适应高速移动物体的 RFID 技术不断发展，相关产品也走入大众生活，得到广泛应用。但是总的来说，射频识别技术依据其标签的供电方式可分为三类，即无源 RFID、有源 RFID 和半有源 RFID。

无源 RFID 产品出现时间最早，最成熟，其应用也最为广泛。因其省去了供电系统，所以产品的体积可以达到厘米量级甚至更小，而且自身结构简单，成本低、故障率低、使用寿命较长，但其有效识别距离较短，一般用于近距离接触式识别。如公交卡、食堂餐卡、银行卡、宾馆门禁卡和二代身份证等，主要工作频率有低频 125 kHz、高频 13.56 MHz 等。

有源 RFID 通过外接电源供电，主动向射频识别阅读器发送信号，虽然体积相对较大，但拥有较长的传输距离与较高的传输速度。目前，在远距离自动识别领域，如智能监狱、智能医院、智能停车场、智能交通、智慧城市等物联网领域有重大应用，尤其是在高速公路电子不停车收费系统中，发挥着不可或缺的作用。有源 RFID 产品主要工作频率有超高频 915 MHz、微波 2.45 GHz 等较高频段。

半有源 RFID 又叫作低频激活触发技术，在通常情况下，半有源 RFID 产品处于休眠状态，仅对标签中保持数据的部分进行供电，因此耗电量较小，可维持时间长。当标签进入射频识别阅读器识别范围后，阅读器先以 125 kHz 低频信号在小范围内精确激活标签使之进入工作状态，再通过 2.4 GHz 微波与其进行信息传递。半有源 RFID 产品集有源 RFID 和无源 RFID 的优势于一体，在门禁进出管理、人员精确定位、区域定位管理、周界管理、电子围栏及安防报警等领域有着很大的优势。

8.2.1.3 条形码技术

条形码是由美国的 N.T.Woodland 在 1949 年首先提出的，它是由一组规则排列的条、空以及对应的字符组成的标记。“条”指对光线反射率较低的部分，“空”指对光线反射率较高的部分，这些条和空组成的数据表达一定的信息，并能够用特定的设备识读，转换成与计算机兼容的二进制和十进制信息。

近年来，随着计算机应用的不断普及，条形码的应用得到了很大的发展。它可以标出商品的生产国、制造厂家、商品名称、生产日期、图书分类号、邮件起止地点、类别、日期等信息，具有输入速度快、准确度高、成本低、可靠性强等优点，因而在商品流通、图书管理、邮电管理、银行系统、工业生产过程控制等许多领域都得到了广泛的应用。

通常对于每一种物品，它的编码是唯一的。条形码分为两类：一维条形码与二维条形码。

1. 一维条形码的特点

一维条形码一般只是在水平方向表达信息，而在垂直方向则不表达任何信息。常见的一维条形码是由黑条（简称条）和白条（简称空）排成的平行线图案，如图 8-4 所示。

6 925958 520179

图 8-4　一维条形码示意图

一维条形码编码规则简单，条形码识读器造价较低，但是对于普通的一维条形码来说，还要通过数据库建立条形码与商品信息的对应关系。当条形码的数据传到计算机上时，由计算机上的应用程序对数据进行操作和处理。因此，普通的一维条形码在使用过程中仅作为识别信息，它的意义是通过在计算机系统的数据库中提取相应的信息而实现的。

同时，一维条形码数据容量较小，一般只能包含字母和数字。而且条形码尺寸相对较大，空间利用率低，一旦出现损坏将被拒读。多数一维条码所能表示的字符集不过是 10 个数字、26 个英文字母及一些特殊字符，最大所能表示的字符个数也不过是 128 个 ASCII 符。

2. 二维条形码的特点

随着条码技术应用领域的扩大，人们对条码技术的需求层次也在不断提高。不但要求条码技术能够解决计算机的数据输入速度、数据输入正确性等问题，而且还希望能满足条码占用面积小、信息容量大等其他要求。一维条码所携带的信息量有限，如商品上的条码仅能容纳 13 位阿拉伯数字，更多的信息只能依赖商品数据库的支持，因此在一定程度上也限制了条码的应用范围。基于这个原因，20 世纪 90 年代发明了二维条形码，如图 8-5 所示。由于二维条形码在平面的横向和纵向上都能表示信息，与一维条形码相比，只有信息量大、译码可靠性高、纠错能力强、制作成本低、保密与防伪性能好等优点。

图 8-5　二维条形码示意图

二维条形码的出现，使条码技术从简单地标识物品转化为描述物品，它的功能发生了质的变化，应用范围更加宽广。现已应用在国防安全、公共服务、交通运输、医疗养老、政府管理等多个领域。

8.2.1.4　位置信息感知技术

位置是物联网中各种信息的重要属性之一，缺少位置的感知信息是没有使用价值的。移动互联网、智能手机与 GPS 技术的应用带动了基于位置的服务（LBS）的发展。基于位置的服务也叫移动定位服务（MPS），简称位置服务。位置服务是采用定位技术，确定智能物体当前的地理位置，利用地理信息系统技术与移动通信技术，向物联网中的智能物体提供与其位置相关的信息服务。获取物体位置信息的技术叫作“位置信息感知”技术，目前提供位置信息的系统主要是全球卫星导航系统，也叫全球导航卫星系统（GNSS）。它是能在地球表面或近地空间的任何地点为用户提供全天候的三维坐标和速度以及时间信息的空基无线电导航定位系统，包括一个或多个卫星星座及其支持特定工作所需的增强系统。

目前全球卫星导航系统国际委员会公布的全球四大卫星导航系统供应商，包括我国的北斗卫星导航系统（BeiDou Navigation Satellite System，BDS）、美国的全球定位系统（Global Positioning System，GPS）、欧盟的伽利略卫星导航系统（Galileo Satellite Navigation System，GSNS）和俄罗斯的格洛纳斯卫星导航系统（Global Navigation Satellite System，GNSS）。

1. 中国北斗卫星导航系统（BDS）

北斗卫星导航系统是我国自主建设、独立运行，并与世界其他卫星导航系统兼容共用的全球卫星导航系统。北斗卫星导航系统可在全球范围内全天候、全天时为各类用户提供高精度高可靠的定位、导航、授时服务，并兼短报文通信能力，除了在我国国家安全领域发挥重大作用外，还将服务于国家经济建设，提供监控救援、信息采集、精确授时和导航通信等服务，可广泛应用于船舶运输、公路交通、铁路运输、海上作业、渔业生产、水文测报、森林防火、环境监测等众多行业，覆盖部队、公安、海关等其他有特殊指挥调度要求的单位，产生显著的经济效应和社会效应。

2020 年，北斗三号全球卫星导航系统建成暨开通仪式于 7 月 31 日上午在北京举行。北斗三号全球卫星导航系统全面建成并开通服务，标志着工程“三步走”发展战略取得决战决胜，我国成为世界上第三个独立拥有全球卫星导航系统的国家。

2. 美国全球定位系统（GPS）

全球卫星定位系统是美国国防部研制和维护的中距离圆形轨道卫星导航系统，是美国为军事目的而建立的。它可以为地球表面 98%的地区提供准确的定位、测速和高精度的时间标准。全球定位系统是继阿波罗登月计划、航天飞机后的美国第三大航天工程，可满足位于全球任何地方或近地空间的军事用户连续精确地确定三维位置、三维运动和时间的需要。该系统包括太空中的 24 颗 GPS 卫星，地面上 1 个主控站、3 个数据注入站和 5 个监测站及作为用户端的 GPS 接收机。只需其中 3 颗卫星，就能迅速确定用户端在地球上所处的位置及海拔高度，并且所能搜索到的卫星数越多，解码出来的位置就越精确。如今，GPS 已经成为当今世界上最实用，也是应用最广泛的全球精密导航、指挥和调度系统。

3. 俄罗斯格洛纳斯卫星导航系统（GNSS）

格洛纳斯卫星导航系统由苏联于 1976 年组建，是与美国 GPS 系统相类似的卫星定位系统，现在由俄罗斯政府负责运营。该系统由卫星、地面测控站和用户设备三部分组成，目前的系统由 21 颗工作星和 3 颗备份星组成，分布于 3 个轨道平面上，每个轨道面有 8 颗卫星，轨道高度 19 000 km，运行周期 11 h 15 min，覆盖全部地球表面和近地空间，由卫星星座、地面监测控制站和用户设备三部分组成。

从 1982 年 12 月 12 日开始，该系统的导航卫星不断得到补充，至 1995 年，该系统卫星在数目上基本上得到完善。但随着俄罗斯经济不断走低，该系统因失修等原因陷入崩溃的边缘。但 2001 年至 2010 年 10 月，俄罗斯政府已经补齐了该系统需要的 24 颗卫星，系统回归到完全服务状态。GLONASS 至今已经有 3 代卫星，定位精度达到 1 m 左右。

4. 伽利略卫星导航系统（GSNS）

伽利略卫星导航系统是由欧盟研制和建立的全球卫星导航定位系统，该计划于 1999 年 2 月由欧洲委员会公布，欧洲委员会和欧空局共同负责，是世界上第一个基于民用的全球卫星导航定位系统。“伽利略”计划是欧洲自主、独立的全球多模式卫星定位导航系统，提供高精度，高可靠性的定位服务，实现完全非军方控制、管理，可以实现覆盖全球的导航和定位功能。系统由轨道高度为 23616 km 的 30 颗卫星组成，其中 27 颗工作星，3 颗备份星。卫星轨道高度约 2.4 万 km，位于 3 个倾角为 56°的轨道平面内。

Galileo 系统总投资达 35 亿欧元，在 2008 年投入运行后，全球的用户可使用多制式的接收机，获得更多的导航定位卫星的信号，无形中极大地提高了导航定位的精度。作为全球卫星导航定位系统，Gialleo 的应用范围非常广泛，涉及大地测量和地球动力学服务，以及运输、铁路、航空、农业、海事、工程建设、能源等领域。

8.2.2　网络层的功能及核心技术

网络层位于物联网三层结构中的第二层，作为纽带连接着感知层和应用层。它由各种私有网络、互联网、有线和无线通信网等组成，相当于人的神经中枢系统，负责将感知层获取的信息，安全可靠地传输到应用层，然后根据不同的应用需求进行信息处理。要实现网络层的数据传输，可以利用多种形式的网络类型，比如人们既可以利用小型局域网、家庭网络、企业内部专网等各类专网进行数据传输，也可以利用互联网、移动通信网等大型公共网络进行信息传输。

事实上，物联网网络层的通信技术包含有线和无线通信技术两种。有线通信技术指利用有线介质传输信号的技术，可分为短距离的现场总线和中、长距离的广域网络两大类。无线通信技术指利用无线电磁介质传输信号的技术，常用的有 Wi-Fi、蓝牙等无线局域网络技术和 4G、5G 等移动通信网络，以及近几年来新出现的 NB-IoT、LoRa 等技术。

目前，各类网络中最具增长潜力的是无线网络。人们对无线通信的需求越来越大，其中最流行的关于短距离无线数据通信的标准是 Bluetooth、Wi-Fi、IrDA 和 ZigBee 等。

8.2.2.1　蓝牙（Bluetooth）

蓝牙技术是一种无线数据与语音通信的开放性全球规范，其实质内容是为固定设备或移动设备之间的通信环境建立通用的短距离无线接口。蓝牙技术诞生于 1994 年，Ericsson 公司当时决定开发一种低功耗、低成本的无线接口，以建立手机及其附件间的通信，采用“即插即用”的概念，嵌入蓝牙技术的设备一旦搜索到另一蓝牙设备，马上就可以建立连接，能够同时支持语音业务和数据业务的传输。

蓝牙工作在全球开放的 2.4 GHz ISM 频段，频率范围为 2.4 ~ 2.4835 GHz。使用跳频频谱扩展和时分多址技术，共有 79 个信道，1600 跳/s。一台蓝牙设备可同时与其他 7 台蓝牙设备建立连接，数据传输速率可达 1 Mb/s。另外，蓝牙设备在使用不同功率时，通信的距离有所不同，若功率为 0 dBm 和 20 dBm，对应的通信距离分别是 10 m 和 100 m。

蓝牙产品涉及 PC、笔记本电脑、移动电话等信息设备和汽车电子、家用电器和工业设备领域。采用蓝牙技术的设备具有低功耗、抗干扰能力强、通信安全性好、组网简单方便的特点。

8.2.2.2　无线高保真（Wireless Fidelity）

无线高保真（Wi-Fi）也是一种无线通信协议，其正式名称是 IEEE802.11b，与蓝牙一样，同属于短距离无线通信技术。Wi-Fi 虽然在数据安全性方面比蓝牙技术要差一些，但其最高速率可达 11 Mb/s，电波覆盖范围可达 100 m 左右。最初的 IEEE802.11 规范是在 1997 年提出的，称为 802.11b 协议，是目前 WLAN 的主要技术标准。它的工作频率也是 2.4 GHz，与无绳电话、蓝牙等许多不需频率使用许可证的无线设备共享同一频段。

随着手机、平板、笔记本等移动设备越来越流行，使用 802.11 标准无线网络的设备越来越多，于是 1999 年各个厂商为了统一兼容 802.11 标准的设备而结成了一个标准联盟，称为 Wi-Fi Alliance。这个组织的主要工作就是在全球范围内推行发展 IEEE 802.11 标准的无线局域网技术，各个设备厂家、手机厂家等只要经过该联盟的认证，就可以在产品包装贴上 Wi-Fi 的标签。

虽然最开始 Wi-Fi 元件昂贵，兼容性不好，安全性也不能令人满意，但是这些问题后来都逐步得到解决。随着 802.11a 和 802.11g 等新版本的推出，Wi-Fi 的应用也越来越广泛。就像 5G 一样，802.11 无线局域网技术也在不停地更新换代。如今 802.11 标准已经从 1997 年推出的第一代版本 IEEE 802.11，演进到今天的第六代技术 802.11ax，为了让它读起来上口，我们也叫它 Wi-Fi6。

8.2.2.3 红外（Infrared Data Association）

红外线数据协会（IrDA）成立于 1993 年，是致力于建立红外线无线连接的非营利性组织。IrDA 是一种利用红外线进行点对点通信的技术，是第一个实现无线个人局域网的技术。目前它的软硬件技术都很成熟，在小型移动设备上，如 PDA（掌上电脑）及许多手机、笔记本电脑、打印机等，得到广泛使用。起初，采用 IrDA 标准的无线设备仅能在 1 m 范围内以 115.2 kb/s 速率传输数据，很快发展到 4 Mb/s 以及 16 Mb/s 的速率。

IrDA 的主要优点是无需申请频率的使用权，因而成本低廉。并且还具有移动通信所需的体积小、功能低、连接方便、简单易用、安全性高的特点。不足之处在于它是一种视距传输，两个相互通信的设备之间必须对准，中间不能被其他物体阻隔，因而该技术只能用于 2 台设备之间的连接。

8.2.2.4 紫蜂（ZigBee）

ZigBee 是 IEEE 802.15.4 协议的代名词，根据这个协议规定的技术是一种近距离、低复杂度、低功耗、低速率、低成本的双向无线通信技术。ZigBee 名字来源于蜂群使用的赖以生存和发展的通信方式，蜜蜂通过跳之字形（ZigZag）的舞蹈来分享新发现的食物源的位置、距离和方向等信息。ZigBee 主要用于距离短、功耗低且传输速率不高的各种电子设备之间进行数据传输以及典型的周期性数据、间歇性数据和低反应时间数据的传输应用。

与蓝牙相比，ZigBee 专注于低速传输应用，功率及费用也较低。它的基本速率是 250 kb/s，当降低到 28 kb/s 时，传输范围可扩大到 134 m，可靠性也更高。在低耗电待机模式下，两节普通 5 号干电池可使用 6 个月以上，在功耗和成本方面具有独特的优势。与 IrDA 相比，ZigBee 有更大的网络容量，每个 ZigBee 网络最多可支持 255 个设备，也就是说每个 ZigBee 设备可以与另外 254 台设备相连接。

另外，ZigBee 技术时延短，典型搜索设备时延为 30 ms，休眠激活时延为 15 ms，活动设备信道接入时延为 15 ms。使用的频段分别为 2.4 GHz、868 MHz（欧洲）及 915 MHz（美国），均为免执照频段，工作频段灵活。ZigBee 提供了数据完整性检查和鉴权功能，采用 AES-128 加密算法，各个应用可灵活确定其安全属性，在工业监控、传感器网络、家庭监控、安全系统和医疗管护等领域应用十分广泛。

8.2.2.5 超宽带（Ultra Wide-band）

超宽带技术 UWB 是一种无载波通信技术，利用纳秒至微微秒级的非正弦波窄脉冲传输数据，通过在较宽的频谱上传送极低功率的信号。UWB 通过基带脉冲作用于天线的方式发送数据，窄脉冲（小于 1 ns）产生极大带宽的信号，采用脉位调制（PPM）或二进制移相键控（BPSK）调制。

UWB 的概念在 1960 年就被提出，是以军用雷达为主要用途。冷战结束后，由于受到军转民潮流的影响，各家企业展开了游说活动，以便解除对 UWB 的民用禁令。UWB 此前并非只是因为军事上的原因才无法进行民用的，而是其所特有的“超宽带”特点。直到 2002 年 2 月 14 日，美国 FCC（联邦通信委员会）才准许该技术进入民用领域，用户不必进行申请即可使用。一些公司已开发出 UWB 收发器，用于制造能够看穿墙壁、地面的雷达和图像装置，这种装置可以用来检查道路、桥梁及其他混凝土和沥青结构建筑中的缺陷，可用于地下管线、电缆和建筑结构的定位。由于 UWB 技术具有带宽极宽、耗能小、保密性好、发送功率小、定位精确和工程造价低等特点，在消防、救援、治安防范及医疗、医学图像处理、汽车防撞系统中都大有用武之地。

总的来说，许多企业绕过主要的移动通信运营商纷纷建立自己的无线局域网，并共享带宽，大大节约了运营成本。在需要个人特制网络、点到点交换的场合，采用 IrDA 技术是最合适的；如果需要低功率音频或全向连接，Bluetooth 占优势；而 UWB 最适于视频消费娱乐方面的个人无线局域网。从长远来看，企业应密切关注各种无线通信技术的发展，选择最适合自己需要的标准，几种短距离无线通信组网技术比较如表 8-1 所示。

表 8-1　几种短距离无线通信组网技术比较

规范	Zigbee	红外	蓝牙	802.11 系列
工作频率	868/915/2.4G	820nm	2.4G	2.4G/5.2G
传输速率/（Mb/s）	0.25	1.521/4/16	1/2/3	11/54
数据/话音	数据	数据	语音/数据	数据
最大功耗/mW	1～3	数个	1～100	100
传输方式	点到多点	点到点	点到多点	点到多点
连接设备数	216～264	2		255
安全措施	32/64/128 位密钥	靠短距离、小角度传输保证	1600 次/s 调频、128 位密钥	Wep 加密
支持组织	ZigBee 联盟	IrDA	Bluetooth	IEEE 802.11
主要用途	控制网络 家庭网络 传感器网络	透明可见范围、近距离遥控	个人网络	无线局域网

8.2.3　应用层的功能及核心技术

应用层位于物联网三层结构中的最顶层，其功能为“处理”，即通过云计算平台进行信息处理。应用层与最低端的感知层一起，是物联网的显著特征和核心所在。应用层可以对感知层采集数据进行计算、处理和知识挖掘，从而利用经过处理的感知数据，为用户提供丰富的特定服务，以实现智能化的识别、定位、跟踪、监控和管理。例如，在智能交通物联网中的信息处理是为了分析大量数据，挖掘对百姓出行和交通管理有用的信息。此外，还需要建立信息处理和发送机制体制，保证信息发送到需要的人手中。比如，把宏观的路网信息发送给管理决策人员，把局部道路通行情况发送给公众，把某条具体路段的事故信息发送给正行驶在该路段车辆等。

从结构上来看，物联网应用层包括以下三个部分。

1. 物联网中间件

中间件是一种独立的系统软件或服务程序，它将各种可以公用的能力进行统一封装，提供给物联网应用使用。中间件屏蔽了不同类型感知与控制设备硬件以及网络通信技术的差异性，为网络层、感知层接入到应用层提供标准接口，向上为行业应用层软件提供标准的感知数据，提前对数据做好处理便于应用。

2. 物联网应用

物联网应用就是用户直接使用的各种应用，如智能家居、智慧安防、电力抄表、远程医疗、仓储管理、智能农业等。

3. 云计算

云计算可以助力物联网海量数据的存储和分析，是一种基于互联网的，只需最少管理以及与服务提供商的交互，就能够便捷、按需地访问共享资源（包括网络、服务器、存储、应用和服务等）的计算模式。依据云计算的服务类型可以分为三种云服务方式。

（1）基础设施即服务（IaaS），为用户提供虚拟机或者其他存储资源等基础设施服务。

（2）平台即服务（PaaS），为用户提供包括软件开发工具包（SDK）、文档和测试环境等在内的开发平台，用户无需管理和控制相应的网络、存储等基础设施资源。

（3）软件即服务（SaaS），为用户提供基于云基础设施的应用软件，用户通过浏览器等就能直接使用在云端上运行的应用。

8.3 物联网主要特征及应用场景

物联网有别于互联网，互联网的主要目的是构建一个全球性的计算机通信网络，而物联网则主要是从应用出发，在传感器网络的基础上，利用互联网、无线通信网络资源进行业务信息的传送，是互联网、移动通信网应用的延伸，是综合了自动化控制、遥控遥测及信息应用技术的新一代信息系统。

8.3.1 物联网的主要特征

从技术角度来讲，物联网是在计算机互联网的基础上，利用 RFID、感知技术、无线数据通信、智能计算等技术，构造一个覆盖世界上万事万物的网络。在这个网络中，物品能够彼此进行“交流”，而无需人的干预。其实质是利用 RFID 技术，提取标签中存储着的信息，通过无线数据通信网络把它们自动采集到中央信息系统，实现物品的识别，进而通过开放性的计算机网络实现信息交换和共享，实现对物品的“透明”管理。

物联网作为崭新的综合性信息系统，包括信息的感知、传输、处理决策、服务等多个方面，最基本的特征是“全面感知”“可靠传输”和“智能处理”。

1. 全面感知

物联网连接的是物，需要能够感知物，赋予物智能，从而实现对物的感知。物联网上部署了海量的多种类型的传感器，每个传感器都是一个信息源。不同类别的传感器所捕获的信息内容和信息格式不同，所获取的信息不仅包括人类社会的信息，也包括更为丰富的物理世界信息，包括压力、温度、湿度、体积、重量、密度等。传感器获取数据具有实时性，按一定的频率周期性地采集环境信息，不断更新数据。全面感知包括传感器的信息采集、协同处理、智能组网，甚至信息服务，以达到控制、指挥的目的。

2. 可靠传递

物联网通过前端感知层收集各类信息，还需要通过可靠的传输网络将感知的信息进行实时传输。为了保证传输的可靠性，必须与各种电信网络和因特网融合，对接收到的感知信息进行实时远程传送，实现信息的交互和共享，并进行各种有效的处理。在这一过程中，通常需要用到现有的电信运行网络，包括无线和有线网络。由于传感器网络是一个局部的无线网，因而无线通信网将作为承载物联网的一个有力的支撑。

3. 智能处理

物联网不仅仅提供了传感器的连接，其本身也具有智能处理的能力，能够对物体实施智能控制。物联网将传感器和智能处理相结合，利用云计算、模式识别等各种智能技术，对随时接受到的跨地域、跨行业、跨部门的海量数据和信息进行分析处理，以适应不同用户的不同需求，发现新的应用领域和应用模式，提升对物理世界、经济社会各种活动和变化的洞察力，实现智能化的决策和控制。

除以上几个基本特点以外，物联网还具有显著的异构性、混杂性和超大规模等特点。异构性表现在物联网上的传感器定时采集的海量信息需要通过网络传输，不同厂商、不同类型、不同级别、不同范畴的对象网络共存于物联网中，并且网络之间的通信协议、信息属性、应用特征等多个方面也存在差异性。混杂性表现在网络形态和组成的异构混杂性，多信息源并发的混杂性，场景和应用服务的混杂性等多个方面。超大规模表现在物联网是物理世界与信息空间的深度融合系统，是涉及全球的人、机、物的中综合信息系统，其规模之大无所不包。感知信息的预处理、判断和决策等信息处理主要在当前场景下的前端完成，必要的需要大运算量的计算才通过“云端”的数据中心来处理。

8.3.2 物联网的应用场景

物联网应用广泛，遍及智慧物流、智能交通、智能安防、智慧能源、智能医疗、智慧建筑、智能制造、智能家居、智能零售、智慧农业等多个领域，如图 8-6 所示。物联网其实是一个为我们服务，让我们去感知物理世界、控制物理世界的网络。随着技术的不断进步，物联网将会成为人们日常生活的一部分，实现对万物的“高效、节能、安全、环保”的“管、控、营”一体化。

图 8-6 物联网应用领域示意图

1. 智慧物流

智慧物流系统是指利用条形码、射频识别技术、传感器、全球定位系统等先进的物联网技术，将信息处理和网络通信技术广泛应用于物流业中的智能运输、智能仓储、智能配送、智能包装、智能装卸、智能信息的获取以及加工和处理等环节，实现整个物流供应链的自动化与智能化，从而提高物流行业的服务水平，为供方提供最大的利润，为需方提供最佳的服务，同时减少自然资源和社会资源的消耗。

近年来，我国物流行业持续向好发展，物联网为物流业将传统物流技术与智能化系统运作管理相结合提供了一个很好的平台，进而能够更好更快地实现智能物流的信息化、智能化、自动化、透明化、系统化的运作模式。智能物流在实施的过程中强调的是物流过程数据智慧化、网络协同化和决策智慧化。在技术上要能够实现物品识别、地点跟踪、物品溯源、物品监控、实时响应。在功能上要能够实现货物无误、数量无误、质量无误、时间无误、地点无误、价格无误。

2. 智能交通

智能交通系统是一种集信息技术、人工智能、电子控制、地理信息、全球定位、影像、计算机处理、有线/无线通信、自动控制理论、运筹学、人工智能等多种技术为一体的交通运输管理系统。能对各种运输方式进行现代化、科学化的智能管理，主要运用于交通运输、服务控制和车辆制造，从而形成一种保障安全、提高效率、改善环境、节约能源的综合运输系统。

智能交通系统不但能够实现公共交通工具全程追踪和溯源，保证运输的安全，最终实现政府的数字化调度管理与城市交通资源优化配置运行职能，而且还能够实现对城市公共交通、轨道交通等重要设备的准确标识，实现管理的透明化，为运输安全、保障交通设施设备安全提供法律依据。不仅可以通过人、车、路的密切配合提高交通运输效率，缓解交通阻塞压力，提高路网通过能力，减少交通事故，降低能源消耗，减轻环境污染，还可以实现对车辆、列车的运营全程追踪，提高事故防控能力和水平，增强实时调度监控和应急事件处理能力，促进交通运输持续健康发展。

3. 智能安防

智能安防监控系统是大规模、分布式安全监控和多级联网管理的综合性安保管理平台，系统实现对联网系统中不同种类的模拟视频系统、数字视频系统、防范报警系统、门禁与通道管理系统、巡更系统以及其他第三方系统和设备的集中监控与整合管理功能。对系统中的安防信息进行收集、传输、存储、分类、融合分析及分发共享处理，为用户提供强大的安全应急处置、科学决策及指挥调度能力，且通过标准化的接口和协议与用户的具体业务应用紧密结合，提供先进的安全管理模型、流程优化工具科学业务决策和管理机制创新，能满足行业客户高可靠性、复杂性和灵活性的安全防范管理需求。

物联网技术和智能安防系统相结合，可以实现全面的安全管理和安全保护，使得安全管理机构可以全方位地监控所有的安全测控点，实现智能安防系统能力的大幅提升。智能安防里包含的各个子系统可以单独设置、独立运行，也可以由中央控制室集中进行监控，还可以与其他综合系统进行集成和集中监控。由于采集的数据量大，且时延较低，目前城市中大部分的视频监控采用的是有线的连接方式，而对于偏远地区以及移动性的物体监控则采用的是 4G 等无线技术。

4. 智慧能源

智慧能源系统是深度融合云计算、大数据、物联网、移动互联网等先进技术，构建安全、可靠的能源管控系统，可促进资源集约利用，满足用户对市电、光伏、储能、风电、燃气和水等多种能源需求，并对配电系统、微网系统、空调系统、制冷系统、供热系统、照明系统、动力系统提供用能监控、状态监测、设备管理和电力运维服务。

从内容上看，智慧能源不仅指能源开发和利用技术，还包括能源生产和消费制度；从技术上看，智慧能源不仅指传统能源的改造技术，更包括新能源形式的发现和利用技术；从时间上看，智慧能源不仅指当前能源技术的改进和能源制度的完善，更包括适应未来文明要求的全新能源形式、能源技术的发现和利用，以及与人类生产生活相关的制度安排。

5. 智能医疗

智能医疗系统是利用先进的物联网、通信技术、人工智能等技术，通过对患者进行检测，得到各项生理指标，之后将生理指标通过有线、无线通信传送给相关部门和人员，还可以对患者信息进行自动存储（如自动登记、标识、监控等功能），实现患者与医务人员、医疗机构、医疗设备之间的高效互动，进一步提升医疗诊疗流程的服务效率和服务质量。在药物管理中，可以针对自动化生产、防伪、物流管理，在仓库管理环节中对药品进行标识处理，提高医疗物资管理的精准性、透明度，提升医院综合管理水平，全面改变现代化数字医疗模式，解决智能医疗及健康管理、医院信息系统等的问题和困难，实现医疗资源高度共享，降低公众医疗成本，推动医疗事业的繁荣发展。

6. 智慧建筑

智慧建筑系统是指利用系统集成方法，将智能型计算机技术、通信技术、信息技术与建筑艺术有机结合，通过对设备的自动监控、对信息资源的管理、对使用者的信息服务及其与建筑的优化组合，获得投资合理、适合信息社会需要且安全、高效、舒适、便利的人性化建筑环境。

从技术角度看，智慧建筑与传统建筑最大的区别就是智慧建筑是智能化系统的高度集成。它将智能建筑中分离的设备、子系统、功能、信息，通过计算机网络集成为一个相互关联的统一协调的系统，实现信息、资源、任务的重组和共享；在满足使用者对环境要求的前提下，利用能耗管理和自动控制，最大限度地节省能源；同时，依赖智能化管理功能，降低了机电设备的维护成本，使得系统的操作和管理高度集中，人员安排更加合理，人工成本降到最低。

7. 智能制造

智能制造是一种由智能机器和人类专家共同组成的人机一体化智能系统，它在制造过程中能进行智能活动，诸如分析、推理、判断、构思和决策等。通过人与智能机器的合作共事，去扩大、延伸和部分地取代人类专家在制造过程中的脑力劳动。它把制造自动化的概念更新，扩展到柔性化、智能化和高度集成化。

制造领域的市场体量巨大，是物联网的一个重要应用领域，主要体现在数字化以及智能化的工厂改造上，包括工厂机械设备监控和工厂的环境监控。通过在设备上加装物联网装备，使设备厂商可以远程随时随地对设备进行监控、升级和维护等操作，更好地了解产品的使用状况，完成产品全生命周期的信息收集，指导产品设计和售后服务。

8. 智能家居

智能家居系统是以住宅为平台，利用物联网技术、网络通信技术和综合布线技术等，依照人体工程学原理，融合个性需求，将家居生活有关的各类电子产品设施集成，构建高效的住宅设施与家庭日程事务的管理系统，以提升家居安全性、便利性、舒适性、艺术性，实现以人为本的全新家居生活体验。

随着人类消费需求和住宅智能化的不断发展，今天的智能家居系统将拥有更加丰富的内容，系统配置也越来越复杂。智能家居包括网络接入系统、防盗报警系统、消防报警系统、电视对讲门禁区系统、煤气泄漏探测系统、远程抄表系统、紧急求助系统、远程医疗诊断及护理系统、室内电器自动控制管理及开发系统、集中供冷热系统、网上购物系统、网上教育系统等。

9. 智慧零售

智慧零售系统是指运用互联网、物联网技术，感知消费习惯，预测消费趋势，引导生产制造，为消费者提供多样化、个性化的产品和服务。行业内将零售按照距离分为三种不同的形式：远场零售、中场零售、近场零售，三者分别以电商、商场/超市和便利店/自动售货机为代表。物联网技术可以用于近场和中场零售，且主要应用于近场零售，即无人便利店和自动（无人）售货机。智慧零售通过将传统的售货机和便利店进行数字化升级、改造，打造无人零售模式。通过数据分析，并充分运用门店内的客流和活动，为用户提供更好的服务，为商家提供更高的经营效率。

10. 智慧农业

智慧农业指的是利用物联网、人工智能、大数据等现代信息技术与农业进行深度融合，实现农业生产全过程的信息感知、精准管理和智能控制的一种全新的农业生产方式，可实现农业可视化诊断、远程控制以及灾害预警等功能。智慧农业分为农业种植和畜牧养殖两个方面。农业种植分为温室大棚和大田种植，主要包括播种、施肥、灌溉、除草以及病虫害防治等五个部分，以传感器、摄像头和卫星等收集数据，实现数字化和智能机械化发展。畜牧养殖主要是将新技术、新理念应用在生产中，包括繁育、饲养以及疾病防疫等，以实现“精细化养殖”。

在实际应用当中，通过设置传感器、监控设备，可以实时采集农业信息，并将数据信息传入控制终端并在显示器中显示，对所采集的信息进行智能化处理后即可用作粮食生产、监测资源、调度农机等方面。同时，通过传感器可以监控环境的温度、湿度、二氧化碳浓度、露点温度等各项参数，通过设置智能终端可以实现智能设备的自动开启/关闭功能，还可以对个体进行标记、追踪，实现对目标的监控、管理、干预。

物联网用途广泛，除了上述十大应用领域之外，还可以应用于环境保护、政府工作、公共安全、工业监测、敌情侦查和情报搜集等多个领域。万物互联成为全球网络未来发展的趋势，物联网将是下一个推动世界高速发展的“重要生产力”，是继通信网之后的另一个万亿级市场。在国家大力推动工业化与信息化两化融合的大背景下，物联网将是工业乃至更多行业信息化过程中一个比较现实的突破口。一旦物联网大规模普及，无数的物品需要加装更加小巧智能的传感器，用于动物、植物、机器等物品的传感器与电子标签及配套的接口装置数量将大大超过目前的手机数量。我国物联网产业规模及多样性持续扩大，行业生态体系逐步完善，这都将大大推进信息技术的发展，给市场带来巨大的商机。

本章小结

物联网就是“物与物相连的互联网”，它是信息技术发展的新趋势，是典型的跨学科技术。互联网主要解决人到人（H2H）的连接，发展路线主要为宽带化和移动化；而物联网主要解决物到物（T2T）和人到物（H2T）的连接，发展路线主要为 IP 化和智能化。

物联网从下到上大致有 3 层，分别为感知层、网络层和应用层，其主要技术特征是全面感知、可靠传输和智能处理。感知层用于解决人类社会和物理世界数据获取和数据收集的问题。主要包含信息获取和信息的短距离传输，涉及的技术有自动识别技术、传感器技术、短距离无线通信、红外通信等。网络层主要负责数据传输，包括接入网和互联网。接入网承载所有接入业务，主要由无线接入和有线接入实现。互联网是由多个计算机网络按照一定的协议组成的国际计算机网络，可进行数据处理和数据通信。应用层主要解决人机交互的问题，包括物联网中间件和物联网应用场景，并基于软件技术和计算机技术来实现。另外应用层还需要普适计算的环境，当前云计算、大数据等热点技术正好可以为物联网提供良好的应用基础。

第 8 章习题

8.1　填空题

1. 物联网的体系架构主要由__________、__________和__________三部分组成。

2. 物联网的三个主要特征是：＿＿＿＿＿＿＿、＿＿＿＿＿＿＿和＿＿＿＿＿＿＿。

3. 常用的短距离无线通信组网技术有：＿＿＿＿＿、＿＿＿＿＿、＿＿＿＿和＿＿＿＿＿等。

4. 全球4大卫星导航系统供应商，包括＿＿＿＿＿、＿＿＿＿＿、＿＿＿＿和＿＿＿＿＿。

8.2 简答题

1. 物联网的定义是什么？简述你对物联网的理解。
2. 物联网感知层的关键技术是什么？
3. 物联网网络层的关键技术是什么？
4. 物联网应用层的关键技术是什么？
5. 举例说明物联网的应用领域并分析其发展前景。

参考文献

[1] 郭根芳. 高频电子线路[M]. 2 版. 北京：机械工业出版社，2017.

[2] 张建超，李斯伟，邓毅华. 数字通信[M]. 北京：清华大学出版社，2017.

[3] 张萍. 数字通信技术[M]. 西安：西安电子科技大学出版社，2018.

[4] 高明华. 通信原理[M]. 上海：上海交通大学出版社，2017.

[5] 强世锦. 数字通信原理[M]. 重庆：重庆大学出版社，2008.

[6] 张喜云. 通信技术基础[M]. 西安：西安电子科技大学出版社，2018.

[7] 樊昌信，曹丽娜. 通信原理[M]. 7 版. 北京：国防工业出版社，2019.

[8] 朱海凌. 通信原理[M]. 2 版. 西安：西安电子科技大学出版社，2017.

[9] 王兴亮，达新宇，等. 数字通信原理与技术[M]. 西安：西安电子科技大学出版社，2002.

[10] 王新良. 现代通信技术概论[M]. 北京：机械工业出版社，2015.

[11] 孙青华. 现代通信技术[M]. 3 版. 北京：人民邮电出版社，2014.

[12] 崔健双. 现代通信技术概论[M]. 3 版. 北京：人民邮电出版社，2014.

[13] 纪越峰. 现代通信技术[M]. 5 版. 北京：北京邮电大学出版社，2020.

[14] 高键，刘玉洁，唐升. 现代通信系统[M]. 4 版. 北京：机械工业出版社，2014.

[15] 刘云浩. 物联网导论[M]. 北京：科学出版社，2011.

[16] 吴功宜，等. 物联网工程导论[M]. 4 版. 北京：机械工业出版社，2012.

[17] SAMUEL GEENGARD. 物联网[M]. 刘林德，编译. 北京：中信出版社，2016.

[18] 黄玉兰. 物联网概论[M]. 2 版. 北京：人民邮电出版社，2018.

[19] 江力. 数字通信原理[M]. 西安：西安电子科技大学出版社，2017.